往复式压缩机轴系扭转振动

许增金　汤赫男　徐　飞　等著

化学工业出版社

·北京·

内容简介

轴系扭转振动问题在往复式压缩机开发、研制过程中至关重要，一直是国内外研究的重点。本书主要介绍轴系扭转振动基础知识及分析方法、往复式压缩机轴系载荷计算、往复式压缩机轴系计算模型构建、往复式压缩机轴系临界转速计算、往复式压缩机轴系扭振计算等内容，也是作者从事该项研究20年来的经验总结与成果体现。

本书内容翔实、通俗易懂，不仅适用于从事往复式旋转机械结构动力学及其相关技术研究的高等院校专业教师及研究生学习使用，也适合往复式压缩机产品设计制造企业的工程技术人员参考。

图书在版编目（CIP）数据

往复式压缩机轴系扭转振动 / 许增金等著. -- 北京：化学工业出版社，2025. 5. -- ISBN 978-7-122-47478-0

Ⅰ. TH45

中国国家版本馆 CIP 数据核字第 2025HE4095 号

责任编辑：刘丽菲　　文字编辑：陈立璞　林　丹
责任校对：宋　夏　　装帧设计：张　辉

出版发行：化学工业出版社
（北京市东城区青年湖南街 13 号　邮政编码 100011）
印　　装：北京科印技术咨询服务有限公司数码印刷分部
710mm×1000mm　1/16　印张 14　字数 248 千字
2025 年 10 月北京第 1 版第 1 次印刷

购书咨询：010-64518888　　售后服务：010-64518899
网　　址：http://www.cip.com.cn
凡购买本书，如有缺损质量问题，本社销售中心负责调换。

定　　价：79.00 元

前言

21世纪以来，我国能源结构发生了重大变化，作为石油化工行业核心动力设备的往复式压缩机取得了突飞猛进的发展。受各种因素的影响，在往复式压缩机向大型多列机组发展的过程中，轴系扭转振动分析技术研究进展缓慢，未能及时满足产品研发的需求。轴系扭转振动问题成为影响往复式压缩机向大型、多列等系列产品发展的最大瓶颈，也是当今多数压缩机生产制造厂家尽量回避选用多列机型的主要原因。

随着计算机技术的快速发展，多种大型通用有限元分析软件获得了广大工程技术人员的关注，其中，ANSYS 软件在机械结构动力学技术研究领域有着成熟的理论基础。往复式压缩机的轴系扭转振动是曲柄连杆机构固有的一种特性。广义上讲，轴系扭转振动是一种不可避免的现象，它包含了交变连杆力作用下轴系非共振状态的扭转振动问题及轴系共振状态下的扭转振动问题。其中，轴系共振状态下的扭转振动是人们更加关注的问题，也是本书重点研究的内容。

多年来，笔者针对我国6列往复式压缩机研制初期出现的曲轴断裂、连杆大头烧瓦等问题，运用CAE技术开展了大型往复式压缩机轴系扭转共振的研究，经过不懈的努力，并且在同行专家们的大力支持下，最终取得了系列研究成果。为了加快CAE技术在轴系扭转振动计算中的推广应用，推进往复式压缩机向多列、高转速方向发展，我们编著了本书。本书不仅可以供从事往复式压缩机轴系扭转振动研究的广大读者参考使用，也可为其他相关领域的研究提供一定借鉴。书中所有关于轴系扭转振动的相关术语，均参照标准 GB/T 15371《往复式内燃机　曲轴轴系扭转振动评定方法》和 JB/T 9759《内燃发电机组轴系扭转振动的限值及测量方法》。在本书的指引下，读者可以在较短时间内掌握往复式压缩机轴系扭转振动分析技术的精髓，系统地将该项技术应用到工程设计中。该研究成果可以为往复式压缩机新产品研制及往复式压缩机机组振动、烧瓦、曲轴扭转疲劳断裂等故障分析与问题处理提供方法和手段。此外，本书提供了详尽的操作步骤和程序源代码，详细介绍了往复式压缩机轴系模型构建、边界条件施加、求解模块设定等关键问题的解决方法，具有一定的通用性，读者可以便捷地将该分析方法应用到其他领域。

本书共分5章：第1章介绍了轴系扭转振动基础知识及分析方法，读者可以从理论方面对轴系扭转振动有更深刻的理解；第2章介绍了往复式压缩机轴系载荷的计算方法，轴系载荷是进行往复式压缩机轴系扭转振动计算所必需的参数，轴系载荷计算是本书形成完整理论计算体系必不可少的组成部分；第 3 章介绍了往复式压缩机轴系的建模方法，轴系计算模型构建的合理与否直接决定了分析结果的准确性；第 4 章介绍了往复式压缩机轴系临界转速计算，包括轴系模态分析和轴系临界转速计算等；第 5 章介绍了往复式压缩机轴系的谐响应分析、瞬态响应分析、静力学分析等分析方法，并全面分析了不同类型载荷对轴系振动的影响。

本书命令流可发邮件至 zengjin_xu@ sut. edu. cn 获取。

本书由沈阳工业大学许增金、汤赫男、徐飞、王世杰，沈鼓集团股份有限公司杨树华和孟文惠共同完成。本书的编写得到了沈鼓集团股份有限公司吴丰、沈阳申元气体压缩机股份有限责任公司赵东升等专家学者以及压缩机行业同仁们的大力支持，在此表示感谢！于海龙、姬伟、王军红等研究生在文稿整理中做了大量工作，在此一并表示感谢！

在本书的编写过程中，笔者力求叙述准确、完善，但由于水平有限，不足之处在所难免，希望广大读者批评指正！

著者

2025 年 4 月

目录

第1章 轴系扭转振动基础知识及分析方法

轴系扭转振动（扭振）计算是曲柄连杆机构类产品开发、研制过程中至关重要的一项技术，一直是国内外研究的重点。20 世纪 70～80 年代，国内外研究机构在轴系动力学方面取得了丰富的研究成果[1-8]。其中，国内主要在内燃机轴系扭转振动方面进行了大量的研究，而往复式压缩机轴系扭转振动方面的技术只掌握在少数欧洲国家的手中。近年来，随着计算机技术的发展，国内研究人员利用各类专用或通用有限元分析软件进行轴系模态分析的研究成果层出不穷。往复式压缩机轴系扭转振动计算实际上就是对轴系进行一种动力学分析。目前，采用有限元分析软件对轴系进行动力学分析主要有两种方法，一种是结构动力学分析方法，另一种是多体动力学分析方法。结构动力学分析方法是对轴系进行结构等效，将影响轴系动力学特性的活塞、十字头、连杆等柔性体等效成刚性体，这样大幅缩短了压缩机轴系扭转振动数值仿真求解的时间；多体动力学分析方法是将活塞、十字头、连杆等零部件连接形成整体运动体系进行研究，并将支承轴系的轴承结构看作柔性体，即考虑其他部件对轴系动力学特性产生的影响，目前该方法尚不适合对多转压缩机运转计算模型进行数值求解。

轴系扭转振动是往复式压缩机这种曲柄连杆机构不能避免的现象。工程经验表明，当曲轴列数为 4 列或 4 列以下时，采用刚性连接的往复式压缩机通常不易出现轴系动力学问题[9]。该类轴系比较短，弯曲、扭转刚度都比较大，弯曲固有频率和扭转固有频率都比较高，不易形成共振的条件，因此利用曲轴静力学分析进行的静强度和疲劳强度校核一般能满足设计需要。当采用刚性连接的往复式压缩机曲轴列数大于等于 6 时，由于轴系的扭转固有频率降低，其轴系可能出现扭转共振的动力学问题。对于采用弹性连接的往复式压缩机来讲，尽管弹性联轴器降低了机组的振动，但是由于轴系的固有频率会随之降低，其轴系出现扭转共振的概率将大幅度增加，所以曲轴列数小于等于 4 时同样也需要进行轴系扭转振动分析。对于工艺流程用大型往复式压缩机来讲，其基频 ω 一般在 5～6Hz 之间，而轴系的 1 阶扭转固有频率 ω_1 一般在 30～45Hz 之间，根据油膜振荡产生的条件 $\omega \geqslant 2\omega_1$，基本可以忽略压缩机轴承处的油膜振荡对轴系扭转振动的影响[10]。因此，将往复式压缩机的轴系作为一个独立的研究对象，直接利用结构动力学分析方法就能满足其动力学设计与研究。

往复式压缩机是曲柄连杆机构的典型应用，其轴系承受着随时间周期性变化的动态载荷。由于轴系扭转振动问题可以等效成机械结构动力学问题进行处理[11,12]，因此，本章将从介绍结构动力学基本理论着手，使读者逐步了解曲轴轴系扭振的基础知识。结构动力学是研究周期载荷、冲击载荷、随机载荷等动力载荷作用下的结构应力和位移计算的理论及方法。当结构承受这些动力载荷（或部分载荷）作用时，结构的平衡方程中不仅必须考虑惯性力的作用，同时还要考虑阻尼力的作用。另外，其平衡方程是瞬时的，载荷、应力、位移等均是时间的函数，所以此类分析问题非常复杂。结构静力学是建立在静力平衡方程基础上的，其中的载荷、约束力、位移等都是不随时间变化的常量，与动力学问题相比大幅度降低了求解难度。根据达朗贝尔原理，在求解动力学问题时可将单元体内的惯性力和阻尼力看作体力建立包含惯性力和阻尼力的动力平衡方程，把动力学问题转化成瞬时静力学问题。因此，达朗贝尔原理成为众多有限元分析软件求解动力学问题的基础。实践表明，作用在往复式压缩机曲柄销处周期性变化的连杆力是引起轴系扭转振动的激振载荷[13,14]。

综合考虑上述因素，本书的往复式压缩机轴系扭转振动计算采用 ANSYS 软件进行分析。读者也可以采用其他有限元软件进行分析，但 ANSYS 软件具有较强的通用性。本章主要介绍了有限单元法、曲轴强度校核、ANSYS 软件功能等方面的内容，通过学习，读者可以从理论角度对轴系扭转振动有初步的理解。进一步地，在深刻理解这些基本理论的基础上，读者能够更好地运用 ANSYS 软件平台进行各种类型往复式压缩机轴系的扭振分析，合理地对轴系模型及各种载荷进行简化与处理。

1.1 有限单元法的基本概念

有限单元法是近几十年发展起来的一种新型计算方法，以变分原理和加权余量法为数学基础，以弹性力学最小势能原理为力学基础，是对复杂微分方程或边界条件进行数值求解的一种计算方法。由于它的通用性和有效性，有限单元法在工程分析中得到了广泛的应用，已成为计算机辅助设计和计算机辅助制造的重要组成部分。有限单元法的基本思想是，将求解区域离散为一组有限个且按一定方式相互连接在一起的单元组合体。由于各单元能按不同的连接方式进行组合，且单元本身可以有不同形状，因此有限单元法可以模拟几何形状复杂的求解域。有限单元法是数值计算中一种重要的方法，是利用单元内假设的近似函数来表达求解域上未知场函数的计算方法。通常情况下，单元内的近似函数由未知场函数或导数在单元各个节点的数值和其差值表示。这样一来，在利用有限单元法分析问题时，未知场函数或其导数在各个节点的数值就成为新的未知量，从而一个连续的无限自由度问题变成了离散的有限自由度问题。求解出这些未知量，就可以通过插值计算出各个单元内场函数的近似值，从而得到整个求解区域上的近似解。随着单元数目的增加（单元尺寸减小）或单元自由度的增加及插值函数精度的提高，解的近似程度不断改进，只要各单元是满足收敛要求的，近似解最后就会收敛于精确解。

在往复式压缩机轴系扭转振动计算中，这些内容都集成在 ANSYS 结构分析的几何建模、参数设置、网格划分、分析设定（包括定义载荷和边界条件）、模型求解、数据分析与处理等不同操作过程中。网格划分与模型求解主要由 ANSYS 软件根据各种设定要求自行完成，几何建模、参数设置、分析设定、数据分析与处理是读者需重点解决的问题。为便于读者对往复式压缩机轴系几何模型构建、参数设置、分析方法设定等有限元分析基本理论的学习，本节详细介绍了有限单元法，如弹性体的离散化、单元分析、整体分析、节点位移及单元应变计算和单元应力分析等基本过程，以及结构动力学微分方程的求解。

1.1.1　弹性体的离散化

弹性体的离散化是有限单元法的基础。它是将连续的弹性体分割成有限个离散的单元，用离散、有限的单元集合体代替原来的弹性连续体，所有的计算分析都围绕这个离散的模型进行。因此，单元网格的划分直接影响有限元分析的速度和精度，甚至影响计算的成败。弹性体的离散化通常包括单元类型的选择及单元网格大小的设定等主要内容。

(1) 单元类型的选择

单元类型的选择是结构离散化的一个重要环节，根据被分析结构对计算精度的要求及其几何形状、承受载荷与约束的基本特点，需要全面考虑描述该问题所必需的独立空间及坐标的数目。除了杆单元外，平面问题常用的单元有三角形、轴对称三角形、环、矩形、8 节点任意四边形以及曲边形等，空间问题常用的单元有四面体、长方体、任意六面体以及曲面六面体等。

在弹性体的离散化过程中，选用不同的单元类型，单元的形函数将发生较大的改变，单元所适用的分析领域也会存在明显不同。例如，ANSYS 软件为不同分析领域提供了两种四面体单元。一种为图 1-1 所示的 4 节点四面体单元，其形函数表示为式(1-1)～式(1-12)。

$$\boldsymbol{u}=\boldsymbol{u}_I L_1+\boldsymbol{u}_J L_2+\boldsymbol{u}_K L_3+\boldsymbol{u}_M L_4 \tag{1-1}$$

$$\boldsymbol{v}=\boldsymbol{v}_I L_1+\boldsymbol{v}_J L_2+\boldsymbol{v}_K L_3+\boldsymbol{v}_M L_4 \tag{1-2}$$

$$\boldsymbol{w}=\boldsymbol{w}_I L_1+\boldsymbol{w}_J L_2+\boldsymbol{w}_K L_3+\boldsymbol{w}_M L_4 \tag{1-3}$$

$$\boldsymbol{V}_x=\boldsymbol{V}_{xI} L_1+\boldsymbol{w}_J L_2+\boldsymbol{w}_K L_3+\boldsymbol{w}_M L_4 \tag{1-4}$$

$$\boldsymbol{V}_y=\boldsymbol{V}_{yI} L_1+\boldsymbol{w}_J L_2+\boldsymbol{w}_K L_3+\boldsymbol{w}_M L_4 \tag{1-5}$$

$$\boldsymbol{V}_z=\boldsymbol{V}_{zI} L_1+\boldsymbol{w}_J L_2+\boldsymbol{w}_K L_3+\boldsymbol{w}_M L_4 \tag{1-6}$$

$$\boldsymbol{P}=\boldsymbol{P}_I L_1+\boldsymbol{P}_J L_2+\boldsymbol{P}_K L_3+\boldsymbol{P}_M L_4 \tag{1-7}$$

$$\boldsymbol{T}=\boldsymbol{T}_I L_1+\boldsymbol{T}_J L_2+\boldsymbol{T}_K L_3+\boldsymbol{T}_M L_4 \tag{1-8}$$

$$\boldsymbol{V}=\boldsymbol{V}_I L_1+\boldsymbol{V}_J L_2+\boldsymbol{V}_K L_3+\boldsymbol{V}_M L_4 \tag{1-9}$$

$$\boldsymbol{\phi}=\boldsymbol{\phi}_I L_1+\boldsymbol{\phi}_J L_2+\boldsymbol{\phi}_K L_3+\boldsymbol{\phi}_M L_4 \tag{1-10}$$

$$\boldsymbol{E}^{\mathrm{K}}=\boldsymbol{E}_I^{\mathrm{K}} L_1+\boldsymbol{E}_J^{\mathrm{K}} L_2+\boldsymbol{E}_K^{\mathrm{K}} L_3+\boldsymbol{E}_M^{\mathrm{K}} L_4 \tag{1-11}$$

$$\boldsymbol{E}^{\mathrm{D}}=\boldsymbol{E}_I^{\mathrm{D}} L_1+\boldsymbol{E}_J^{\mathrm{D}} L_2+\boldsymbol{E}_K^{\mathrm{D}} L_3+\boldsymbol{E}_M^{\mathrm{D}} L_4 \tag{1-12}$$

另一种为图 1-2 所示的 10 节点四面体单元，其形函数表示为式(1-13)～式(1-19)。

$$\begin{aligned}\boldsymbol{u}=&\boldsymbol{u}_I(2L_1-1)L_1+\boldsymbol{u}_J(2L_2-1)L_2+\boldsymbol{u}_K(2L_3-1)L_3+\boldsymbol{u}_L(2L_4-1)L_4\\&+4\boldsymbol{u}_M L_1 L_2+4\boldsymbol{u}_N L_2 L_3+4\boldsymbol{u}_O L_1 L_3+4\boldsymbol{u}_P L_1 L_4+4\boldsymbol{u}_Q L_2 L_4+4\boldsymbol{u}_R L_3 L_4\end{aligned} \tag{1-13}$$

$$\begin{aligned}\boldsymbol{v}=&\boldsymbol{v}_I(2L_1-1)L_1+\boldsymbol{v}_J(2L_2-1)L_2+\boldsymbol{v}_K(2L_3-1)L_3+\boldsymbol{v}_L(2L_4-1)L_4\\&+4\boldsymbol{v}_M L_1 L_2+4\boldsymbol{v}_N L_2 L_3+4\boldsymbol{v}_O L_1 L_3+4\boldsymbol{v}_P L_1 L_4+4\boldsymbol{v}_Q L_2 L_4+4\boldsymbol{v}_R L_3 L_4\end{aligned} \tag{1-14}$$

$$\begin{aligned}\boldsymbol{w}=&\boldsymbol{w}_I(2L_1-1)L_1+\boldsymbol{w}_J(2L_2-1)L_2+\boldsymbol{w}_K(2L_3-1)L_3+\boldsymbol{w}_L(2L_4-1)L_4\\&+4\boldsymbol{w}_M L_1 L_2+4\boldsymbol{w}_N L_2 L_3+4\boldsymbol{w}_O L_1 L_3+4\boldsymbol{w}_P L_1 L_4+4\boldsymbol{w}_Q L_2 L_4+4\boldsymbol{w}_R L_3 L_4\end{aligned} \tag{1-15}$$

$$\begin{aligned}\boldsymbol{T}=&\boldsymbol{T}_I(2L_1-1)L_1+\boldsymbol{T}_J(2L_2-1)L_2+\boldsymbol{T}_K(2L_3-1)L_3+\boldsymbol{T}_L(2L_4-1)L_4\\&+4\boldsymbol{T}_M L_1 L_2+4\boldsymbol{T}_N L_2 L_3+4\boldsymbol{T}_O L_1 L_3+4\boldsymbol{T}_P L_1 L_4+4\boldsymbol{T}_Q L_2 L_4+4\boldsymbol{T}_R L_3 L_4\end{aligned} \tag{1-16}$$

$$\begin{aligned}\boldsymbol{V}=&\boldsymbol{V}_I(2L_1-1)L_1+\boldsymbol{V}_J(2L_2-1)L_2+\boldsymbol{V}_K(2L_3-1)L_3+\boldsymbol{V}_L(2L_4-1)L_4\\&+4\boldsymbol{V}_M L_1 L_2+4\boldsymbol{V}_N L_2 L_3+4\boldsymbol{V}_O L_1 L_3+4\boldsymbol{V}_P L_1 L_4+4\boldsymbol{V}_Q L_2 L_4+4\boldsymbol{V}_R L_3 L_4\end{aligned} \tag{1-17}$$

$$\boldsymbol{\phi}=\boldsymbol{\phi}_I(2L_1-1)L_1+\boldsymbol{\phi}_J(2L_2-1)L_2+\boldsymbol{\phi}_K(2L_3-1)L_3+\boldsymbol{\phi}_L(2L_4-1)L_4 +4\boldsymbol{\phi}_M L_1L_2+4\boldsymbol{\phi}_N L_2L_3+4\boldsymbol{\phi}_O L_1L_3+4\boldsymbol{\phi}_P L_1L_4+4\boldsymbol{\phi}_Q L_2L_4+4\boldsymbol{\phi}_R L_3L_4 \tag{1-18}$$

$$\boldsymbol{C}=\boldsymbol{C}_I(2L_1-1)L_1+\boldsymbol{C}_J(2L_2-1)L_2+\boldsymbol{C}_K(2L_3-1)L_3+\boldsymbol{C}_L(2L_4-1)L_4 +4\boldsymbol{C}_M L_1L_2+4\boldsymbol{C}_N L_2L_3+4\boldsymbol{C}_O L_1L_3+4\boldsymbol{C}_P L_1L_4+4\boldsymbol{C}_Q L_2L_4+4\boldsymbol{C}_R L_3L_4 \tag{1-19}$$

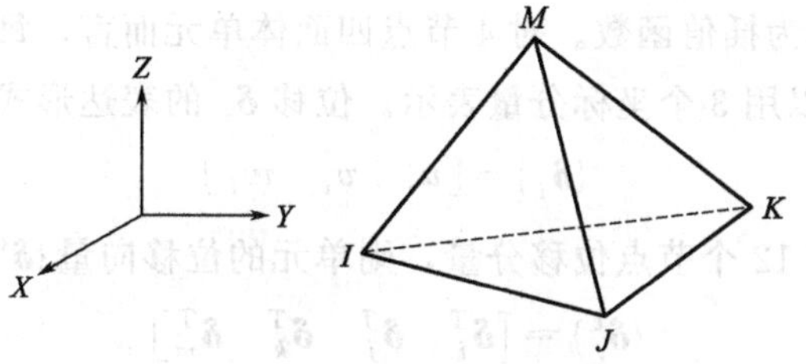

图 1-1　4 节点四面体单元

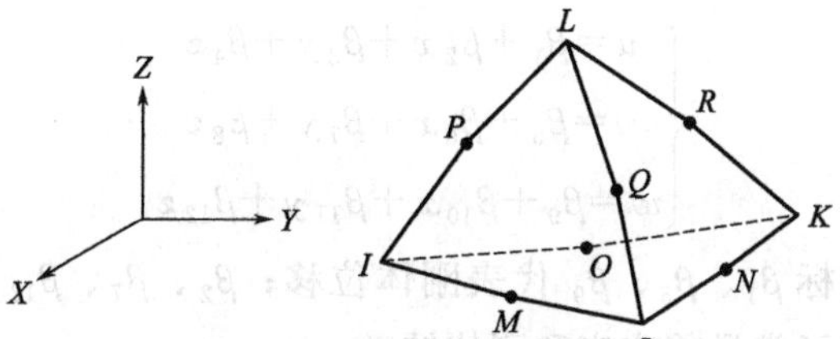

图 1-2　10 节点四面体单元

在有限单元法的应用过程中，就 4 节点四面体单元而言，ANSYS 软件只为结构分析提供了一种单元类型，即 SOLID285 实体单元，其形函数包含式(1-1)～式(1-12) 的全部表达式。然而，就 10 节点四面体单元而言，ANSYS 软件提供了适用于不同研究领域的多种单元类型，如 SOLID187、SOLID98 和 SOLID227 等实体单元。其中，SOLID187 单元常用于结构分析，其形函数包含式(1-13)～式(1-15) 的 3 个表达式；SOLID98 单元和 SOLID227 单元常用于多物理场耦合分析，其形函数包含式(1-13)～式(1-19) 的全部表达式。SOLID98 是一种原始的单元类型，目前在很多版本中已被 SOLID227 单元替代。从上述可知，在利用有限单元法求解问题时，单元类型的选择尤为重要，针对不同的分析内容，必须选择合适的单元类型。

(2) 单元网格大小的设定

单元网格大小的设定由计算精度要求、计算速度和计算内存等因素决定，通常在应力集中的部位以及应力变化比较剧烈处增加单元密度。同时，还要注意同一结构上的网格疏密、单元大小要有过渡，以避免大小悬殊的单元相邻。

1.1.2 单元分析

(1) 单元位移向量

在对连续体进行有限元分析时，为了能用节点位移表示单元体的位移、应变和应力，必须对单元中的位移分布作出一定的假设，假设位移是坐标的某种简单函数，这种函数称为插值函数。对 4 节点四面体单元而言，每个节点在其单元体空间的位移 $\boldsymbol{\delta}_i$ 可以用 3 个坐标分量表示。位移 $\boldsymbol{\delta}_i$ 的表达形式如式(1-20) 所示。

$$\{\boldsymbol{\delta}_i\}=[u_i \quad v_i \quad w_i] \tag{1-20}$$

每个单元共有 12 个节点位移分量，则单元的位移向量$\{\boldsymbol{\delta}^{\mathrm{e}}\}$表示为

$$\{\boldsymbol{\delta}^{\mathrm{e}}\}=\begin{bmatrix}\boldsymbol{\delta}_i^{\mathrm{T}} & \boldsymbol{\delta}_j^{\mathrm{T}} & \boldsymbol{\delta}_k^{\mathrm{T}} & \boldsymbol{\delta}_m^{\mathrm{T}}\end{bmatrix} \tag{1-21}$$

假定单元内任一节点的位移分量是坐标 x、y、z 的线性函数，则节点在单元坐标系的位移分量表示为

$$\begin{cases} u=\beta_1+\beta_2 x+\beta_3 y+\beta_4 z \\ v=\beta_5+\beta_6 x+\beta_7 y+\beta_8 z \\ w=\beta_9+\beta_{10} x+\beta_{11} y+\beta_{12} z \end{cases} \tag{1-22}$$

式中，广义坐标 β_1、β_5、β_9 代表刚体位移；β_2、β_7、β_{12} 代表常量正应变；其余 6 个系数反映了常量剪应变和刚体转动。

将四面体单元各节点的坐标 x、y、z 和位移向量$\{\boldsymbol{\delta}^{\mathrm{e}}\}$代入式(1-22) 可求出各广义坐标，由此可得到四面体单元上任一点的位移阵列$\{\boldsymbol{\delta}\}$，该位移阵列可表示为

$$\{\boldsymbol{\delta}\}=\boldsymbol{N}\{\boldsymbol{\delta}^{\mathrm{e}}\} \tag{1-23}$$

式中，$\{\boldsymbol{\delta}\}$为单元的位移列阵；$\{\boldsymbol{\delta}^{\mathrm{e}}\}$为单元的位移向量；$\boldsymbol{N}$ 为单元的形函数。

(2) 单元应变

利用弹性力学的几何方程，可得出单元内任一点的应变

$$\{\boldsymbol{\varepsilon}\}=\boldsymbol{B}\{\boldsymbol{\delta}^{\mathrm{e}}\} \tag{1-24}$$

式中，$\{\boldsymbol{\varepsilon}\}$为单元内任一点的应变；$\boldsymbol{B}$ 为单元的应变矩阵，它反映了单元变形与节点位移的关系，是由形函数 $\boldsymbol{N}$ 确定的一个重要参数。

(3) 单元应力

利用弹性力学的物理方程，可得出单元体内的应力

$$\boldsymbol{\sigma}=\boldsymbol{DB}\{\boldsymbol{\delta}^{\mathrm{e}}\} \tag{1-25}$$

式中，$\boldsymbol{D}$ 为弹性矩阵，它与材料的参数 E 和 ν 等有关，表示为式(1-26) 的形式。

$$D=\frac{E(1-\nu)}{(1+\nu)(1-2\nu)}\begin{bmatrix}1 & \frac{\nu}{1-\nu} & \frac{\nu}{1-\nu} & 0 & 0 & 0\\ \frac{\nu}{1-\nu} & 1 & \frac{\nu}{1-\nu} & 0 & 0 & 0\\ \frac{\nu}{1-\nu} & \frac{\nu}{1-\nu} & 1 & 0 & 0 & 0\\ 0 & 0 & 0 & \frac{1-2\nu}{2(1-\nu)} & 0 & 0\\ 0 & 0 & 0 & 0 & \frac{1-2\nu}{2(1-\nu)} & 0\\ 0 & 0 & 0 & 0 & 0 & \frac{1-2\nu}{2(1-\nu)}\end{bmatrix} \tag{1-26}$$

(4) 单元刚度矩阵

求解单元刚度矩阵是单元特性分析的核心内容。利用最小势能原理，可以求出单元刚度矩阵

$$\boldsymbol{k}^{\mathrm{e}}=\int_V \boldsymbol{B}^{\mathrm{T}}\boldsymbol{D}\boldsymbol{B}\,\mathrm{d}V \tag{1-27}$$

(5) 单元节点载荷

移置到单元节点上的等效载荷向量

$$\boldsymbol{F}^{\mathrm{e}}=\boldsymbol{P}^{\mathrm{e}}+\boldsymbol{Q}^{\mathrm{e}}+\boldsymbol{R}^{\mathrm{e}} \tag{1-28}$$

其中

$$\boldsymbol{P}^{\mathrm{e}}=\int_V \boldsymbol{N}^{\mathrm{T}}\boldsymbol{p}\,\mathrm{d}V$$

$$\boldsymbol{Q}^{\mathrm{e}}=\int_s \boldsymbol{N}^{\mathrm{T}}\overline{\boldsymbol{p}}\,\mathrm{d}s$$

$$\boldsymbol{R}^{\mathrm{e}}=\boldsymbol{N}^{\mathrm{T}}\boldsymbol{G}$$

式中，$\boldsymbol{p}$ 为作用在单元上的体力；$\boldsymbol{P}^{\mathrm{e}}$ 为作用在单元上的体力对节点等效载荷向量的贡献；$\overline{\boldsymbol{p}}$ 为作用在单元体边界面上的面力；$\boldsymbol{Q}^{\mathrm{e}}$ 为作用在单元上的面力；$\boldsymbol{G}$ 为作用在单元体上的集中力；$\boldsymbol{R}^{\mathrm{e}}$ 为作用在单元上的集中力对节点等效载荷向量的贡献。

(6) 单元运动方程

在动力学运动方程的构建与求解过程中，达朗贝尔原理将单元体内的惯性力和阻尼力看作体力。将动力学运动方程中的体力代入弹性力学能量原理的总位能

表达式[15]，可得到整个单元的瞬时总势能

$$\Pi=U+V=\int_{\Omega}\left[\frac{1}{2}\boldsymbol{\varepsilon}^{\mathrm{T}}\boldsymbol{\sigma}-(\widetilde{\boldsymbol{\delta}}^{\mathrm{e}})^{\mathrm{T}}\widetilde{\boldsymbol{p}}\right]\mathrm{d}V-\int_{s}(\widetilde{\boldsymbol{\delta}}^{\mathrm{e}})^{\mathrm{T}}\overline{\boldsymbol{p}}\mathrm{d}s-(\widetilde{\boldsymbol{\delta}}^{\mathrm{e}})^{\mathrm{T}}\boldsymbol{G} \tag{1-29}$$

式中，$\widetilde{\boldsymbol{\delta}}^{\mathrm{e}}=(u,v,w)^{\mathrm{T}}$，为已知的位移函数；$\widetilde{\boldsymbol{p}}=\boldsymbol{p}-c\dfrac{\partial\widetilde{\boldsymbol{\delta}}^{\mathrm{e}}}{\partial t}-\rho\dfrac{\partial^{2}\widetilde{\boldsymbol{\delta}}^{\mathrm{e}}}{\partial t^{2}}$，为考虑了阻尼力和惯性力的单元体力。由于单元节点位移 $\boldsymbol{\delta}^{\mathrm{e}}(t)$ 与单元位移 $\widetilde{\boldsymbol{\delta}}^{\mathrm{e}}(t)$ 均为时间的函数，因此单元内任意一点的位移可由单元节点位移通过插值函数得到，即动力分析的位移模式可以写成

$$\widetilde{\boldsymbol{\delta}}^{\mathrm{e}}(t)=[N_i(x,y,z)][\boldsymbol{\delta}^{\mathrm{e}}(t)]=\boldsymbol{N}[\boldsymbol{\delta}^{\mathrm{e}}(t)] \tag{1-30}$$

式中，$\boldsymbol{\delta}^{\mathrm{e}}(t)$ 为单元节点位移；$\widetilde{\boldsymbol{\delta}}^{\mathrm{e}}(t)$ 为已知的位移函数。

利用式(1-24)、式(1-25)、式(1-30)，结合有限元的相关理论，式(1-29) 可以转化为

$$\Pi=(\ddot{\boldsymbol{\delta}}^{\mathrm{e}})^{\mathrm{T}}\boldsymbol{m}^{\mathrm{e}}\ddot{\boldsymbol{\delta}}^{\mathrm{e}}+(\dot{\boldsymbol{\delta}}^{\mathrm{e}})^{\mathrm{T}}\boldsymbol{c}^{\mathrm{e}}\dot{\boldsymbol{\delta}}^{\mathrm{e}}+(\boldsymbol{\delta}^{\mathrm{e}})^{\mathrm{T}}\boldsymbol{k}^{\mathrm{e}}\boldsymbol{\delta}^{\mathrm{e}}-(\boldsymbol{\delta}^{\mathrm{e}})^{\mathrm{T}}\boldsymbol{F}^{\mathrm{e}} \tag{1-31}$$

式中，$\boldsymbol{m}^{\mathrm{e}}$、$\boldsymbol{c}^{\mathrm{e}}$、$\boldsymbol{k}^{\mathrm{e}}$ 分别为单元的质量矩阵、阻尼矩阵、刚度矩阵。

对式(1-31) 取变分，根据最小势能原理有

$$\delta\Pi=\delta(\boldsymbol{\delta}^{\mathrm{e}})^{\mathrm{T}}\frac{\partial\Pi}{\partial\boldsymbol{\delta}^{\mathrm{e}}}+\delta(\dot{\boldsymbol{\delta}}^{\mathrm{e}})^{\mathrm{T}}\frac{\partial\Pi}{\partial\dot{\boldsymbol{\delta}}^{\mathrm{e}}}+\delta(\ddot{\boldsymbol{\delta}}^{\mathrm{e}})^{\mathrm{T}}\frac{\partial\Pi}{\partial\ddot{\boldsymbol{\delta}}^{\mathrm{e}}}=0 \tag{1-32}$$

式中，δ 为变分符号。

由于是瞬时变分，

$$\delta(\dot{\boldsymbol{\delta}}^{\mathrm{e}})^{\mathrm{T}}=0,\delta(\ddot{\boldsymbol{\delta}}^{\mathrm{e}})^{\mathrm{T}}=0 \tag{1-33}$$

将式(1-33) 代入式(1-32) 得

$$\frac{\partial\Pi}{\partial\boldsymbol{\delta}^{\mathrm{e}}}=0$$

由此得

$$\boldsymbol{m}^{\mathrm{e}}\ddot{\boldsymbol{\delta}}^{\mathrm{e}}+\boldsymbol{c}^{\mathrm{e}}\dot{\boldsymbol{\delta}}^{\mathrm{e}}+\boldsymbol{k}^{\mathrm{e}}\boldsymbol{\delta}^{\mathrm{e}}=\boldsymbol{F}^{\mathrm{e}} \tag{1-34}$$

式中，单元质量矩阵 $\boldsymbol{m}^{\mathrm{e}}=\int_V\rho\boldsymbol{N}^{\mathrm{T}}\boldsymbol{N}\mathrm{d}V$；单元阻尼矩阵 $\boldsymbol{c}^{\mathrm{e}}=\int_V c\boldsymbol{N}^{\mathrm{T}}\boldsymbol{N}\mathrm{d}V$。

式(1-34) 即为单元运动方程的一般表达形式。

1.1.3 结构动力学微分方程

在单元分析的基础上，应用最小势能原理和有限单元整合的方法对结构进行

整体分析可得到式(1-35) 所示的结构动力学微分方程，该方程是系统总势能的一种表达形式。

$$[\boldsymbol{M}]\{\ddot{\boldsymbol{u}}\}+[\boldsymbol{K}]\{\boldsymbol{u}\}=\{\boldsymbol{P}(t)\} \tag{1-35}$$

式中，$\{\boldsymbol{u}\}$、$\{\ddot{\boldsymbol{u}}\}$ 分别表示节点位移向量、节点加速度向量；$[\boldsymbol{M}]$、$[\boldsymbol{K}]$ 分别表示整体质量矩阵、整体刚度矩阵；$\{\boldsymbol{P}(t)\}$ 表示载荷向量。

在结构动力学分析过程中，阻尼对结构的动态响应比较明显，实际应用中常以实测的能量消耗给出阻尼的近似值，因此，式(1-37) 中的阻尼矩阵 $\boldsymbol{C}$ 通常不是利用单元阻尼矩阵计算得到的，而是直接给出结构的总体阻尼矩阵。假定阻尼矩阵 $\boldsymbol{C}$ 是质量矩阵和刚度矩阵的线性组合，则其可表示为

$$\boldsymbol{C}=\alpha\boldsymbol{M}+\beta\boldsymbol{K} \tag{1-36}$$

式中，α 和 β 是常数。根据系统各振型关于阻尼矩阵正交，可得到 j 阶振型的广义阻尼系数 c_j^* 与系统 j 阶固有频率 ω_j 的关系，具体如下：

$$c_j^*=(\alpha+\beta\omega_j^2)m_j^*$$

根据固定阻尼比的定义（$\xi=\dfrac{c}{c_c}$ 和 $c_c=2\sqrt{km}=2m\omega_n$）得

$$\xi_j=\frac{1}{2}\left(\frac{\alpha}{\omega_j}+\beta\omega_j\right)$$

式中，ξ_j 称为 j 阶振型的阻尼系数。

如果系统中的阻尼较小，采用给定固定阻尼系数 ξ 通常也能够得到很好的近似，因此可将阻尼矩阵 $\boldsymbol{C}$ 转换成

$$\boldsymbol{C}=\begin{bmatrix} c_{N11} & 0 & \cdot & \cdot & 0 \\ 0 & c_{N22} & 0 & \cdot & \cdot \\ \cdot & 0 & * & 0 & \cdot \\ \cdot & \cdot & 0 & * & 0 \\ 0 & \cdot & \cdot & 0 & c_{Nnn} \end{bmatrix}$$

式中，$c_{Nii}=2\xi\omega_i$。

如果考虑阻尼的影响，则结构分析的有限元振动微分方程表示为

$$[\boldsymbol{M}]\{\ddot{\boldsymbol{u}}\}+[\boldsymbol{C}]\{\dot{\boldsymbol{u}}\}+[\boldsymbol{K}]\{\boldsymbol{u}\}=\{\boldsymbol{P}(t)\} \tag{1-37}$$

式中，$\{\boldsymbol{u}\}$、$\{\dot{\boldsymbol{u}}\}$、$\{\ddot{\boldsymbol{u}}\}$ 分别表示节点位移向量、节点速度向量、节点加速度向量；$[\boldsymbol{M}]$、$[\boldsymbol{C}]$、$[\boldsymbol{K}]$ 分别表示整体质量矩阵、结构阻尼矩阵、整体刚度矩阵；$\{\boldsymbol{P}(t)\}$ 表示载荷向量。

当式(1-37) 中不含 $[\boldsymbol{M}]\{\ddot{\boldsymbol{u}}\}$、$[\boldsymbol{C}]\{\dot{\boldsymbol{u}}\}$ 时，结构分析有限元振动微分方程变为式(1-38) 形式的结构静力学运动方程。该方程既不考虑惯性载荷引起的结构共振问题，也不考虑结构阻尼对结构振动的抑制作用，主要研究外部载荷对结

构应力及结构变形等方面的影响。

$$[\boldsymbol{K}]\{\boldsymbol{u}\}=\{\boldsymbol{P}(t)\} \tag{1-38}$$

当式(1-37) 中的载荷向量$\{\boldsymbol{P}(t)\}$为$\{\boldsymbol{0}\}$时，因为阻尼对金属结构的固有频率影响很小，在进行结构模态分析时通常按无阻尼振动系统处理，只是在动态响应分析中考虑阻尼的影响。忽略阻尼后，弹性体无阻尼运动下结构分析的有限元振动微分方程变为式(1-39) 形式的模态分析运动方程。

$$[\boldsymbol{M}]\{\ddot{\boldsymbol{u}}\}+[\boldsymbol{K}]\{\boldsymbol{u}\}=\{\boldsymbol{0}\} \tag{1-39}$$

当式(1-37) 中的载荷向量$\{\boldsymbol{P}(t)\}$为$\{\boldsymbol{H}\sin(\omega t+\varphi)\}$时，结构分析的有限元振动微分方程变为式(1-40) 形式的谐响应运动方程。

$$[\boldsymbol{M}]\{\ddot{\boldsymbol{u}}\}+[\boldsymbol{C}]\{\dot{\boldsymbol{u}}\}+[\boldsymbol{K}]\{\boldsymbol{u}\}=\{\boldsymbol{H}\sin(\omega t+\varphi)\} \tag{1-40}$$

当式(1-37) 中的载荷向量$\{\boldsymbol{P}(t)\}$为随时间变化的任意载荷时，结构分析的有限元振动微分方程变为瞬态响应运动方程。当式(1-37) 中的载荷向量$\{\boldsymbol{P}(t)\}$为周期性变化的载荷时，可以对$\{\boldsymbol{P}(t)\}$进行傅里叶谐波分析，将其转化成多种频率的简谐载荷，然后利用式(1-40) 求解各谐频载荷条件下的动态响应。

1.2 结构动力学微分方程的求解

在实际工程中，常常遇到的是复杂的多自由度动力学系统，而这些动力学系统通常无法利用解析法获得分析结果。结构动力学通常分为机械结构的自由振动和强迫振动两大类。式(1-39) 称为结构的自由振动微分方程，利用 ANSYS 软件的模态分析可以完成该方程的求解；式(1-40) 称为周期性载荷结构的振动微分方程，利用 ANSYS 软件的谐响应分析可以完成该方程的求解；式(1-37) 称为一般载荷结构的振动微分方程，利用 ANSYS 软件的瞬态响应分析可以完成该方程的求解。式(1-38) 称为静载荷结构的振动微分方程，不属于结构动力学的研究范畴，采用解析方法便可获得精确的数值解，利用 ANSYS 软件的静力分析也可完成该方程的求解，本节不再赘述。

1.2.1 自由振动微分方程的求解

机械结构自由振动微分方程的通用形式如式(1-39) 所示，若该结构简谐运动的方程式为式(1-41) 的形式，则其自由振动微分方程解的形式为式(1-42)。

$$\{\boldsymbol{u}\}=\boldsymbol{\phi}\cos\omega t \tag{1-41}$$

$$[\boldsymbol{K}]\{\boldsymbol{\phi}_i\}=\omega_i^2[\boldsymbol{M}]\{\boldsymbol{\phi}_i\} \tag{1-42}$$

式中，$\{\boldsymbol{\phi}_i\}$ 为 i 阶模态的振型向量（特征向量）；ω_i 为 i 阶模态的自振频率（ω_i^2 是特征值）。

由式(1-42) 可知，机械结构的模态分析可理解为求解广义特征值问题。常用的方法有 Rayleigh 能量法、Ritz 法、矩阵迭代法以及子空间迭代法等。

对式(1-37) 瞬态响应和式(1-40) 谐响应的分析则比较复杂，常用的方法有振型叠加法和逐步积分法。其中振型叠加法广泛应用于线性结构动力学问题的求解，本书的往复式压缩机轴系扭转振动就是利用振型叠加法求解的。当采用振型叠加法进行结构动力学分析时，首先应求出结构自由振动的固有频率和振型，然后把模态振型作为广义位移函数对该运动方程进行一次坐标变换即可求出方程的解。

1.2.2　强迫振动微分方程的求解

对于一个 n 自由度的体系，如果已知体系中的振型 $\boldsymbol{X}_i$，并引入一组新的坐标（$\boldsymbol{q}=\{q_1,q_2,\cdots,q_n\}^{\mathrm{T}}$），使新坐标 $\boldsymbol{q}$ 与原物理坐标 $\boldsymbol{u}$ 之间形成一种线性变换，即

$$\boldsymbol{u}=\boldsymbol{X}\boldsymbol{q}=\sum_{i=1}^{n} q_i \boldsymbol{X}_i$$

写成方程组的形式如下：

$$\begin{bmatrix} u_1 \\ u_2 \\ \vdots \\ u_i \\ \vdots \\ u_n \end{bmatrix}=\begin{bmatrix} X_{11} & X_{12} & \cdots & X_{1j} & \cdots & X_{1n} \\ X_{21} & X_{22} & \cdots & X_{2j} & \cdots & X_{2n} \\ \vdots & \vdots & & \vdots & & \vdots \\ X_{i1} & X_{i2} & \cdots & X_{ij} & \cdots & X_{in} \\ \vdots & \vdots & & \vdots & & \vdots \\ X_{n1} & X_{n2} & \cdots & X_{nj} & \cdots & X_{nn} \end{bmatrix}\begin{bmatrix} q_1 \\ q_2 \\ \vdots \\ q_i \\ \vdots \\ q_n \end{bmatrix} \tag{1-43}$$

式中，u_i 为质点 i 的位移，即微分方程组的解；X_{ij} 为质点 j 在 i 阶振型下的相对位移幅值；q_i 为 i 阶振型所对应的广义坐标，又称正则坐标。

对式(1-43) 两边同时乘 $\boldsymbol{X}_i^{\mathrm{T}}M_i$，并利用振型关于质量矩阵的正交性特点则可得到系统广义坐标 $q_i(t)$ 与实际位移 $u_i(t)$ 之间的关系为

$$q_i(t)=\frac{\boldsymbol{X}_i^{\mathrm{T}}M_i u_i(t)}{M_i} \tag{1-44}$$

式中，M_i 为 i 阶振型的广义质量。

从式(1-44) 中可以看出，物理坐标 u_i 可以看作各阶振型的线性叠加，q_i 相当于各阶振型的加权因子。采用振型叠加法求解运动微分方程时，要求系统必

须为线性结构，且系统的阻尼也必须满足式(1-36) 的结构形式。

利用式(1-36) 可将式(1-37) 转化为

$$\boldsymbol{M}\ddot{\boldsymbol{u}}+(\alpha\boldsymbol{M}+\beta\boldsymbol{K})\dot{\boldsymbol{u}}+\boldsymbol{K}\boldsymbol{u}=\boldsymbol{P} \tag{1-45}$$

将式(1-44) 代入式(1-45)，有

$$\boldsymbol{M}\boldsymbol{X}\ddot{q}+(\alpha\boldsymbol{M}+\beta\boldsymbol{K})\boldsymbol{X}\dot{q}+\boldsymbol{K}\boldsymbol{X}q=\boldsymbol{F} \tag{1-46}$$

对式(1-46) 两端同时左乘 $\{\boldsymbol{X}\}_j^{\mathrm{T}}$，可得

$$M_j\ddot{q}_i+(\alpha M_j+\beta K_j)\dot{q}_j+\boldsymbol{K}\boldsymbol{X}q_j=F_j \tag{1-47}$$

式中，$F_j=\boldsymbol{X}_j^{\mathrm{T}}\boldsymbol{P}$，为广义载荷。

将式(1-47) 两端同时除以 M_j，有

$$\ddot{q}_j+(\alpha+\beta\omega_j^2)\dot{q}_j+\omega_j^2q_j=\frac{\boldsymbol{X}_j^{\mathrm{T}}\boldsymbol{P}}{M_j}$$

再令 $\alpha+\beta\omega_j^2=2\xi_j\omega_j$，$P_j^*=\dfrac{\boldsymbol{X}_j^{\mathrm{T}}\boldsymbol{P}}{M_j}$，则有

$$\ddot{q}_j+2\xi_j\omega_j\dot{q}_j+\omega_j^2q_j=P_j^* \tag{1-48}$$

由式(1-48) 可知，当外力 $\boldsymbol{P}$ 是周期性载荷时，式(1-37) 实际上是 n 个相互独立的单自由度体系的运动方程，通过时域分析法中的 Duhamel 积分法或频域分析法中的 Fourier 变换法可以求出该方程的解。求出每个振型坐标的响应后，代入式(1-43) 便能求出多自由度体系的位移响应，从而进一步求出其他的动态响应和应力。由于运动方程式(1-48) 可以逐个独立地求解，因此振型叠加法具有很大的优越性，成为结构动力学中应用最广泛的分析方法之一。

如果外力 $\boldsymbol{P}$ 是其他一般性解析函数的载荷，则利用 Duhamel 积分以及系统的初始条件可求得方程式(1-48) 的解为

$$q_j(t)=\mathrm{e}^{-\xi_j\omega_jt}\left[q_j(0)\cos\omega_j't+\frac{\dot{q}_j(0)+\xi_j\omega_jq_j(0)}{\omega_j}\sin\omega_j't\right]+$$

$$+\frac{1}{M_j\omega'_j}\int_0^tP_j^*(\tau)\mathrm{e}^{-\xi_j\omega_j(t-\tau)}\sin\omega'_j(t-\tau)\mathrm{d}\tau$$

式中，初始条件 $q_j(0)$、$\dot{q}_j(0)$可以由式(1-44) 求得，具体如下：

$$q_j(0)=\frac{\boldsymbol{X}_j^{\mathrm{T}}M_ju_j(0)}{M_j},\quad \dot{q}_j(0)=\frac{\boldsymbol{X}_j^{\mathrm{T}}M_j\dot{u}_j(0)}{M_j}$$

如果外力 $\boldsymbol{P}$ 是任意变化的载荷，需要利用卷积积分给出方程式(1-48) 的解。

1.3 往复式压缩机曲轴强度校核方法

往复式压缩机曲轴强度的校核方法分为静强度校核和疲劳强度校核两种。其

中静强度校核主要依据曲轴危险部位的最大等效应力进行评估，而疲劳强度校核主要依据曲轴危险部位反复承受交变工作应力下的应力和应力幅进行评估。无论采用哪种校核方式，工程上都是以安全系数的形式表示。曲轴静强度校核所用的等效应力是按第三强度理论计算的；曲轴疲劳强度校核是利用正应力 σ 和剪应力 τ 进行的。综合考虑 ANSYS 软件不能直接获得轴系各危险点处的 σ 和 τ，因此，本节除介绍两种曲轴强度校核方法之外，还介绍了正应力、剪应力与三向应力之间的关系，以便由 ANSYS 软件计算得到的三向应力来获取疲劳校核所需的各项参数。大量的研究表明，考虑到各列曲轴承受载荷平衡度的不同，第 5、6 列及以上列数的曲轴段可以采用静强度校核方法，第 3、4 列及以下列数的曲轴段最好采用疲劳强度校核方法。根据往复式压缩机轴系的共振状态，在确认轴系不发生共振的情况下，可以利用曲轴静力学的强度计算结果进行强度校核；在压缩机的转速无法完全避开共振转速的情况下，必须利用曲轴动力学的强度计算结果进行强度校核。

1.3.1　正应力、剪应力与三向应力之间的关系

圆形截面承受弯矩 M 和转矩 T 组合时的应力分布情况如图 1-3 所示。在图 1-3(a) 所示的危险截面上，根据材料力学的相关知识可知，与转矩 T 对应的扭转剪应力在边缘各点达到极大值（$\tau=\dfrac{T}{W_t}$），与弯矩 M 对应的弯曲正应力在 D_1 和 D_2 点达到极大值（$\sigma=\dfrac{M}{W}$）。D_1 和 D_2 两点上的扭转剪应力与边缘上其他各点都相同，而弯曲正应力为极限，故这两点是危险点。D_1 点处的应力状态如图 1-3(b) 所示。

轴类零件通常由优质碳素钢或结构钢加工而成，因此材料的抗拉和抗压强度

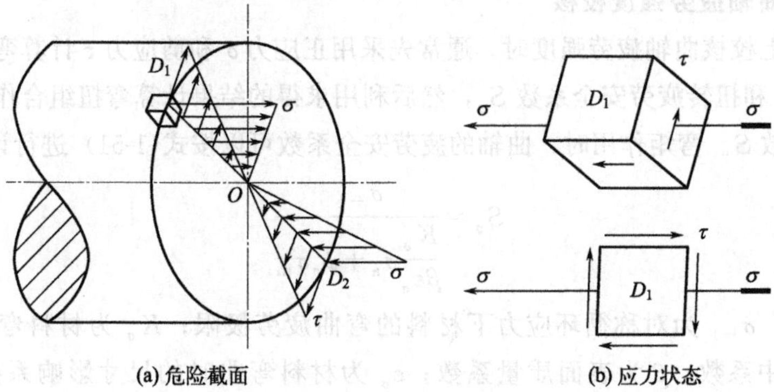

图 1-3　剪应力和正应力分布

相等，则在危险点 D_1 和 D_2 中校核一点的强度即可。当 D_1 点表现为二向应力状态或近似表现为二向应力状态时，D_1 点的主应力可表示为

$$\left.\begin{matrix}\sigma_1\\ \sigma_3\end{matrix}\right\}=\frac{\sigma}{2}\pm\sqrt{\left(\frac{\sigma}{2}\right)^2+\tau^2}=\frac{\sigma}{2}\pm\frac{1}{2}\sqrt{\sigma^2+4\tau^2},\sigma_2=0 \tag{1-49}$$

大量的计算表明，曲轴轴系各危险点处的第二主应力 σ_2 与其他主应力 σ_1、σ_3 相比近似为 0，因此，可以利用式(1-49) 求解曲轴轴系危险节点处的剪应力和正应力。

1.3.2 曲轴强度的校核

(1) 静强度校核

曲轴是往复式压缩机最重要的运动零件之一，其形状比较复杂，在承受交变载荷时，各断面突变处、油孔口处均会形成应力集中。当曲轴承受交变的弯曲和扭转负荷时，这些应力集中处便可能出现疲劳裂纹并逐渐扩大，最终导致曲轴破坏。通常情况下，弯曲疲劳破坏一般始于曲拐的内侧，造成轴径或曲柄断裂；扭转疲劳破坏一般始于油孔，并沿轴线 45°方向发展，没有油孔结构的曲轴则常始于轴径与曲拐连接处。由工作负荷引起的曲轴破坏总是表现为疲劳破坏，因此曲轴理应进行疲劳强度校核。为了计算简便，通常把曲轴所受的载荷看成应力幅等于最大应力的对称循环应力，且略去应力集中系数和尺寸系数，代之以较大的安全系数，从而将复杂的疲劳强度校核转化为简单的静强度校核。工程中通常利用式(1-50) 进行曲轴静强度校核。

$$n=\frac{\sigma_{-1}}{\sigma_0}\geqslant[n] \tag{1-50}$$

式中，σ_{-1} 为对称循环应力下材料的弯曲疲劳极限，MPa；σ_0 为按照第三强度理论计算的等效应力，MPa；$[n]$ 为静强度许用安全系数。

(2) 曲轴疲劳强度校核

工程上校核曲轴疲劳强度时，通常先采用正应力 σ 和剪应力 τ 计算弯曲疲劳安全系数 S_σ 和扭转疲劳安全系数 S_τ，然后利用求得的结果计算弯扭组合作用时的疲劳安全系数 S。弯矩作用时，曲轴的疲劳安全系数可以按式(1-51) 进行计算。

$$S_\sigma=\frac{\sigma_{-1}}{\dfrac{K_\sigma}{\beta\varepsilon_\sigma}\sigma_a+\psi_\sigma\sigma_m} \tag{1-51}$$

式中，σ_{-1} 为对称循环应力下材料的弯曲疲劳极限；K_σ 为材料弯曲时的有效应力集中系数；β 为表面质量系数；ε_σ 为材料弯曲时的尺寸影响系数；ψ_σ 为材料弯曲时的平均应力折算系数；σ_a，σ_m 分别为正应力幅和平均正应力。

扭转作用时，曲轴的疲劳安全系数可以按式(1-52)进行计算。

$$S_\tau=\frac{\tau_{-1}}{\frac{K_\tau}{\beta\varepsilon_\tau}\tau_a+\psi_\tau\tau_m} \tag{1-52}$$

式中，τ_{-1} 为对称循环应力下材料的扭转疲劳极限；K_τ 为材料扭转时的有效应力集中系数；β 为表面质量系数；ε_τ 为材料扭转时的尺寸影响系数；ψ_τ 为材料扭转时的平均应力折算系数；τ_a，τ_m 分别为剪应力幅和平均剪应力。

采用上述计算结果，可用式(1-53)计算弯扭组合作用时的疲劳安全系数。

$$S=\frac{S_\sigma S_\tau}{\sqrt{S_\sigma^2+S_\tau^2}}\geqslant[S] \tag{1-53}$$

式中，$[S]$ 为弯扭组合作用时的许用疲劳安全系数。

当式(1-53)中的各种应力是采用有限单元法进行轴系动力学计算获取的结果时，许用疲劳安全系数 $[S]$ 取下限值，修正系数可以按表 1-1 的规定选取[15]。对称循环应力下常用轴类材料的弯曲疲劳极限及扭转疲劳极限如表 1-2 所示。材料极限主要由热处理工艺、截面尺寸及加工精度等因素决定，可根据具体情况进行选取。

表 1-1　往复式压缩机曲轴强度校核的修正系数

有效应力集中系数		表面质量系数	尺寸影响系数		平均应力折算系数	
K_σ	K_τ	β	ε_σ	ε_τ	ψ_σ	ψ_τ
1	1	0.9	0.54	0.6	0.43	0.29

表 1-2　对称循环应力下常用轴类材料的弯曲疲劳极限及扭转疲劳极限（参考数值）

钢号	热处理状态	截面尺寸/mm	弯曲疲劳极限 σ_{-1}/MPa	扭转疲劳极限 τ_{-1}/MPa
20	正火+回火	>100～300	155	90
		>300～500	145	84
35	调质	>100～300	220	128
		>300～500	205	120
35CrMo	调质	>100～300	400	232
		>300～500	350	205

1.4　ANSYS 软件功能简介

随着计算机技术的发展，出现了许多大型通用有限元分析软件，如 ANSYS、ABAQUS、ADINA 以及 MSC NASTRAN 等。当前，在各有限元分析软件中，ANSYS 软件是融结构、流体、电、磁、声场分析于一体的大型通用有限元分析软件，在处理结构线性问题方面具有较大优势，拥有丰富和完善的单元库、材料模型库和求解器，能够高效地求解各种结构的静力学和动力学问题[16]；ABAQUS 软件致力于处理更加复杂和深入的工程问题，其强大的非线性分析功能在高端用户群中得到了广泛的认可；ADINA 软件广泛应用在结构、温度、流体及流固耦合等研究领域，尤其是在流固耦合问题的处理方面具有很大优势；MSC NASTRAN 适合求解更加复杂的结构动力学问题。结合第 3～5 章拟讲述的往复式压缩机轴系扭转振动参数化建模、分析求解以及数据处理等相关内容，考虑到轴系几何建模过程中频繁使用 ANSYS 软件实用菜单（Utility Menu）中的工作平面和坐标系，本节主要对 ANSYS 软件的图形用户界面、结构分析功能模块、APDL 参数化设计语言、工作平面和坐标系等进行简要介绍，关于 ANSYS 软件功能的详细内容请查阅其他相关资料。

1.4.1 ANSYS 软件的图形用户界面

使用 ANSYS 软件分析问题的标准步骤包括模型建立、网格划分、加载求解、结果后处理等，而这些分析步骤主要在前处理、计算求解和后处理等模块中完成。图 1-4 为 ANSYS 软件的图形用户界面（GUI），是用户最常使用的界面，

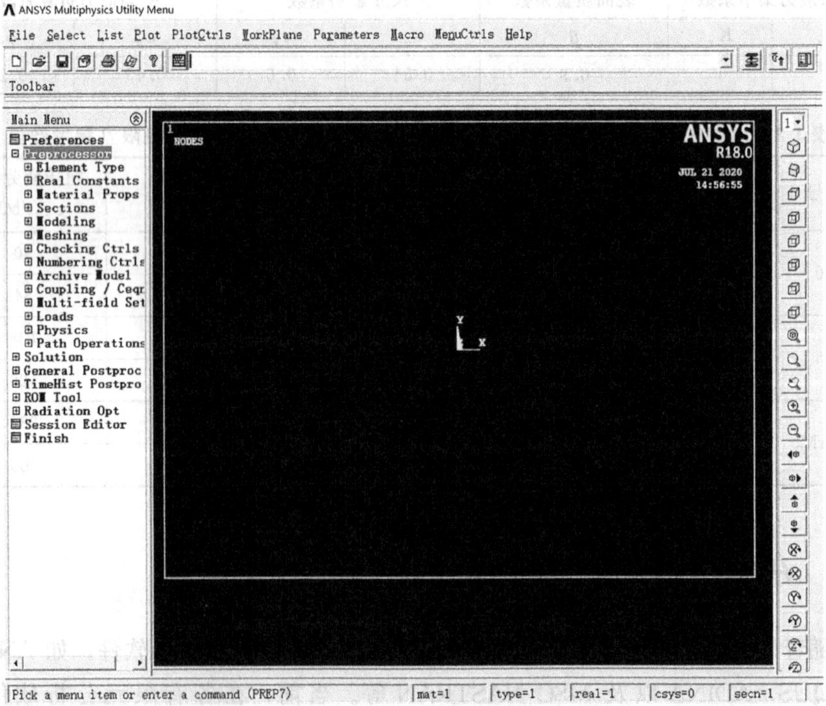

图 1-4　ANSYS 有限元软件图形用户界面

几乎所有的操作都是在该界面完成的。前处理模块主要集中在图 1-4 左侧的主菜单（Main Menu）结构树中的 Preprocessor 内，实体建模、单元类型、网格划分、材料属性、载荷与约束及其他有限元分析模型的构建等都在前处理模块中完成；计算求解模块是 ANSYS 软件计算程序的核心内容，主要集中在图 1-4 左侧的主菜单结构树中的 Solution 内，包括选择分析类型、控制计算方法、设置多载荷步、求解计算等多方面的内容；后处理模块主要集中在图 1-4 左侧的主菜单结构树中的 General Postproc（通用后处理器 POST1）和 TimeHist Postpro（时间历时处理器 POST26）内，可以在该功能模块内从计算结果 rfrq 或 rst 文件中提取需要的各种数据，完成数据的分析与处理工作。其中，通用后处理器 POST1 可以获得整个模型在某一时刻（或载荷步）的分析结果，通常以等值应力线、梯度及云图等图形方式显示；时间历时处理器 POST26 可以获得某节点（或单元）在整个时域频段的分析结果，该分析结果可以描述节点（或单元）随时间或频率的变化情况，且分析结果通常以数值列表或曲线等方式输出。在 ANSYS 软件中获得这些节点结果的所有操作都是基于变量的，当退出程序界面时，所有的设置和操作结果都会消失，不能进行存储。但这些命令都保存在 log 文件中，重新进入时，变量需要再次设定。

1.4.2 ANSYS 软件的结构分析模块

ANSYS 软件是融结构、热、流体、电、磁等分析模块于一体的分析软件，其中结构分析模块是技术发展最早、最为成熟、应用最广泛的分析模块之一。往复式压缩机轴系扭转振动计算需用到 ANSYS 软件的结构静力学分析（Structural Static Analysis）、结构模态分析（Structural Modal Analysis）、结构谐响应分析（Structural Harmonic Analysis）以及结构瞬态响应分析（Structural Transient Dynamic Analysis）等分析模块。本书第 4 章的往复式压缩机轴系临界转速计算是利用结构模态分析模块实现的，第 5 章的往复式压缩机轴系扭振计算利用了结构谐响应分析、结构瞬态响应分析和结构静力学分析等分析模块。往复式压缩机轴系有限元分析模型的构建是轴系扭转振动计算的关键，因此，需要全面掌握上述分析模块对轴系模型的基本要求。

(1) 结构的模态分析

在机械结构动力学求解过程中，模态分析是用于求解结构固有频率和模态振型的一种动力学分析。目前，结构分析中的模态分析还只能进行线性分析，任何非线性特性，如塑性、接触或间隙单元，即使定义了也将被忽略。对于那些阻尼不可忽略的情况，如考虑轴承的阻尼问题时，可以用 Damped 方法进行转子动力学的模态分析。在典型结构的模态分析中，唯一有效的载荷是零位移约束，唯一可用的载荷步选项是阻尼，除位移约束之外的其他载荷，即使定义了也将被忽略。需要特别强调的是，虽然材料的阻尼、轴系的转速等载荷在计算中都被忽略，但程序将计算出所有载荷向量并写入振型文件（文件类型为MODE）中，以便利用模态叠加法进行谐响应分析或瞬态响应分析时使用。因此，必须在模态分析中设定材料的阻尼和轴系的转速。

(2) 结构的动态响应分析

在往复式压缩机轴系扭转振动计算中，结构的动态响应分析包括谐响应分析和瞬态响应分析。谐响应分析又称谐波分析，是用于确定线性结构承受随时间按简谐规律变化的载荷时稳态响应的一种技术。其计算结果是一个以频率（或转速）为因变量的动态响应。一个完整的简谐载荷需要3方面的信息，即载荷的幅值、相位角和计算频率范围。谐响应分析是一种线性分析，任何非线性特性，如塑性、接触或间隙单元，即使定义了也将被忽略。对于非线性结构的谐波分析，可以利用结构瞬态动力分析的方法进行求解，如对包含轴承接触或间隙等非线性简谐振动的分析计算。谐响应分析不能计算频率不同的多个强制载荷同时作用的响应，但在POST1中可以对两种载荷状况进行叠加，从而得到总体响应。谐响应分析通常有完全法、缩减法和模态叠加法等三种求解方法。完全法的矩阵可以是对称的，也可以是非对称的，非对称矩阵在声学和轴承问题中很普遍。

瞬态响应分析是用于确定静载荷、随机载荷、简谐载荷等随意组合作用下结构的节点位移、应变、应力等随时间变化的一种动力分析，其中惯性力和阻尼对共振影响较大。在结构的谐响应和瞬态响应分析过程中，完全法（Full）和模态叠加法（mode superpos'n）是常用的两种求解方法。其中完全法功能强大，并且能够处理各种非线性问题，但对硬件设备要求过高；而模态叠加法在处理各种线性问题方面具有绝对优势，对硬件设备的要求不高。针对往复式压缩机轴系的基本特性及轴系模型的复杂程度，本书选择了模态叠加法进行往复式压缩机轴系谐响应和瞬态响应计算。

(3) 结构的静力学分析

结构静力学分析是ANSYS软件最基础的分析功能。在往复式压缩机轴系扭振计算过程中，结构静力学分析施加的外部载荷类型与结构瞬态响应分析基本一致。与结构瞬态响应分析不同的是，轴系的惯性力和阻尼不在计算考虑范围之内，即使定义了与惯性力和阻尼相关的材料密度和阻尼比，计算中也将忽略。

1.4.3　ANSYS 软件的 APDL 参数化设计语言

APDL 参数化设计语言是 ANSYS 软件为用户提供参数化设计的重要工具。对往复式压缩机轴系这种标准化、系列化程度较高的机械结构来讲，同系列不同产品的压缩机轴系可能仅涉及局部结构或个别参数的不同，当这些轴系进行扭转振动计算时，ANSYS 软件 APDL 参数化设计语言的应用显得尤为重要。利用 APDL 参数化设计语言可以把往复式压缩机轴系扭振计算中那些操作烦琐、专业性比较强的分析技术用程序代码描述出来。轴系扭振分析技术的程序化，不仅可以实现技术的可控性，而且还极大地促进了技术的应用推广。在技术的可控性方面，一是便于实现技术的不断沉淀和积累，二是便于实现同条件下分析计算结果的一致性；在技术的应用推广方面，由于轴系扭振分析技术的程序化，只需对同系列轴系原程序进行简单的修改或对部分参数进行修改即可完成新的计算任务，极大促进了技术的应用推广。

APDL 是 ANSYS Parametric Design Language（ANSYS 参数化设计语言）的缩写，是一种类似 FORTRAN 的解释性编程语言。ANSYS 参数化设计语言提供了参数、数组、矢量与矩阵运算、流程控制、宏及用户子程序等功能。生成 APDL 参数化设计程序有两种方式：一种是从 log 文件中提取相应的命令流进行参数化设计程序的编程，该方式对初学者最为友好。在 GUI 操作时，每一次操作都会记录在 ANSYS 工作目录下的 log 文件中。可以直接打开工作目录下的该文件，或在图 1-5(a) 左侧所示的界面中依次单击 File＞List＞Log File 打开。该文件的文本内容如图 1-5(a) 右侧所示，可以通过复制等方式提取有用的命令流，

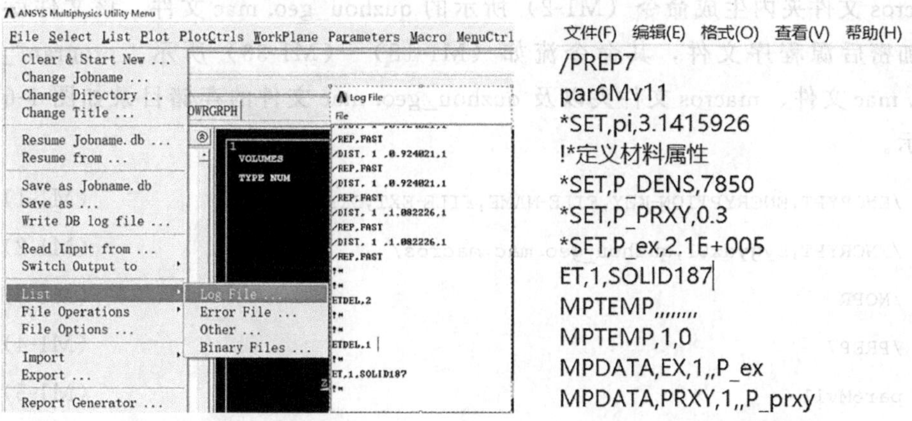

(a) 从log文件中提取命令流　　(b) 直接编辑程序文件

图 1-5　APDL 参数化设计程序的生成

粘贴到图 1-5(b) 所示的 mac 文件中（ANSYS 软件记录时会产生一些冗余程序段，提取命令流时应进行精简）。另一种是按照 APDL 语言格式要求直接在图 1-5(b) 所示的文件中编制，该方式对熟悉 APDL 命令和参数化语言的分析者比较方便。当然，为了提高工作效率，达到事半功倍的效果，完全可以将上述两种方法结合起来。关于 ANSYS 参数化设计语言的具体应用，将在后续章节结合往复式压缩机轴系分析过程一一讲述。

ANSYS 软件为上述生成的 mac 文件（通常称宏文件或源程序）提供了加密方法。由于加密后的文件无法恢复到原可读程序，因此加密前一定要复制源文件，或者把加密后的源文件保存在其他路径，或者加密前源程序与加密后源程序采用不同的文件名称。源程序加密主要是编辑“执行加密程序”，此处共涉及 3 个文件：一是加密前源程序；二是执行加密程序；三是加密后源程序。加密前源程序 program. mac 的命令流如（M1-4）～（M1-15）所示，执行加密程序 program_JM. mac 的命令流如（M1-2）～（M1-17）所示。从命令流（M1-2）～（M1-17）不难看出，执行加密程序在加密前源程序的基础上多了两行命令/ENCRYPT，第一行的/ENCRYPT 按命令（M1-1）所示的语法格式设定了参数（最后一行的/ENCRYPT 不需要任何参数）。命令（M1-1）中的 ENCRYPTION-KEY 为一个 8 位数以内的密码，FILE-NAME 为加密后源程序的文件名，FILE-EXT 为加密后源程序的后缀，DIRECTORY/为加密后源程序存放的路径。完成“执行加密程序”的编辑后，按命令（M1-2）所示的加密后源程序存放的路径，在与 program_JM. mac 文件相同的目录下创建文件夹 macros，在 ANSYS 软件的命令窗口运行 program_JM. mac 文件，即可在 macros 文件夹内生成命令（M1-2）所示的 quzhou_geo. mac 文件。该文件就是加密后源程序文件，其命令流如（M1-18）～（M1-33）所示。program_JM. mac 文件、macros 文件夹以及 quzhou_geo. mac 文件的存储目录如图 1-6 所示。

```
/ENCRYPT,ENCRYPTION-KEY,FILE-NAME,FILE-EXT,DIRECTORY/      (M1-1)
/ENCRYPT,sygydx01,quzhou_geo.mac,macros/                   (M1-2)
/NOPR                                                      (M1-3)
/PREP7                                                     (M1-4)
par6Mv11                                                   (M1-5)
*SET,pi,3.1415926                                          (M1-6)
!*定义材料属性                                              (M1-7)
```

```
*SET,P_DENS,7850                                  (M1-8)
*SET,P_PRXY,0.3                                   (M1-9)
*SET,P_ex,2.1E+005                                (M1-10)
ET,1,SOLID187                                     (M1-11)
MPTEMP,,,,,,                                      (M1-12)
MPTEMP,1,0                                        (M1-13)
MPDATA,EX,1,,P_ex                                 (M1-14)
MPDATA,PRXY,1,,P_prxy                             (M1-15)
/GOPR                                             (M1-16)
/ENCRYPT                                          (M1-17)
/DECRYPT,sygydx01                                 (M1-18)
01p=iP:                                           (M1-19)
02|jR-{s                                          (M1-20)
03,aZa+23?                                        (M1-21)
04*;p2Frw5+fI2Iwp0x                               (M1-22)
05gU胘>擄伬W幇zr衜m縹?                              (M1-23)
06U1_V:YW|]Lknn6w]                                (M1-24)
07fmGb5H9hPp=c.p'                                 (M1-25)
08DUS]$*wc2ni,srb.qv                              (M1-26)
09Gb5)fkMd-{/zd                                   (M1-27)
0A[YL}eNDnc*nY                                    (M1-28)
0BVH.]Khnh*r                                      (M1-29)
0CE*\?1%cC<Yh*m3LU'                               (M1-30)
0D'hBY8x*4!1Wmrwz88^!+'                           (M1-31)
0EGEg4+                                           (M1-32)
/DECRYPT                                          (M1-33)
```

1.4.4　ANSYS 软件的工作平面与坐标系

ANSYS 软件为几何模型的建立提供了大量的功能手段，其中工作平面与坐标系在曲轴几何建模的过程中发挥了重要的作用。ANSYS 软件的坐标系是用来定位几何体的，包含总体坐标系、局部坐标系两种。其中总体坐标系是系统自带

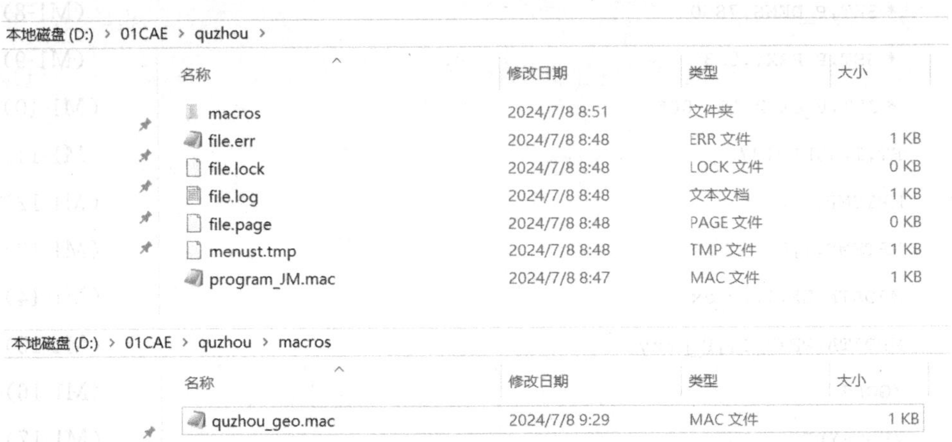
本地磁盘 (D:) › 01CAE › quzhou ›
名称
修改日期
类型
大小
macros
2024/7/8 8:51
文件夹
file.err
2024/7/8 8:48
ERR 文件
1 KB
file.lock
2024/7/8 8:48
LOCK 文件
0 KB
file.log
2024/7/8 8:48
文本文档
1 KB
file.page
2024/7/8 8:48
PAGE 文件
0 KB
menust.tmp
2024/7/8 8:48
TMP 文件
1 KB
program_JM.mac
2024/7/8 8:47
MAC 文件
1 KB
本地磁盘 (D:) › 01CAE › quzhou › macros
名称
修改日期
类型
大小
quzhou_geo.mac
2024/7/8 9:29
MAC 文件
1 KB

图 1-6　加密宏程序的文件路径

的，有笛卡儿坐标系、柱坐标系和球坐标系三种（图 1-7）；局部坐标系是用户根据需要自定义的，是在三种总体坐标系的基础上通过重新定义坐标原点和坐标轴方向产生的（图 1-8），在同一分析工程中可定义若干个局部坐标系。

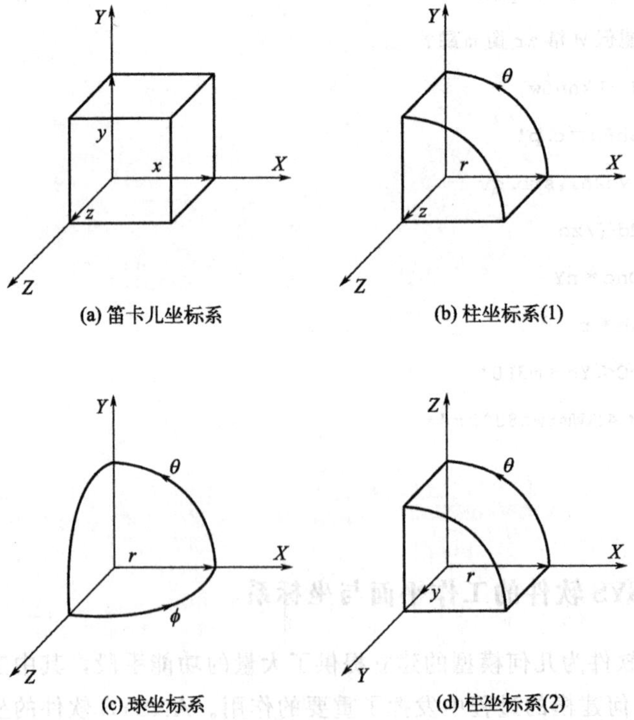
Y
X
Z
x
y
z
θ
r
ϕ
(a) 笛卡儿坐标系
(b) 柱坐标系(1)
(c) 球坐标系
(d) 柱坐标系(2)

图 1-7　总体坐标系

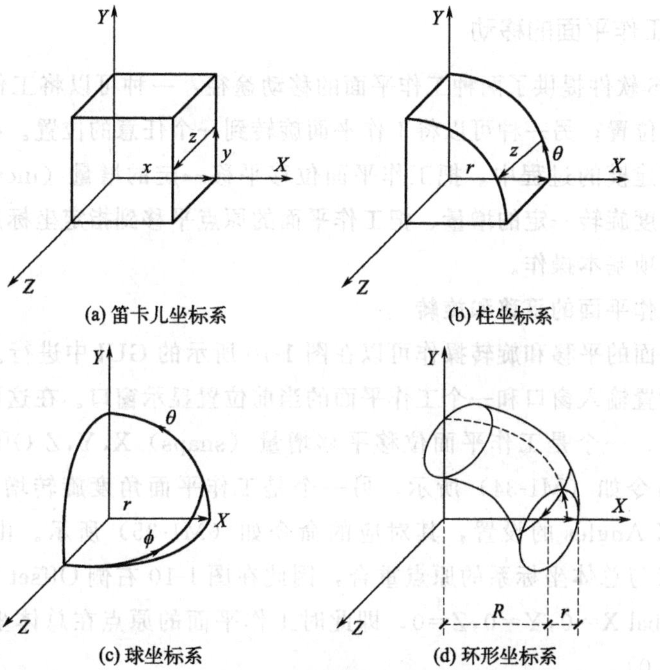

图 1-8　局部坐标系

在 ANSYS 软件中，工作平面只有一个。它是一个无限平面，有自己独立的坐标原点和 *WX*、*WY* 轴，并且始终依附于一个实际存在的坐标系。工作平面根据所处坐标系的种类，可分为笛卡儿坐标系工作平面和极坐标系工作平面两种。在总体或局部笛卡儿坐标系下的工作平面称为笛卡儿坐标系工作平面，在柱坐标系或球坐标系下的工作平面称为极坐标系工作平面（图 1-9）。

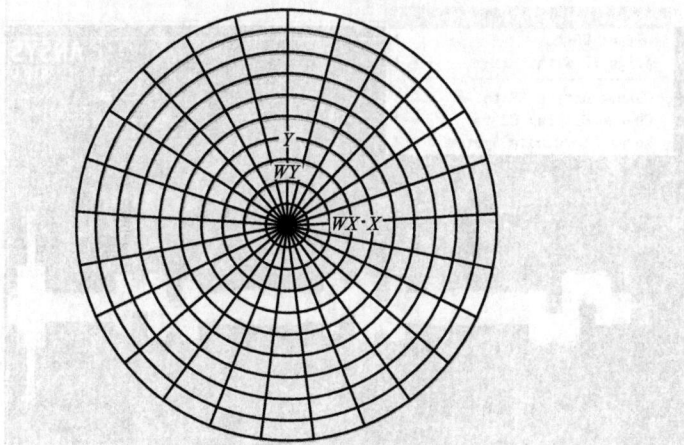

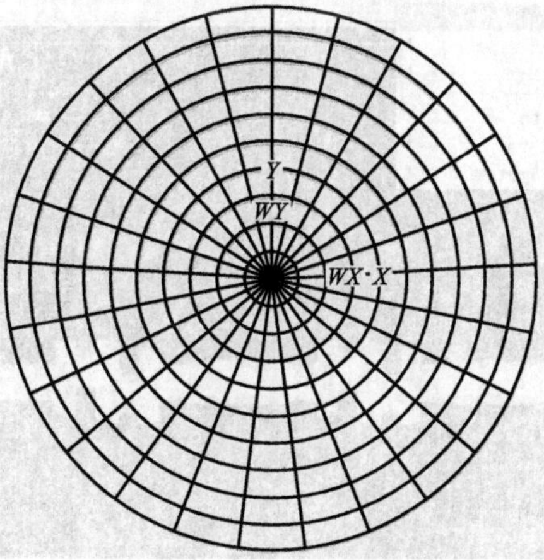

图 1-9　极坐标系工作平面

1.4.4.1 工作平面的移动

ANSYS 软件提供了两种工作平面的移动途径：一种可以将工作平面平行移动到一个新位置；另一种可以将工作平面旋转到一个任意的位置。在往复式压缩机轴系几何建模的过程中，把工作平面位移平移一定的增量（increments）、把工作平面角度旋转一定的增量、把工作平面的原点平移到指定坐标系的原点是频繁用到的几项基本操作。

(1) 工作平面的平移和旋转

工作平面的平移和旋转操作可以在图 1-10 所示的 GUI 中进行。该界面包含两个增量设置输入窗口和一个工作平面的当前位置显示窗口。在这两个增量设置输入窗口中，一个是工作平面位移平移增量（snaps）X,Y,Z Offsets 的设置，其对应的命令如（M1-34）所示；另一个是工作平面角度旋转增量（degrees）XY,YZ,ZX Angles 的设置，其对应的命令如（M1-35）所示。由于当前工作平面的原点与总体坐标系的原点重合，因此在图 1-10 右侧 Offset WP 子窗口中显示了 Global X=0,Y=0,Z=0，即此时工作平面的原点在总体坐标系下的坐标为（0,0,0）。

```
wpoff,X,Y,Z                                                    (M1-34)
wprot,XY,YZ,ZX                                                 (M1-35)
```

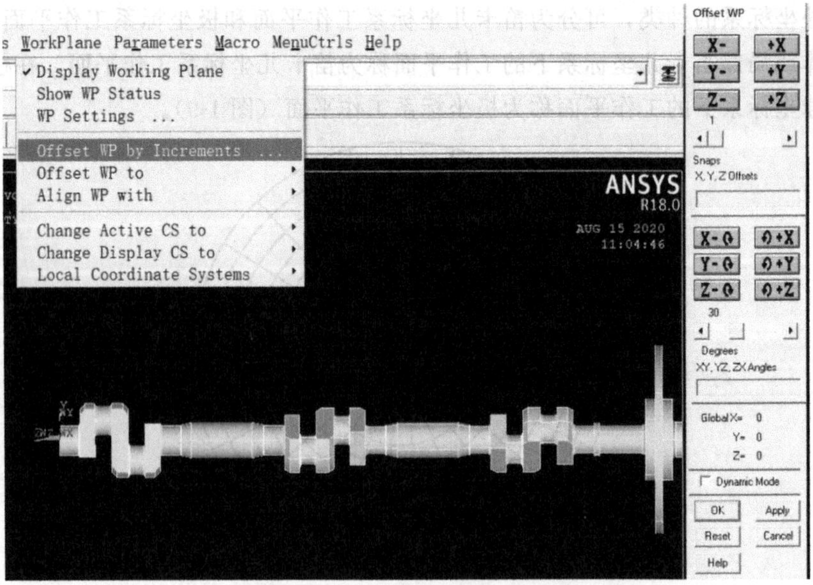

图 1-10 工作平面的平移和旋转

(2) 工作平面原点的平移

工作平面原点的平移操作可以在图 1-11 所示的 GUI 中进行，实现移动到 Global Origin（总体坐标系原点）和 Origin of Active CS（活动坐标系原点）位置的需求。将工作平面的坐标原点移动到 Global Origin 的操作由 CSYS,0、WPAVE,0,0,0、CSYS,0 三个命令组成；将工作平面的坐标原点移动到 Origin of Active CS 的操作由 WPAVE,0,0,0 命令实现。

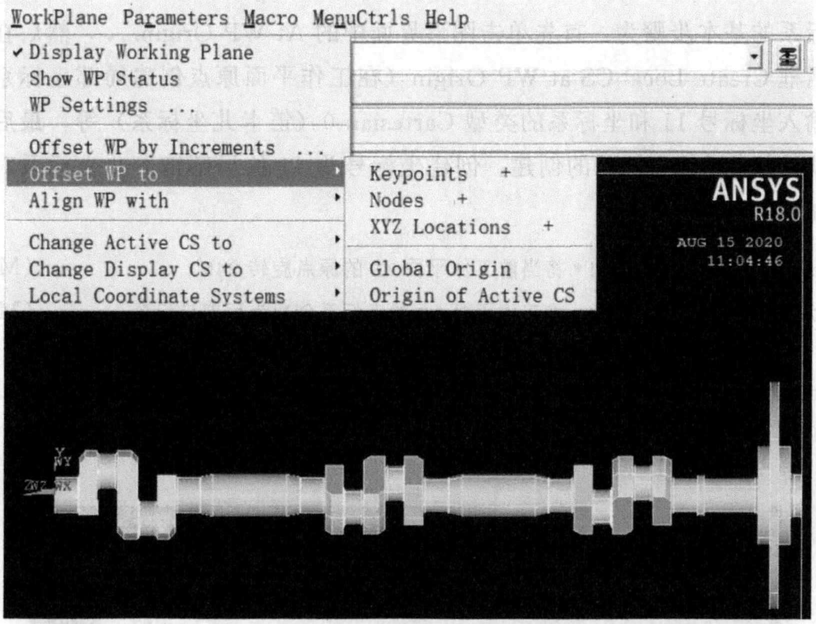

图 1-11　工作平面原点的平移

1.4.4.2　总体坐标系与局部坐标系的创建

总体坐标系是 ANSYS 软件自动构建的坐标系，当总体坐标系不能满足实际要求时，需要根据实际需要建立局部坐标系。除局部坐标系的原点和各平面方位允许与总体坐标系不同外，其他定义坐标系的规则与总体坐标系是完全一致的。某 6 列往复式压缩机曲轴的几何模型如图 1-10 所示。图 1-10 中左侧的两列曲拐是在总体坐标系下建立的几何模型，由于中间和右侧的两列曲拐与左侧的两列曲拐都不在一个平面内，为了方便曲拐的几何建模，需要分别建立与总体坐标系 *XY* 平面成 240°（3、4 列曲柄错角）、120°（5、6 列曲柄错角）的局部坐标系。

在图 1-10 所示的工作平面上（工作平面的原点与总体坐标系的原点重合），

将工作平面向总体坐标系$-Z$方向（此时$-Z$方向为右向）移动一个偏移量a，然后绕过原点（0,0,$-a$）的XY旋转轴（即垂直XY平面的轴）旋转240°，即可得到图1-12所示的一个新的工作平面。该操作对应的命令如（M1-36）所示。对比图1-10和图1-12中的6列曲轴模型不难发现，图1-10中工作平面WX-WY坐标系的方向和左侧两列曲拐的位置关系与图1-12中工作平面WX-WY坐标系的方向和中间两列曲拐的位置关系完全一致。

如图1-12所示，利用上述工作平面在其原点处创建坐标号为11的局部笛卡儿坐标系的基本步骤为：首先单击图形界面中的At WP Origin...，然后在弹出的对话框Create Local CS at WP Origin（在工作平面原点创建局部坐标系）内分别输入坐标号11和坐标系的类型Cartesian 0（笛卡儿坐标系）等，最后单击OK即可完成局部坐标系的创建。创建坐标号为11的局部笛卡儿坐标系对应的命令如（M1-37）所示。

```
wprot,240               !*将当前工作平面 WP 的原点旋转 240°;        (M1-36)
CSWPLA,11,0,1,1,        !*将工作平面 WP 的坐标系创建为局部坐标系 11。 (M1-37)
```

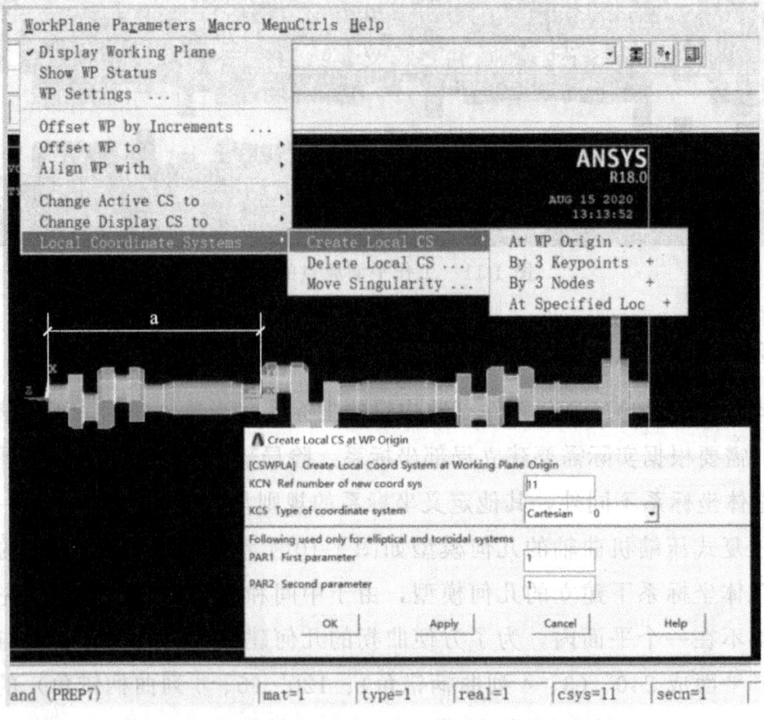

图1-12 在工作平面的坐标原点处创建局部坐标系

1.4.4.3　坐标系的激活

在工程计算中可以定义多个坐标系，但某一时刻只有一个坐标系被激活。通常把被激活的坐标系称为活动坐标系（Active CS）。在图 1-13 所示的图形界面内可进行不同坐标系的激活。以激活局部坐标系 11 为例，首先单击图 1-13 中的 Specified Coord Sys...（局部坐标系），然后在弹出对话框的 KCN Coordinate system number 中输入坐标号 11，最后单击 OK 即可。其对应的命令如（M1-38）所示。当坐标系 11 被激活后，ANSYS 软件会在图形界面下面的信息窗口展示当前被激活坐标系 csys＝11。若要激活 Specified Coord Sys...（局部坐标系）以外的其他坐标系，直接单击拟激活坐标系的名称即可。同时，信息窗口中的 csys 被当前被激活坐标系的坐标号替代。

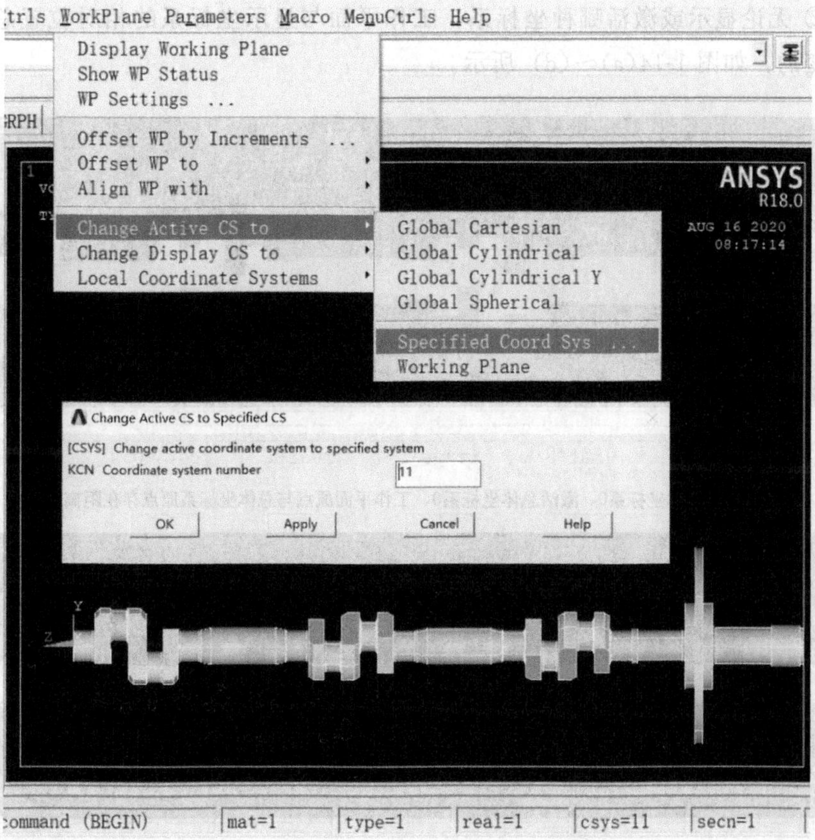

图 1-13　坐标系的激活

```
CSYS,11,
```
（M1-38）

1.4.4.4 坐标系的显示

为了适应不同的需要，可以独立使用 ANSYS 软件中坐标系的显示与激活（处于活动状态）。下面以创建的局部坐标系 11 为例，对坐标系的显示与激活进行简要说明。图 1-14 为某 6 列曲轴几何模型分别在总体坐标系 0、局部坐标系 11 下进行显示与激活时，工作平面与各坐标系的相对位置、曲轴图形显示等。图（a）为显示总体坐标系 0（系统初始默认）、激活总体坐标系 0（系统初始默认）情况下的图形；图（b）为显示总体坐标系 0、激活局部坐标系 11 情况下的图形；图（c）为显示局部坐标系 11、激活总体坐标系 0 情况下的图形；图（d）为显示局部坐标系 11、激活局部坐标系 11 情况下的图形。从图 1-14 中可以发现下面几个特点。

① 在显示坐标系相同的情况下，无论当前哪种坐标系被激活，显示的图形都是一致的，如图 1-14(a) 和（b）以及图 1-14(c) 和（d）所示。

② 无论显示或激活哪种坐标系，工作平面与显示坐标系的相对位置总是保持不变的，如图 1-14(a)～(d) 所示。

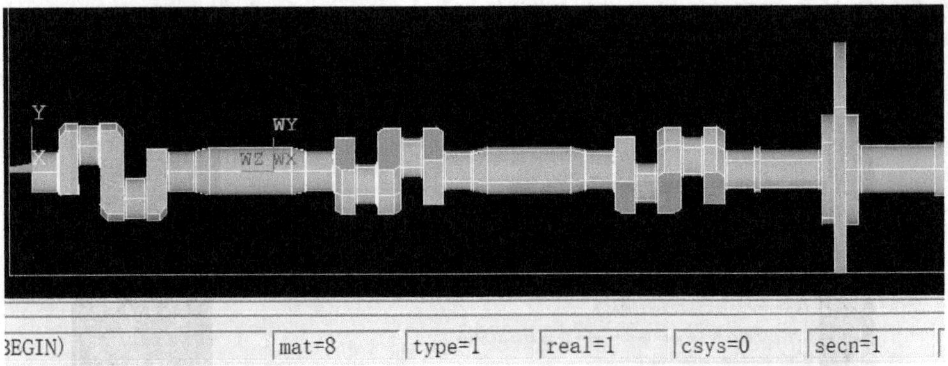

(a) 显示总体坐标系0、激活总体坐标系0、工作平面原点与总体坐标系原点存在距离*L*

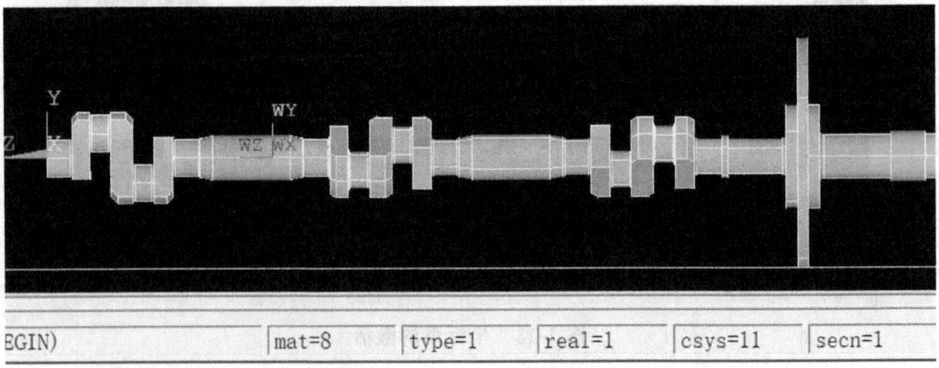

(b) 显示总体坐标系0、激活局部坐标系11、工作平面原点与总体坐标系原点存在距离*L*

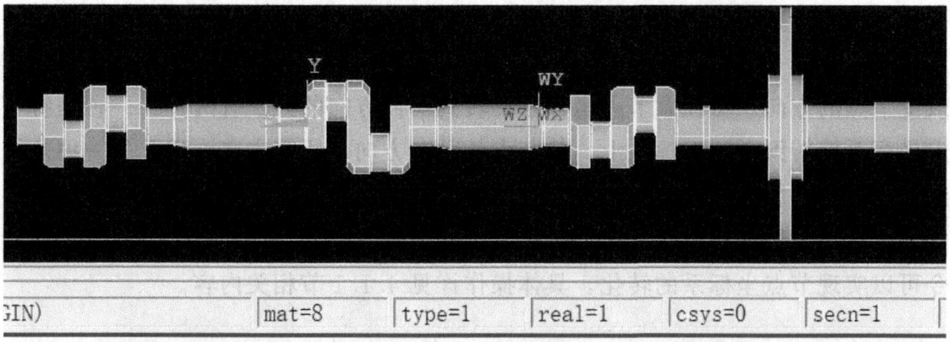

(c) 显示局部坐标系11、激活总体坐标系0、工作平面原点与局部坐标系原点存在距离L

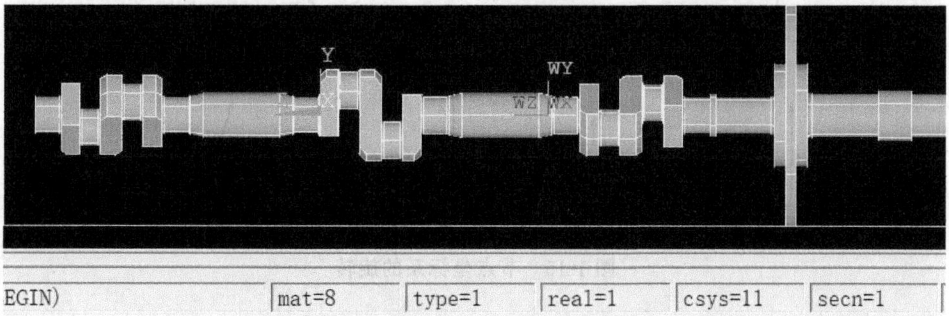

(d) 显示局部坐标系11、激活局部坐标系11、工作平面原点与局部坐标系原点存在距离L

图 1-14　坐标系的显示、激活及工作平面

③ 无论显示或激活哪种坐标系，图中 XYZ 坐标系（总体坐标系或局部坐标系）均与显示坐标系重合，如图 1-14(a)～(d) 所示。

因此，在进行几何建模的过程中，建议在显示被激活坐标系的情况下进行操作，以更加直观地掌握工作平面实时所处的相对位置。

1.4.4.5　坐标系的变换

如果在节点上施加载荷或位移约束，无论是在总体坐标系下还是在其他坐标系下，总要将当前坐标系旋转到节点上。否则，载荷或位移约束只能按创建节点时所用的坐标系进行施加。另外，当某坐标系旋转到特定节点上后，这些节点的坐标系只有重新定义才会改变。也就是说，如果施加在相同节点上的载荷或位移约束没有方向的变化，就不需要重新定义节点坐标系。

坐标系的变换主要涉及节点坐标系、单元坐标系及结果坐标系。在往复式压缩机轴系扭振计算中，节点坐标系的变换至关重要。总体和局部坐标系用于几何体的定位，而节点坐标系用于定义节点自由度的方向。每个节点都有自己的节点坐标系，默认情况下，它们总是平行于总体笛卡儿坐标系。在往复式压缩机轴系有限元模型的构建过程中，轴系中施加的外部载荷（电机驱动转矩和各列曲柄销上的作用力）、轴承约束等都是通过节点进行设定的，因此需要视实际加载要求改变节点的方向。将任意节点坐标系旋转到所需方向的方法有两种：一种是将节点坐标系旋转到激活坐标系上，使节点的某一方向与所需方向一致；另一种是按给定的旋转角度旋转节点坐标系。本书是按照前者的方法进行节点坐标系变换的。节点由原始的笛卡儿坐标系旋转到圆柱坐标系如图 1-15 所示。NROTAT 命令可以实现节点坐标系的转化，具体操作详见 4. 1. 1 节相关内容。

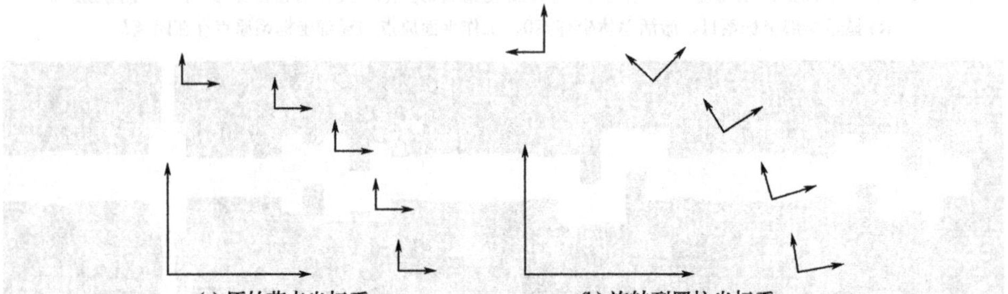

(a) 原始节点坐标系　　(b) 旋转到圆柱坐标系

图 1-15　节点坐标系的旋转

1. 4. 4. 6　工作平面坐标系的使用

正常情况下，工作平面与坐标系是完全分离的。在定义一个节点或关键点时，ANSYS 软件会自动把坐标系默认为总体笛卡儿坐标系。这样一来，建模时为了使坐标系能够跟着工作平面一起移动，并且也能满足坐标系为总体笛卡儿坐标系，需要完成两项工作：一是要设置当前工作平面为笛卡儿坐标系工作平面（系统默认）；二是要激活工作平面坐标系。工作平面坐标系类型的设置方法如图 1-16(a) 所

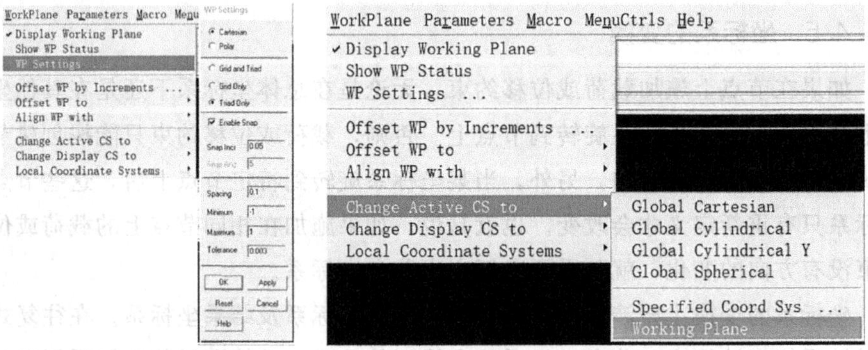

(a) 设置当前工作平面为笛卡儿坐标系工作平面　　(b) 激活工作平面坐标系

图 1-16　工作平面的设置

示。无论工作平面坐标系的类型是笛卡儿坐标系还是极坐标系，其坐标号始终是 4。工作平面坐标系的激活如图 1-16(b) 所示，其对应的命令如 (M1-39) 所示。完成上述操作后，被激活的坐标系将始终具有与工作平面相同的类型和坐标。

```
CSYS,WP                    !*该命令也可写成 CSYS,4 的形式。              (M1-39)
```

第2章 往复式压缩机轴系载荷计算

轴系载荷是进行往复式压缩机轴系扭转振动计算所必需的重要参数，轴系载荷计算是本书形成完整的理论计算体系必不可少的组成部分。往复式压缩机轴系由曲轴、连杆、十字头、活塞、联轴器、驱动电机等六部分组成，轴系运转过程中的作用力主要包括气体力、惯性力、摩擦阻力、轴承处的约束力（包括电机轴承处的径向约束力）、电机驱动转矩等。由于本书采用结构动力学分析方法对轴系进行扭振计算，因此所需的载荷仅包括 4 类作用力，即作用在曲柄销上的切向力、径向力及谐频扭转力矩，作用在轴系驱动端的实际转矩。

本章是在完成往复式压缩机热力计算的基础上进行的一项重要工作。表 2-1 列出了压缩机热力计算必须包含的主要内容，如压缩机主要技术参数、各级气缸直径、各级进排气压力、各级进排气温度以及工作介质的热力参数等。在此基础上，通过作用力的分析与计算，依次获得了往复式压缩机活塞上承受的气体力、曲柄连杆结构运动的惯性力、相对运动面间的摩擦力等作用力，由此获得了曲柄不同转角下各列的综合活塞力，然后利用往复式压缩机各列的综合活塞力获得了表 2-2 所示的作用在曲柄销上的切向力和径向力、作用在电机转子上的实际转矩（这些载荷主要用于轴系静力学、瞬态响应分析）。此外，本章还对作用在曲柄销上的切向力产生的扭转力矩 M 进行了傅里叶分析。压缩机各列扭转力矩的通用表达式如式(2-19) 所示，组成各列扭矩力矩的傅里叶分析结果如表 2-3 所示（该类载荷主要用于轴系谐响应分析）。

表 2-1　往复式压缩机的热力计算结果（动力计算输入参数）

参数名称	第 1 列	第 2 列	第 3 列	…	第 j 列
转速 n/(r/min)					
行程 s/mm					

续表

参数名称	第 1 列	第 2 列	第 3 列	…	第 j 列
连杆中心距 l/mm					
摩擦功/kW					
往复惯性质量/kg					
曲柄错角/(°)					
盖侧(或轴侧)工作侧数以最多的为准(1、2)					
盖侧气缸直径/mm					
轴侧气缸直径/mm					
盖侧活塞杆直径/mm					
轴侧活塞杆直径/mm					
盖侧名义吸气压力/MPa					
轴侧名义吸气压力/MPa					
盖侧名义排气压力/MPa					
轴侧名义排气压力/MPa					
盖侧相对余隙					
轴侧相对余隙					
盖侧压缩指数					
轴侧压缩指数					
盖侧膨胀指数					
轴侧膨胀指数					
平衡段压力/MPa					
……					

表 2-2　作用于往复式压缩机轴系的外部载荷（动力计算输出结果）

参数名称	第 1 列	第 2 列	第 3 列	…	第 i 列	备注
转矩 MD(按角输出，每 5°一个点)/kN·m						
径向力 F_r(按角输出，每 5°一个点)/kN						
机器实际转矩 MZ/kN·m						

注："按角输出"表示该参数需要获得曲轴每旋转 5°的数值，共 72 个。

表 2-3　往复式压缩机动力计算转矩傅里叶分析结果

谐次 K	第 1 列的列转矩 M_K^1		第 2 列的列转矩 M_K^2		第 j 列的列转矩 M_K^j		机器的综合转矩 M_K^{j+1}	
	D_K^1 /kN·m	ϕ_K^1 /rad	D_K^2 /kN·m	ϕ_K^2 /rad	D_K^j /kN·m	ϕ_K^j /rad	D_K^{j+1} /kN·m	ϕ_K^{j+1} /rad
1								
2								
⋮								
12								

为了便于读者由表 2-1 的参数获得表 2-2 和表 2-3 所示的各项数据，本书将对往复式压缩机轴系载荷计算的基本原理进行详细介绍。

2.1　机构运动学关系

曲柄连杆机构的运动学关系如图 2-1 所示。活塞离曲轴旋转中心 O 的最远位置是外止点 A，最近位置是内止点 B，两点之间的距离为活塞行程 s。点 D 是曲柄销中心，线段 OD 是曲柄半径（用 r 表示），连杆大小头孔的中心距 DC 是连杆长度（用 l 表示）。定义曲柄半径与连杆长度的比值 λ（$=r/l$）为“曲柄连杆比”（简称连杆比），活塞式压缩机的连杆比多在 1/6～1/3.5 之间。

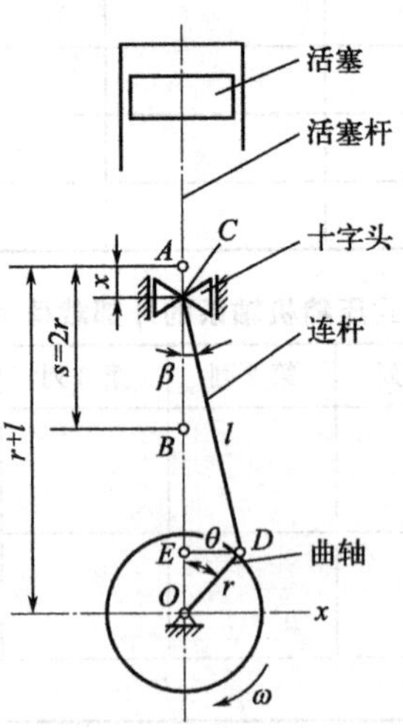

图 2-1　曲柄连杆机构的运动学关系

如图 2-1 所示，规定外止点是活塞运动的起始位置，相应曲轴转角 $\theta=0°$，则任意转角位置活塞的位移 x、速度 v、加速度 a 以及连杆的摆角 β 都是 θ 的函数。连杆摆角 β 的最大可能值不会超过 20°，规定在 $0°<\theta<180°$ 范围内为正值，在 $180°<\theta<360°$ 范围内为负值。由图 2-1 所示的几何关系可知

$$x=AO-CO=l+r-(l\cos\beta+r\cos\theta) \tag{2-1}$$

由图可知 $\sin\beta=r\sin\theta/l$，故 $\cos\beta=1-\sin^2\beta=\sqrt{1-\lambda^2\sin^2\theta}$，代入式(2-1)则可将活塞位移简化成

$$x=r\left[(1-\cos\theta)+\frac{1}{\lambda}(1-\sqrt{1-\lambda^2\sin^2\theta})\right] \tag{2-2}$$

通常认为压缩机的转速 n 是恒定的，故其旋转角速度 $\omega=\mathrm{d}\theta/\mathrm{d}t=n\pi/30$。将活塞的位移 x 和速度 v 分别对时间求导可得其速度 v 和加速度 a，具体如下：

$$v=\frac{\mathrm{d}x}{\mathrm{d}t}=\frac{\mathrm{d}x\,\mathrm{d}\theta}{\mathrm{d}\theta\,\mathrm{d}t}=r\omega\left(\sin\theta+\frac{\lambda}{2}\times\frac{\sin2\theta}{\sqrt{1-\lambda^2\sin^2\theta}}\right) \tag{2-3}$$

$$a=\frac{\mathrm{d}v}{\mathrm{d}t}=\frac{\mathrm{d}v\,\mathrm{d}\theta}{\mathrm{d}\theta\,\mathrm{d}t}=r\omega^2\left[\cos\theta+\frac{\lambda\cos2\theta}{\sqrt{1-\lambda^2\sin^2\theta}}+\frac{\lambda^3\sin^2 2\theta}{4(1-\lambda^2\sin^2\theta)^{3/2}}\right] \tag{2-4}$$

上述三个式子中，$\sqrt{1-\lambda^2\sin^2\theta}$ 可按照二项式定理展开成下列的无穷级数：

$$\sqrt{1-\lambda^2\sin^2\theta}=1-\frac{\lambda^2}{2}\sin^2\theta-\frac{\lambda^4}{8}\sin^4\theta-\cdots$$

舍去第三项以后的高阶量并代入 x、v、a 的表达式，可将其简化为式(2-5)～式(2-7) 所示的形式。由此使活塞位移、速度、加速度的计算有了明确的物理意义。简化后的计算式表明，活塞做 1 阶简谐和 2 阶简谐运动的合运动。

$$x=r\left[(1-\cos\theta)+\frac{\lambda}{4}(1-\cos2\theta)\right] \tag{2-5}$$

$$v=r\omega\left(\sin\theta+\frac{\lambda}{2}\sin2\theta\right) \tag{2-6}$$

$$a=r\omega^2(\cos\theta+\lambda\cos2\theta) \tag{2-7}$$

上述简化位移表达式的计算误差在 $\lambda=1/5$ 时为 1%，在 $\lambda=1/4$ 时为 2%。

2.2 往复惯性质量等效

为方便起见，习惯上会按运动情况将压缩机中的运动零件简化为质点，从而

按质点动力学对它们的运动进行计算。如图 2-2 所示，压缩机中的所有运动零件简化成了两类：一类质量集中在活塞销或者十字头销中心点 A 处，只做往复运动；另一类质量集中在曲柄销中心点 B 处，只绕曲轴中心 O 做旋转运动。活塞、活塞杆和十字头部件都进行往复运动，简单地认为其质量集中在质点 A。质量总和用 m_p 表示。

对于摆动的连杆，则将其质量 m_1 分解到两端点 A 和 B。如图 2-3 所示，小头质量为 m_1'，与活塞一起进行往复运动；大头质量为 m_1''，与曲柄销一起进行旋转运动。连杆质量分解应遵循质心和总质量不变的原则，即式(2-8)。对于已有的连杆，可用称量的方法得出其转化质量。用两只天秤同时称出连杆体（图 2-3）A、B 处的支撑质量，即为所求的转化质量 m_1'和 m_1''。

$$\left.\begin{aligned} m_1' &= m_1 \frac{l_2}{l} \\ m_1'' &= m_1 \frac{l_1}{l} \end{aligned}\right\} \tag{2-8}$$

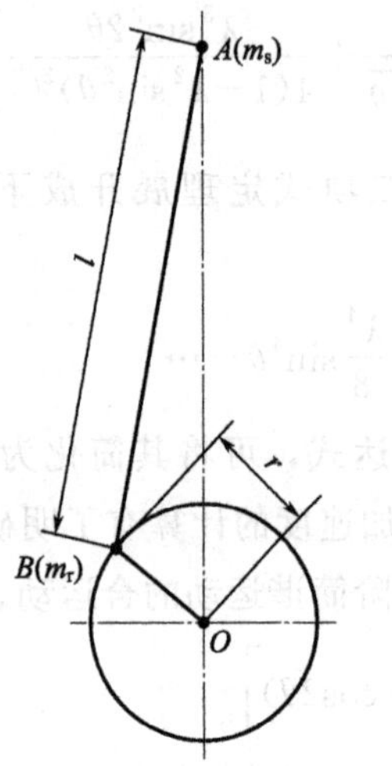

图 2-2 质量简化系统

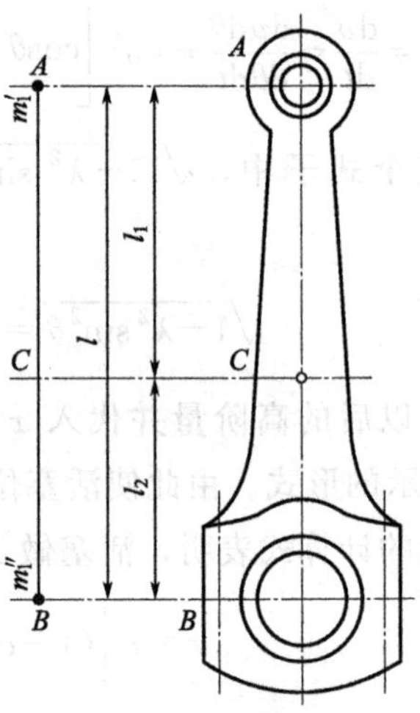

图 2-3 连杆质量转化

根据已有连杆的统计结果，设计时可按式(2-9) 计算连杆的转化质量。对于高速压缩机，m_1''应取较大的系数值。

$$\left.\begin{aligned} m_1' &= (0.3 \sim 0.4) m_1 \\ m_1'' &= (0.7 \sim 0.6) m_1 \end{aligned}\right\} \tag{2-9}$$

至此，整个压缩机的往复惯性质量

$$m_s = m_p + m_1' \tag{2-10}$$

2.3　综合活塞力的计算

为了便于分析往复式压缩机曲柄销上承受的切向力和径向力等作用力，工程上假想出一个综合活塞力 F_p。其数值为气体力 F_g、往复惯性力 F_{is}、往复摩擦力 F_{fs} 的代数和，即

$$F_p = F_g + F_{is} + F_{fs} \tag{2-11}$$

图 2-4 是某双作用压缩机列的综合活塞力曲线。显然综合活塞力 F_p 是 θ 的函数，只要求出气体力 F_g、往复惯性力 F_{is}、往复摩擦力 F_{fs} 随压缩机曲轴转角 θ 的变化值，就可以求得各列的综合活塞力 F_p。

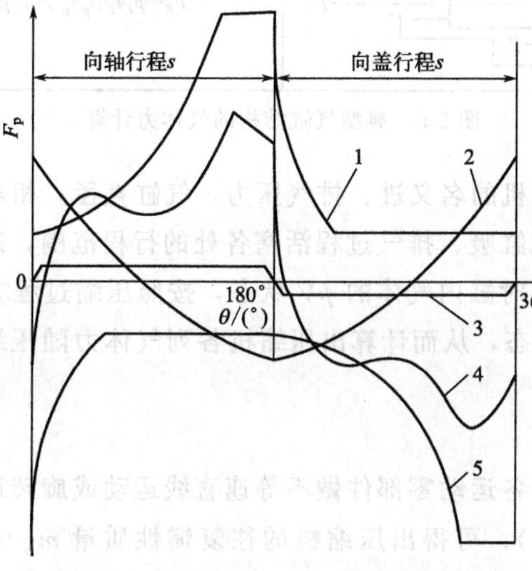

图 2-4　双作用压缩机列的综合活塞力曲线

1—轴侧气体力；2—往复惯性力；3—往复摩擦力；4—综合活塞力；5—盖侧气体力

(1) 气体力

气缸内的气体压力随活塞运动而发生改变，即随曲轴转角 θ 的变化而变化。其变化规律可由过程方程 $\frac{p_1}{p}=\left(\frac{V}{V_1}\right)^k$ 得到，其中体积 V 由气缸直径、相对余隙、曲柄转角 θ 等参数决定。作用在活塞上的气体力 F_g 为活塞两侧各工作腔气体压力与相应活塞受力面积乘积的差值。几种典型气缸的气体力计算见图 2-5。图中 p 为气体压力，A 为活塞端面面积，下角标 i、j 分别表示第 i 级气缸和第 j 级气缸，G 表示气缸的盖侧，Z 表示气缸的轴侧，p 表示平衡级，b 表示大气侧。

气缸结构形式		气体力F_g/N
单作用	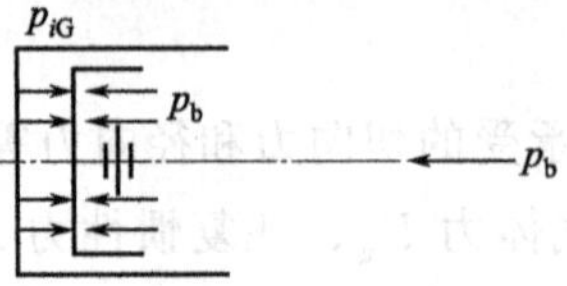	$F_g=p_bA_b-p_{iG}A_{iG}$
双作用	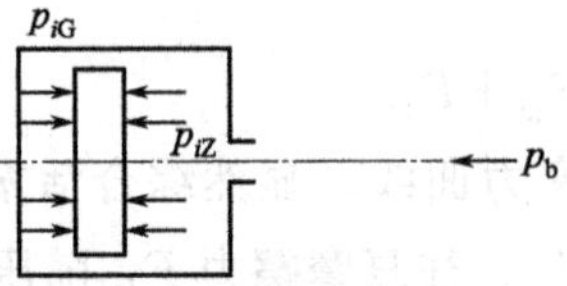	$F_g=A_{iZ}p_{iZ}-p_{iG}A_{iG}+p_bA_b$
级差式	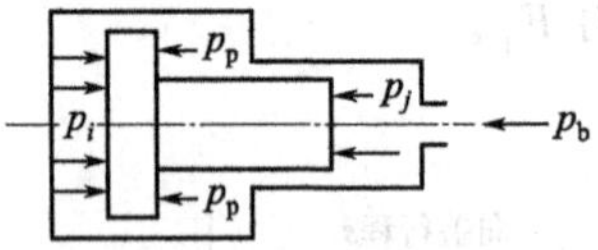	$F_g=-p_iA_i+p_pA_p+p_jA_j+p_bA_b$

图 2-5　典型气缸结构的气体力计算

已知往复式压缩机的名义进、排气压力，气缸直径，相对余隙，过程指数等，根据经验确定气缸吸、排气过程活塞各处的行程范围，进而可按照膨胀过程方程确定气缸吸气时缸内气体的 pV 状态，按照压缩过程方程确定气缸排气时缸内气体的 pV 状态，从而计算出压缩机各列气体力随压缩机转角 θ 变化的关系。

(2) 往复惯性力

往复式压缩机中各运动零部件做不等速直线运动或旋转运动时，便会产生惯性力。根据式(2-7)，可得出压缩机的往复惯性质量 m_s 引起的往复惯性力 F_{is} 为

$$\begin{aligned} F_{is} &= m_s a = m_s r\omega^2(\cos\theta+\lambda\cos2\theta) \qquad (2\text{-}12) \\ &= m_s r\omega^2\cos\theta + m_s r\omega^2\lambda\cos2\theta \\ &= F_{is}^{\mathrm{I}}\,F_{is}^{\mathrm{II}} \end{aligned}$$

式中，$F_{is}^{\mathrm{I}}=m_s r\omega^2\cos\theta$，称为 1 阶往复惯性力；$F_{is}^{\mathrm{II}}=m_s r\omega^2\lambda\cos2\theta$，称为 2 阶往复惯性力。可见，2 阶往复惯性力的变化周期为 1 阶往复惯性力的一半，最大值仅为 1 阶往复惯性力的 λ 倍。

(3) 往复摩擦力

压缩机各接触面间的摩擦力取决于彼此间的正压力及摩擦系数，且随曲轴转角变化难以精确计算。考虑到其数值较气体力和惯性力小得多，故为简单起见，

将其作为定值处理，并分为往复摩擦力 F_{fs} 和旋转摩擦力 F_{fr} 两部分。按经验统计的摩擦功率推算，通常往复摩擦占摩擦功率的 60%～70%，旋转摩擦占摩擦功率的 40%～30%。压缩机的往复摩擦力如式(2-13) 所示，旋转摩擦力如式(2-14) 所示。

$$F_{fs}=(0.6\sim0.7)\frac{p_i\left(\frac{1}{\eta_m}-1\right)}{\frac{ns}{30}} \tag{2-13}$$

$$F_{fr}=(0.4\sim0.3)\frac{p_i\left(\frac{1}{\eta_m}-1\right)}{\frac{\pi rn}{30}} \tag{2-14}$$

式中，p_i 为第 i 列的指示功率，W；η_m 为压缩机的机械效率；s 为活塞行程，$s=2r$，m；n 为压缩机的转速，r/min。

2.4　曲柄销上切向力和径向力的计算

(1) 连杆力

如图 2-6 所示，综合活塞力 F_p 作用在十字头销中心点 A 上，在连杆小头中心 A 点产生一个推力 F_1，称为连杆力。由图可得

$$F_1=\frac{F_p}{\cos\beta}=\frac{F_p}{\sqrt{1-\lambda^2\sin^2\theta}} \tag{2-15}$$

(2) 阻力矩

如图 2-6 所示，连杆力 F_1 沿连杆传至曲柄销中心点，作用在曲柄销上，并对曲轴旋转中心构成力矩 M_y。这就是曲轴旋转所受到的阻力矩，其方向与曲轴旋转方向相反。M_y 的计算式如下：

$$M_y=F_1h=\frac{F_p}{\cos\beta}[r\sin(\theta+\beta)]=F_pr\frac{\sin(\theta+\beta)}{\cos\beta} \tag{2-16}$$

(3) 切向力和径向力

如图 2-6 所示，作用在曲柄销上的连杆力 F_1 可分解为垂直于曲柄方向的切向力 F_t 及沿曲柄方向的径向力 F_r。其计算式分别为

$$F_t=F_p\frac{\sin(\theta+\beta)}{\cos\beta} \tag{2-17}$$

$$F_r = F_p \frac{\cos(\theta+\beta)}{\cos\beta} \tag{2-18}$$

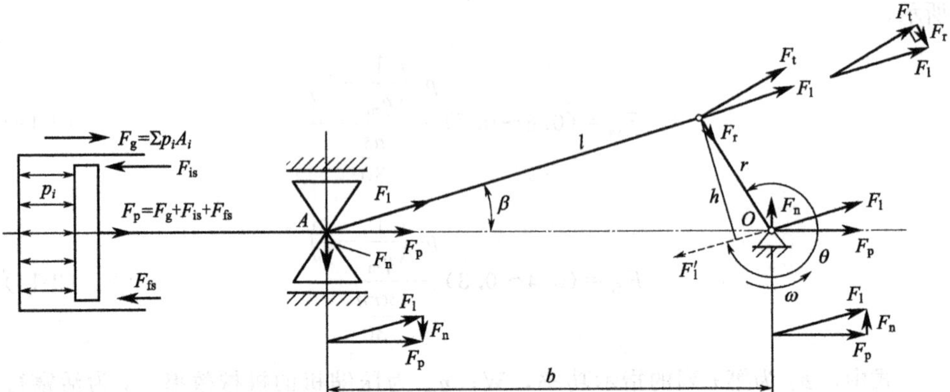

图 2-6 单列压缩机作用力分析图解

2.5 转矩的傅里叶分析

在进行往复式压缩机轴系谐频响应分析时，需要在各列曲柄销上分别施加各自列转矩的谐频载荷，在电机转子上施加机器综合转矩的谐频载荷。这些谐频载荷通常是在压缩机额定转速下对式(2-16) 进行傅里叶展开得到的，展开后各列曲柄销及电机转子处作用的扭转力矩的表达式如式(2-19) 所示。

$$M = A_0 + \sum_{K=1}^{12} M_K = A_0 + \sum_{K=1}^{12} D_K \sin(K\omega t + \phi_K) \tag{2-19}$$

式中，M 为 t 时刻不同部位的转矩，包括列转矩 MD、列综合转矩 SMD、机器综合转矩 MZ；A_0 为恒定转矩；K 为转矩傅里叶展开的谐次；M_K 为转矩傅里叶展开的 K 次谐频载荷；D_K 为 K 次谐频载荷对应的幅值；ϕ_K 为 K 次谐频载荷对应的相位角。

某 6M50 型往复式压缩机第 1 列曲柄销上的作用力如图 2-7 所示。图 2-7(a) 为转矩和径向力随曲轴转角变化的曲线，图 2-7(b) 为该压缩机在转速为 300r/min 时第 1 列曲柄销上的转矩傅里叶展开对应的谐频转矩，引起轴系出现扭转共振的就是其中的某次谐频载荷。

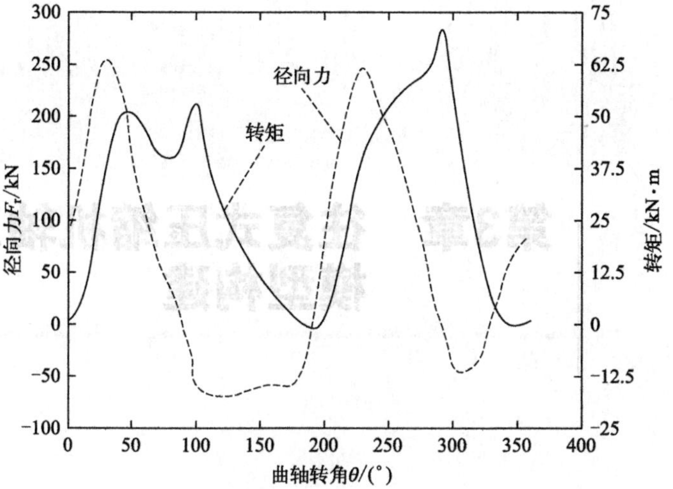

(a) 转矩和径向力随曲轴转角变化的曲线

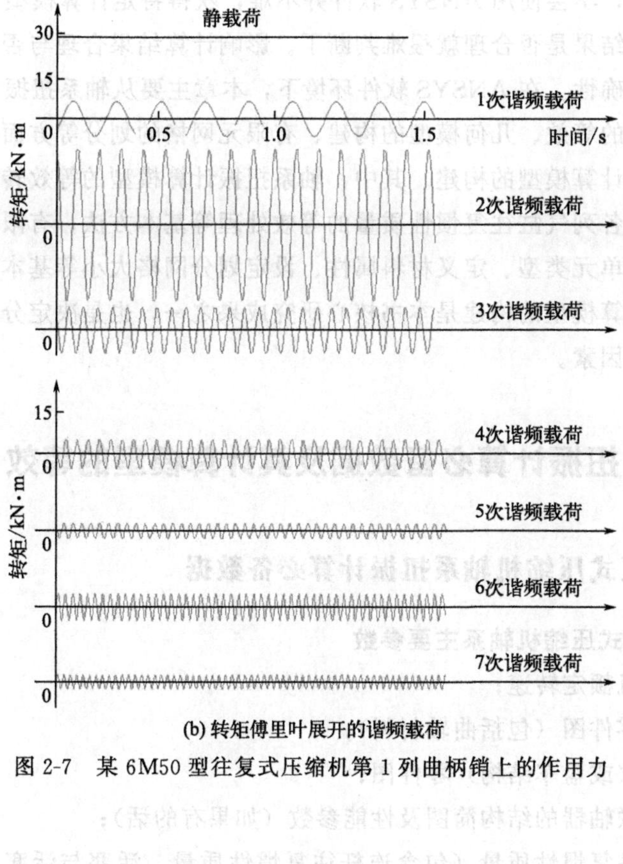

(b) 转矩傅里叶展开的谐频载荷

图 2-7　某 6M50 型往复式压缩机第 1 列曲柄销上的作用力

第3章 往复式压缩机轴系计算模型构建

往复式压缩机轴系计算模型是轴系扭转振动分析的关键。本书是在 ANSYS 软件上完成的，学会使用 ANSYS 软件并不难，获得特定计算模型的计算结果也不难，但计算结果是否合理就很难判断了。影响计算结果合理与否的首要因素是计算模型的正确性。在 ANSYS 软件环境下，本章主要从轴系扭振计算必备数据及其计算模型的等效、几何模型的构建、有限元网格的划分等方面介绍往复式压缩机曲轴轴系计算模型的构建。其中，轴系扭振计算模型的等效转化主要介绍连杆惯性质量、各列气缸往复惯性质量的等效处理等基本方法，有限元网格的划分主要介绍选择单元类型、定义材料属性、设定划分网格大小等基本方法。往复式压缩机轴系计算模型的构建是本书核心研究成果之一，也是决定分析结果准确与否的一项重要因素。

3.1 轴系扭振计算必备数据及其计算模型的等效

3.1.1 往复式压缩机轴系扭振计算必备数据

(1) 往复式压缩机轴系主要参数

① 压缩机额定转速；

② 曲轴零件图（包括曲轴材料）；

③ 飞轮（或盘车结构）零件图；

④ 弹性联轴器的结构简图及性能参数（如果有的话）；

⑤ 各列往复惯性质量（包含连杆往复惯性质量、活塞与活塞杆质量、十字

头质量等）；

⑥ 连杆旋转惯性质量；

⑦ 电机平均转矩 MZ（动力计算结果）；

⑧ 随曲轴转角变化的曲轴各列转矩 MD（在动力计算中按角输出内容）；

⑨ 随曲轴转角变化的曲轴各列径向力 F_r（在动力计算中按角输出内容）。

(2) 驱动电机技术参数

① 电机轴的结构简图（包括电机轴材料）；

② 电机转子支架的结构简图；

③ 电机转子的 GD^2（明确是否包含电机轴和电机转子支架）。

3.1.2　往复式压缩机轴系扭振计算模型的等效

根据国家及国际相关标准中对往复式压缩机临界转速计算的基本要求[17,18]，计算模型应包含曲轴、联轴器（含飞轮）、驱动电机以及连杆、十字头、活塞惯性质量等完整内容。除第 5 章介绍的工程案例外，无论是本章介绍的轴系计算模型构建，还是第 4、5 章介绍的轴系临界转速计算、轴系谐响应分析、轴系瞬态响应分析以及轴系静力学分析，均以表 3-1 所示的某 6 列往复式压缩机为例。

表 3-1　某 6 列往复式压缩机的主要技术参数

参数名称	参数值	参数名称	参数值
转速 n/(r/min)	375	入口压力 p_s/MPa(G)	0.042
行程 s/mm	320	排气压力 p_d/MPa(G)	31.4
主轴直径/mm	235	第 1 列往复质量/kg	769
Ⅰ级气缸直径/mm	1020	第 2 列往复质量/kg	777
Ⅱ级气缸直径/mm	610	第 3 列往复质量/kg	356
Ⅲ级气缸直径/mm	385	第 4 列往复质量/kg	352
Ⅳ级气缸直径/mm	230	第 5 列往复质量/kg	160
Ⅴ级气缸直径/mm	160	第 6 列往复质量/kg	160
Ⅵ级气缸直径/mm	140	连杆旋转质量/kg	62.6
容积流量/(m^3/min)	150		

该轴系的结构简图如图 3-1 所示。其中，轴系载荷主要包括电机的驱动力矩、压缩机的往复惯性载荷和各列活塞承受的气体压力等；轴系约束主要有各轴承的径向位移约束。图中，Y 向为水平方向，同时也是各列往复质量 $m_1 \sim m_6$ 往复运动的方向，X 向为曲轴轴向，Z 向为竖直方向，压缩机旋转的角速度及方向如 $\boldsymbol{\omega}$ 所示。

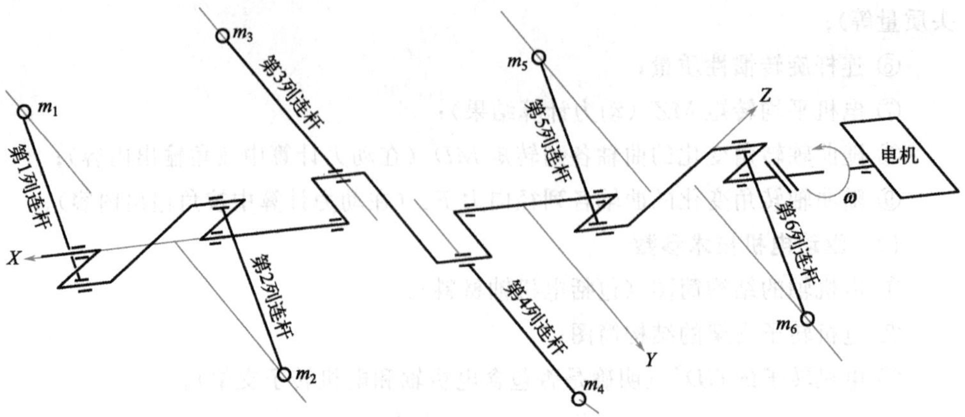

图 3-1　某 6 列往复式压缩机轴系的结构简图

(1) 曲轴轴系牵连运动结构的等效

目前，由于多体动力学尚不适合进行多转载荷的往复式压缩机轴系扭转计算，因此需要将曲轴轴系多体动力学问题转化成结构动力学问题求解。本章参照文献［6］等效处理连杆、十字头、活塞等惯性质量的方法，按照能量守恒原则，将连杆、十字头、活塞等牵连运动结构以惯性质量的形式分别施加在各列曲柄销中心处，其中惯性质量为每列 1/2 往复惯性质量与连杆旋转惯性质量之和[17]，实现了曲轴轴系多体动力学向结构动力学的转化，从而大幅度简化了往复式压缩机轴系扭转振动分析计算。

(2) 飞轮结构的等效

飞轮在往复式压缩机轴系中是以一种储能部件存在的，通常采用铸铁材料铸造而成。图 3-2 为某种往复式压缩机飞轮的结构简图。考虑到飞轮对轴系扭振产生影响的是其转动惯量，因此工程上通常按照转动惯量相等的原则，将铸件飞轮结构等效成图 3-3 所示的钢制圆盘。要求等效圆盘的轴向尺寸与原结构保持一致。

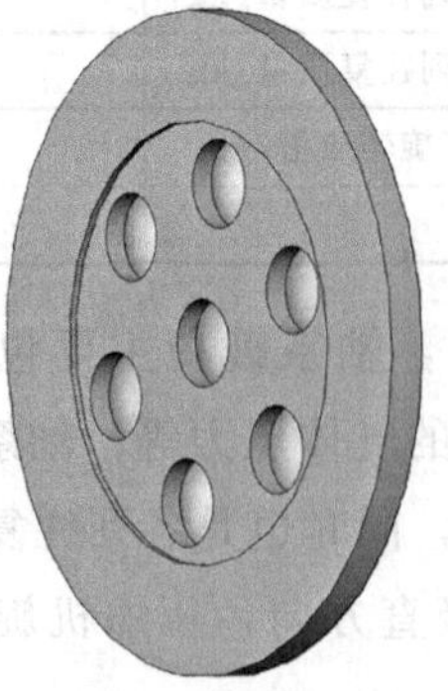

图 3-2　飞轮结构简图

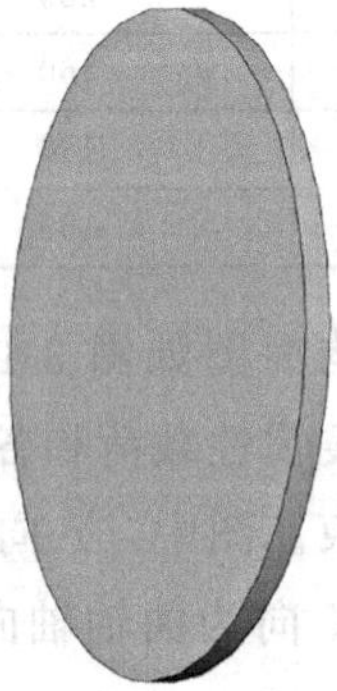

图 3-3　飞轮等效结构

(3) 联轴器结构的等效

联轴器是连接曲轴与电机轴的重要部件，往复式压缩机的轴系通常采用刚性联轴器结构。对于迷宫式往复式压缩机而言，由于各列气缸均采用立式安装，所有活塞均为竖直上下的运动形式。为了降低压缩机振动向驱动电机端传递，此类机组通常采用弹性联轴器进行连接。

对于采用刚性连接曲轴轴系的压缩机来讲，通常不考虑曲轴法兰与飞轮、飞轮与电机轴法兰之间的非线性接触，而是直接把它们按一体结构进行处理。如图 3-4 所示，图（a）为曲轴法兰与飞轮、飞轮与电机轴法兰的实际连接，图（b）为刚性连接的等效结构。

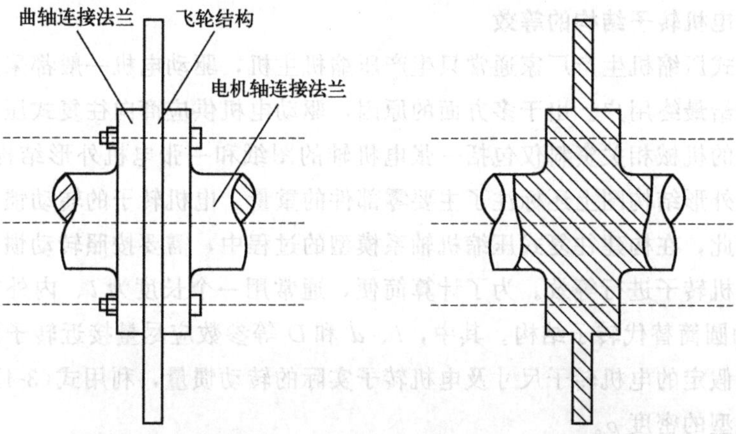

图 3-4　刚性联轴器结构的等效

对于采用弹性连接曲轴轴系的压缩机来讲，由于在相同轴向长度上弹性连接与刚性连接之间扭转刚度相差较大，对轴系扭振共振的影响也很大，因此需要按其扭转刚度、阻尼等特性参数进行等效处理。关于弹性联轴器几何模型的等效，需要按轴向长度、总质量不变的原则进行，考虑到材料密度 ρ 按结构钢进行设定，因此需要对联轴器各部位的径向尺寸进行调整，以保持等效模型总质量不变；关于弹性联轴器扭转刚度的等效，考虑到材料的泊松比 ν 也按结构钢材进行设定，因此需要采用式(3-3) 的计算结果重新设定等效模型的弹性模量 E。式(3-1) 为圆轴扭转时两横截面相对转过角度的计算公式，式(3-2) 为材料的弹性模量 E、剪切模量 G 以及泊松比 ν 之间的关系表达式，联立式(3-1)、式(3-2)，便可得到弹性模量 E 与实心圆柱的几何尺寸及扭转刚度的关系式(3-3)。

$$\varphi=\frac{Tl}{GI_{\mathrm{p}}} \tag{3-1}$$

式中，l 为圆柱的轴向长度；T 为圆柱横截面上的转矩；φ 为圆柱的扭转角度；G 为圆柱材料的剪切模量；I_p 为圆柱实心横截面的极惯性矩，$I_p=\dfrac{\pi d^4}{64}$，其中 d 为圆柱外圆直径。

$$E=2G(1+\nu) \tag{3-2}$$

$$E=2(1+\nu)l\frac{T}{\varphi}\times\frac{64}{\pi d^4} \tag{3-3}$$

式中，E 为圆柱材料的弹性模量；ν 为圆柱材料的泊松比；$\dfrac{T}{\varphi}$为圆柱的扭转刚度。

(4) 电机转子结构的等效

往复式压缩机生产厂家通常只生产压缩机主机，驱动电机一般都采用外配套形式供应给最终用户。出于多方面的原因，驱动电机供应商向往复式压缩机生产厂家提供的机械相关资料仅包括一张电机轴的图纸和一张电机外形结构的图纸。其中电机外形结构图上还标注了主要零部件的重量、电机转子的转动惯量等重要参数。因此，在构建往复式压缩机轴系模型的过程中，需要按照转动惯量不变的原则对电机转子进行等效。为了计算简便，通常用一个长度为 l、内外径分别为 d 和 D 的圆筒替代转子结构。其中，l、d 和 D 等参数应尽量接近转子的实际模型。根据假定的电机转子尺寸及电机转子实际的转动惯量，利用式(3-4) 可得到该等效模型的密度 ρ。

$$\rho=\frac{8000GD^2}{\pi(D^4-d^4)l} \tag{3-4}$$

式中，GD^2 为圆筒型转子的转动惯量；D 为圆筒型转子的外径；d 为圆筒型转子的内径；l 为圆筒型转子的轴向长度。

3.2 轴系几何建模

往复式压缩机轴系扭振有限元分析是针对特定模型进行的，因此必须建立一个有物理原型的准确数学模型。从第 1 章介绍的组成轴系扭振有限元分析模型的单元运动方程 $\boldsymbol{m}^e\ddot{\boldsymbol{\delta}}^e+\boldsymbol{c}^e\dot{\boldsymbol{\delta}}^e+\boldsymbol{k}^e\boldsymbol{\delta}^e=\boldsymbol{F}^e$ 来看，通过几何建模，可以描述模型的几何边界，为之后的网格划分和施加载荷建立模型基础，因此轴系几何建模是整个有限元分析的基础。等效后的某 6 列往复式压缩机的轴系几何模型如图 3-5 所示。图中 (1)～(6) 为第 1～6 列曲柄销，①为曲轴的 6 个轴承约束部位，②为电机主轴的两个轴承约束部位，③为曲轴的等效结构，④为飞轮的等效结构，⑤为电机转子的等效结构，⑥为电机主轴的等效结构。

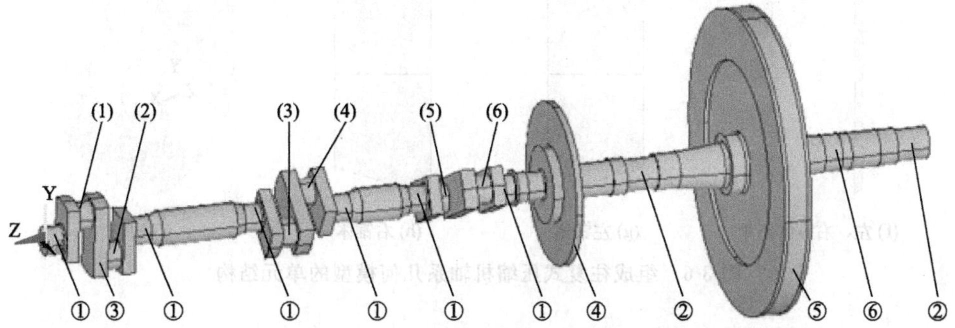

图 3-5　某 6 列往复式压缩机轴系的几何模型

从图 3-5 来看，往复式压缩机轴系的拓扑结构相对比较简单，由若干个圆柱、左台阶倒角、右台阶倒角、左侧曲柄、中间曲柄、右侧曲柄、左锥体倒角、右锥体倒角、左锥体、右锥体、圆筒等单元结构有序排列而成。其中，圆柱重复率最高，只是轴向长度及外径不同而已。各单元结构如图 3-6 所示。这些单元结构均可以利用 ANSYS 软件的前处理建模功能（Main Menu＞Preprocessor＞Modeling）直接绘制几何模型。该建模方法最大的特点是可以实现参数化建模，大幅提高了建模效率[18]。为了实现各列惯性质量的等效及方便后续有限元模型的网格划分，无论采用哪种方法进行往复式压缩机轴系几何建模，都需要把各列曲柄销与曲轴的其他部位、飞轮与曲轴的其他部位、飞轮与电机轴、电机主轴与电机转子等构建成各自独立的体元素。在对曲轴轴系进行划分网格前对所有独立的体元素进行黏结（Glue），即可使整个曲轴模型成为统一的弹性体。需要特别指出的是，构建同一个单元结构，ANSYS 软件有时会有不同的构建方法，本书仅讲述了其中一种。本节以表 3-1 所列的某 6M 型往复式压缩机轴系为例，分别以人机交互模式(GUI) 和命令流输入模式采用 ANSYS 软件的前处理建模功能进行了几何建模。

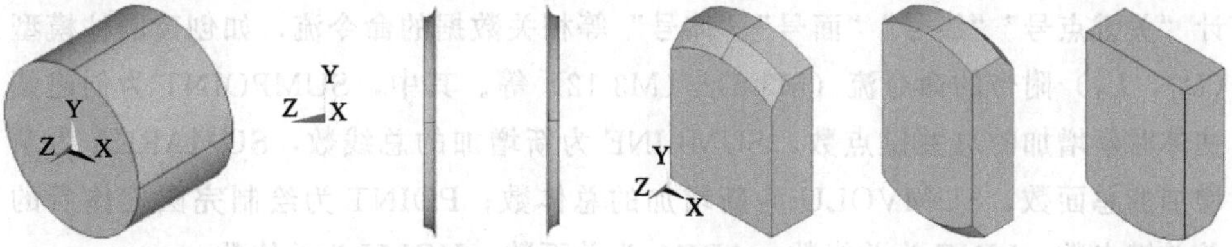

(a) 圆柱　(b) 左、右台阶倒角　(c) 左侧曲柄　(d) 中间曲柄　(e) 右侧曲柄

图 3-6

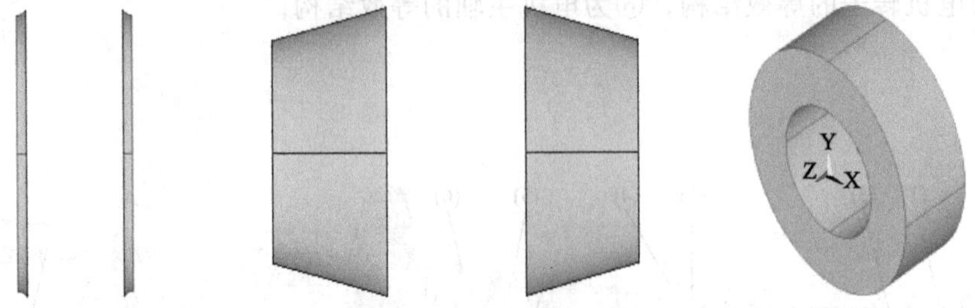

(f) 左、右锥体倒角　　(g) 左锥体　　(h) 右锥体　　(i) 圆筒

图 3-6　组成往复式压缩机轴系几何模型的单元结构

3.2.1　轴系单元结构建模

根据轴系单元结构的特点，可将其创建方法概括成四大类：一是直接在工作平面内创建圆面元素或圆环元素，通过拉伸形成体元素；二是在工作平面内直接创建关键点，由关键点创建线元素，由线元素创建面元素，再由面元素通过旋转形成体元素；三是在工作平面内直接创建关键点，由关键点创建面元素，再由面元素通过拉伸形成体元素，然后利用 ANSYS 系统中的布尔操作（Booleans）通过两个或多个体元素的相减（Subtract）完成，如图 3-23(e) 中大圆弧 RH_1 及图 3-23(a) 中倒角 A_2 的切除；四是在工作平面内直接创建关键点，由关键点创建面元素，再由面元素通过旋转形成体元素。图 3-6 中各种单元的建模方法不同，有的是在已建的“体”上进行操作，有的是在已建的“面”上进行操作，有的是在已建的“线”上进行操作，有的是在已建的“关键点”上进行操作。为了实现轴系模块化的参数建模，需要将绘图命令流中所用到的“体”“面”“线”“关键点”等元素号分别定义成 VOLU（体号）、AREA（面号）、LINE（线号）、POINT（关键点号）等参变量，如创建圆柱模型（D_1，L_1）时命令（M3-2）中面号（AREA）参变量“AREA＋1”的应用。此外，在创建图 3-6(a)～(h) 的单元体时，还需要在建模完成后添加统计“关键点号”“线号”“面号”“体号”等相关数据的命令流，如创建圆柱模型（D_1，L_1）附带的命令流（M3-5)～(M3-12）等。其中，SUMPOINT 为创建圆柱体时新增加的总关键点数，SUMLINE 为新增加的总线数，SUMAREA 为新增加的总面数，SUMVOLU 为新增加的总体数；POINT 为绘制完圆柱体后的总关键点数，LINE 为总线数，AREA 为总面数，VOLU 为总体数。

(1) 圆柱模型（D_1，L_1）

圆柱模型的构建包括三个步骤：一是在工作平面内以坐标点（0,0）为圆心绘制一个直径为 D_1 的圆面，其命令如（M3-1）所示，GUI 操作如图 3-7(a) 所示；二是将圆面向右拉伸成长度为 L_1 的圆柱体，其命令如（M3-2）所示，GUI 操作如图 3-7(b) 所示；三是将工作平面移到下一个轴向位置，其命令如（M3-3）所示，GUI 操作如图 3-7(c) 所示。当前是将工作平面向右移动 L_1 的长度，向右移动后的工作平面如图 3-7(d) 所示。利用关键点创建轴系单元结构模型时，需要掌握工作平面的轴向位置，因此，用命令（M3-4）来实时记录当前工作平面的轴向位置。圆柱模型构建的命令流如下：

```
CYL4,0,0,D1/2          !*以(0,0)点为圆心绘制直径为 D1 的圆;       (M3-1)
VOFFST,AREA+1,-L1,,    !*-L1 表示向右拉伸,L1 表示向左拉伸;         (M3-2)
wpoff,0,0,-L1          !*-L1 表示向右移动,L1 表示向左移动;         (M3-3)
L=L+L1                 !*记录工作平面所处的轴向位置。              (M3-4)
SUMPOINT=8                                                        (M3-5)
SUMLINE=12                                                        (M3-6)
SUMAREA=6                                                         (M3-7)
SUMVOLU=1                                                         (M3-8)
POINT=POINT+SUMPOINT                                              (M3-9)
LINE=LINE+SUMLINE                                                 (M3-10)
AREA=AREA+SUMAREA                                                 (M3-11)
VOLU=VOLU+SUMVOLU                                                 (M3-12)
```

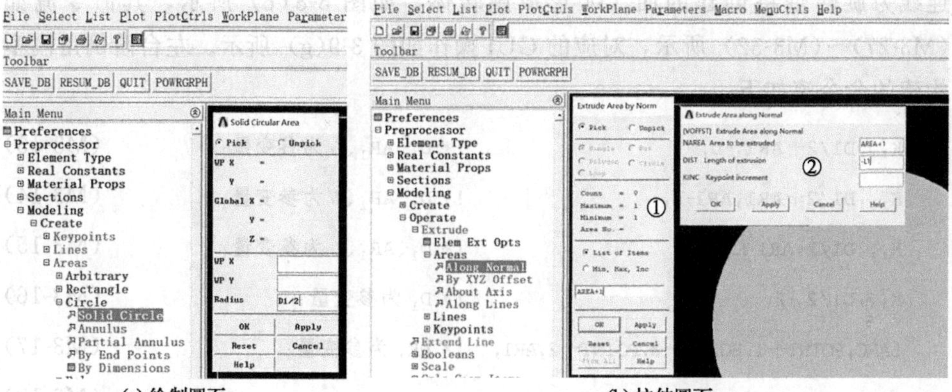

(a) 绘制圆面　　(b) 拉伸圆面

图 3-7

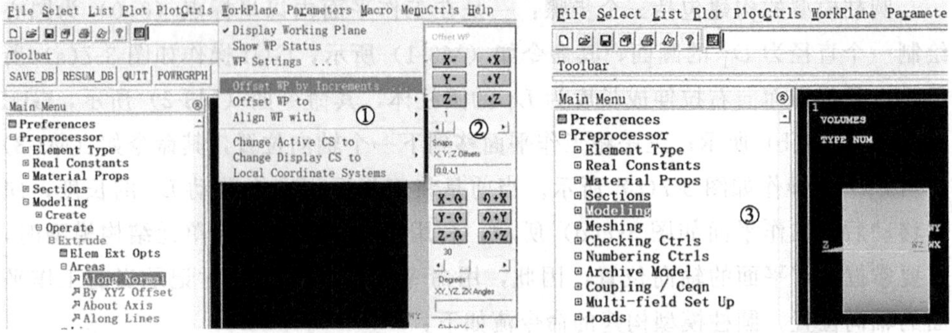

(c) 移动工作平面　　　　(d) 工作平面移动后的位置

图 3-7　圆柱模型（D_1，L_1）的构建

(2) 左台阶倒角模型（D_1，AR_1，C）

左台阶倒角模型的构建包括六个步骤：一是创建围成圆弧截面的关键点 1、3、4 和圆心点 2，如图 3-8(a) 所示，其命令流如（M3-13）～(M3-16) 所示，其中命令（M3-13）对应的 GUI 操作如图 3-9(a) 所示；二是以关键点 2 为圆心，以直径 D_1 绘制弧线 13，如图 3-8(a) 所示，其命令（M3-17）对应的 GUI 操作如图 3-9(b)～(d) 所示；三是分别连接 1、4 点和 4、3 点，形成两条直线，如图 3-8(a) 所示，其命令流如（M3-18)、(M3-19) 所示，其中命令（M3-18）对应的 GUI 操作如图 3-9(e) 所示；四是由弧线 13、直线 14、直线 43 三条线段创建面 134，其命令流如（M3-20)、(M3-24) 所示，对应的 GUI 操作如图 3-9(f) 所示；五是创建面 134 旋转轴的两个端点 a 和 b，即关键点 5 和关键点 6，如图 3-8(b) 所示，其命令流如（M3-25)、(M3-26) 所示；六是以关键点 5、6 的连线为旋转轴将创建的面 134 形成旋转体，如图 3-8(c) 所示，其命令流如(M3-27)～(M3-32) 所示，对应的 GUI 操作如图 3-9(g) 所示。左台阶倒角模型构建的命令流如下：

```
K,,,D1/2＋AR1,-L,                        !* D1、AR1、L 为参变量;        (M3-13)
K,,,D1/2＋AR1,AR1-L,                     !* D1、AR1、L 为参变量;        (M3-14)
K,,,D1/2,AR1-L,                          !* D1、AR1、L 为参变量;        (M3-15)
K,,,D1/2,-L,                             !* D1 为参变量;                (M3-16)
LARC,POINT＋1,POINT＋3,POINT＋2,AR1,     !* AR1 为参变量;               (M3-17)
LSTR,     POINT＋1,     POINT＋4                                        (M3-18)
LSTR,     POINT＋4,     POINT＋3                                        (M3-19)
```

```
FLST,2,3,4                                                    (M3-20)
FITEM,2,LINE＋1                                               (M3-21)
FITEM,2,LINE＋2                                               (M3-22)
FITEM,2,LINE＋3                                               (M3-23)
AL,P51X                                                       (M3-24)
K,,,C*R,                                                      (M3-25)
K,,,C*R,-L1          !* 此处的 C 为参变量，当绘制主轴处倒角时 C＝0，当绘制奇数
                        列曲柄销处倒角时 C＝1，当绘制偶数列曲柄销处倒角时 C＝
                        －1。                                  (M3-26)
FLST,2,1,5,ORDE,1                                             (M3-27)
FITEM,2,AREA＋1                                               (M3-28)
FLST,8,2,3                                                    (M3-29)
FITEM,8,POINT＋5                                              (M3-30)
FITEM,8,POINT＋6                                              (M3-31)
VROTAT,P51X,,,,,,P51X,,360,,                                  (M3-32)
SUMPOINT＝15
SUMLINE＝24
SUMAREA＝16
SUMVOLU＝4
POINT＝POINT＋SUMPOINT
LINE＝LINE＋SUMLINE
AREA＝AREA＋SUMAREA
VOLU＝VOLU＋SUMVOLU
```

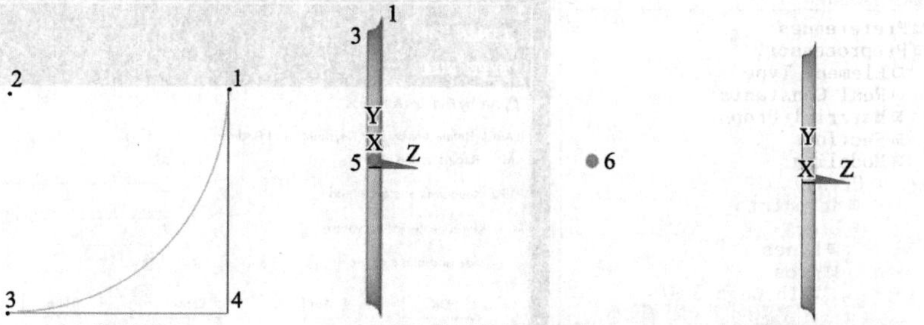

图 3-8　创建左台阶倒角的基本过程

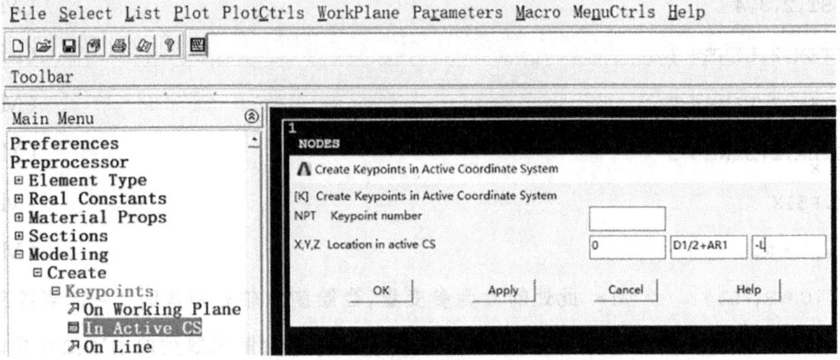

(a) 创建关键点

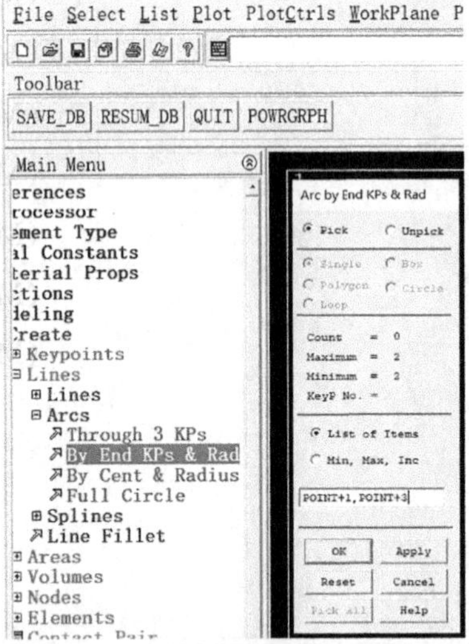

(b) 选取圆弧两端点

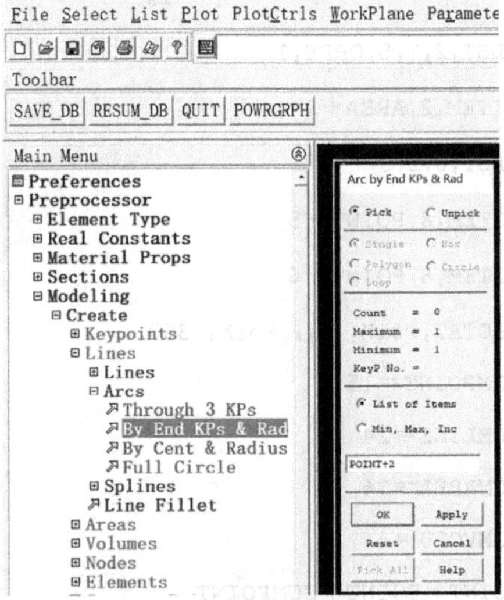

(c) 选取圆心

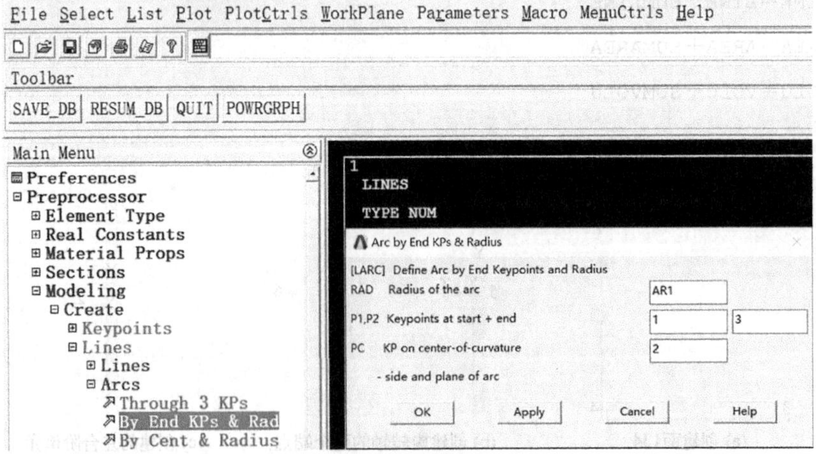

(d) 输入圆弧半径

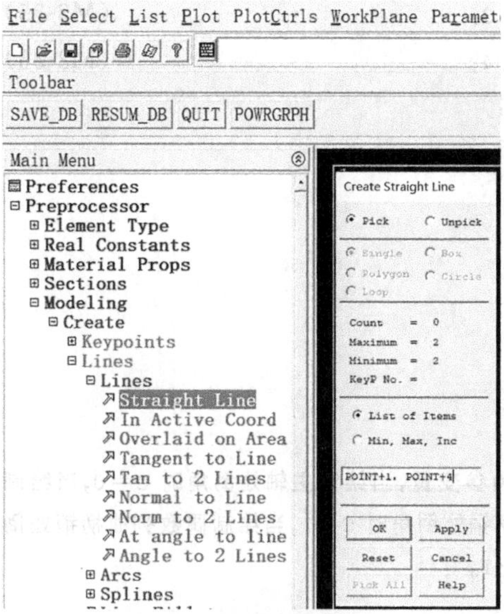

(e) 两点创建直线

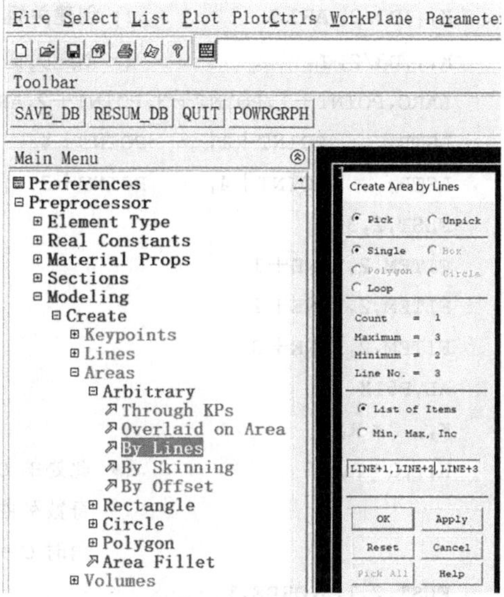

(f) 三线创建面

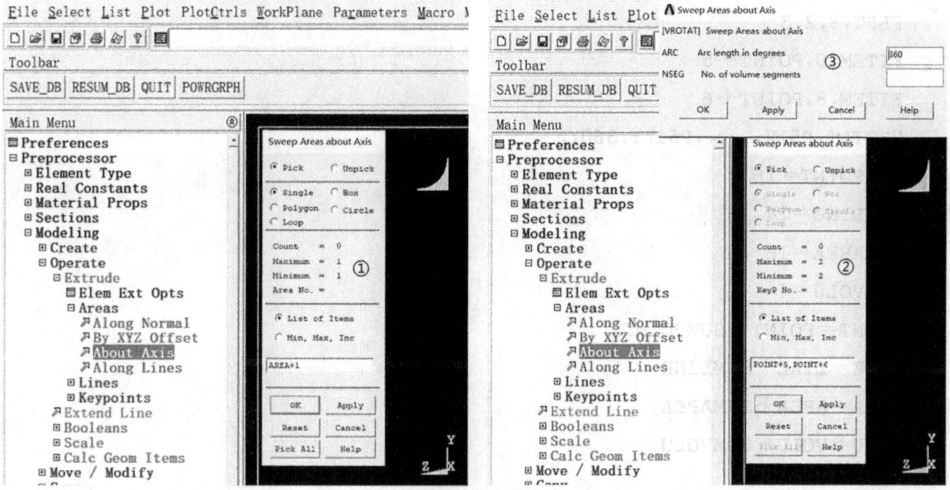

(g) 旋转形成体

图 3-9　左台阶倒角模型（D_1，AR_1，C）的构建

(3) 右台阶倒角模型（D_3，AR_1，C）

右台阶倒角模型的构建方法与左台阶倒角模型的构建方法基本一致，仅需把上述命令流（M3-13）～(M3-16）更换成（M3-33）～(M3-36）即可。所创建的右台阶倒角截面及关键点如图 3-10 所示。右台阶倒角模型构建的命令流如下：

```
K,,,D3/2＋AR1,-L,          !* 创建关键点 1;                     (M3-33)
K,,,D3/2＋AR1,-AR1-L,      !* 创建关键点 2,且为圆心点;          (M3-34)
```

```
K,,,D3/2,-AR1-L,           !* 创建关键点 3;                          (M3-35)
K,,,D3/2,-L,               !* 创建关键点 4;                          (M3-36)
LARC,POINT+1,POINT+3,POINT+2,AR1,
LSTR,     POINT+1,     POINT+4
LSTR,     POINT+4,     POINT+3
FLST,2,3,4
FITEM,2,LINE+1
FITEM,2,LINE+2
FITEM,2,LINE+3
AL,P51X
K,,,C*R,
K,,,C*R,-L1                !* 此处的 C 为参变量,当绘制主轴处倒角时 C=0,当绘制
                              奇数列曲柄销处倒角时 C=1,当绘制偶数列曲柄销处倒
                              角时 C=-1。
FLST,2,1,5,ORDE,1
FITEM,2,AREA+1
FLST,8,2,3
FITEM,8,POINT+5
FITEM,8,POINT+6
VROTAT,P51X,,,,,,P51X,,360,,
SUMPOINT=15
SUMLINE=24
SUMAREA=16
SUMVOLU=4
POINT=POINT+SUMPOINT
LINE=LINE+SUMLINE
AREA=AREA+SUMAREA
VOLU=VOLU+SUMVOLU
```

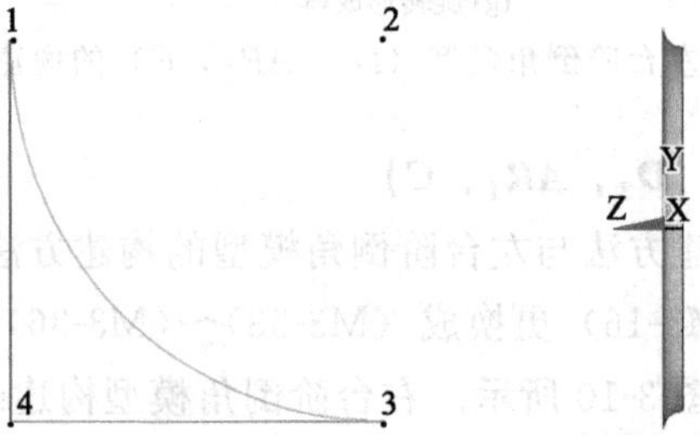

(a) 创建面134　　(b) 创建的右台阶倒角

图 3-10　右台阶倒角截面及关键点

(4) 左侧曲柄模型（H_1，H_2，B_1，L_3，RH_1，A_2，LD_1）

左侧曲柄模型的构建包括曲柄六面体的创建与切割，下面分别介绍。

① 左侧曲柄六面体的创建。左侧曲柄六面体的创建包括三个步骤：一是创建围成曲柄纵截面（垂直于轴向的截面）的关键点 1、2、3、4。各关键点的相对位置如图 3-11(a) 所示。从图 3-11(b) 中可以看出，在 YZ 平面内 1、3 两点及 2、4 两点分别重合，关键点 1、2、3、4 均在 XY 平面内。二是以 1、2、4、3 四个关键点创建面 1243。创建的面 1243 如图 3-11(c) 所示。三是通过轴向拉伸面 1243 创建体，其命令如（M3-37）所示。创建的体如图 3-12 所示。左侧曲柄六面体创建的命令流如下：

```
K,,B1/2,H1,-L,
K,,B1/2,-H2,-L,
K,,-B1/2,H1,-L,
K,,-B1/2,-H2,-L,
FLST,2,4,3
FITEM,2,POINT＋1
FITEM,2,POINT＋2
FITEM,2,POINT＋4
FITEM,2,POINT＋3
A,P51X
VOFFST,AREA＋1,L3,,          ！* L3 表示向右拉伸,－L3 表示向左拉伸,与命令(M3-2)正
                              好相反。两者的不同在于,(M3-2)是直接创建的面,(M3-
                              37)是由节点创建的面。                    (M3-37)
SUMPOINT＝8
SUMLINE＝12
SUMAREA＝6
SUMVOLU＝1
POINT＝POINT＋SUMPOINT
LINE＝LINE＋SUMLINE
AREA＝AREA＋SUMAREA
VOLU＝VOLU＋SUMVOLU
```

② 左侧曲柄六面体的切割。左侧曲柄六面体的切割包括四个步骤：一是创建围成切割截面的关键点 1、2、3、4、5。二是以 1、2、4、3、5 五个关键点创建面 12435。创建的面 12345 如图 3-13(a) 所示。三是通过旋转面 12435 创建切割体，其命令如（M3-38）所示。创建的切割体如图 3-13(b) 所示。四

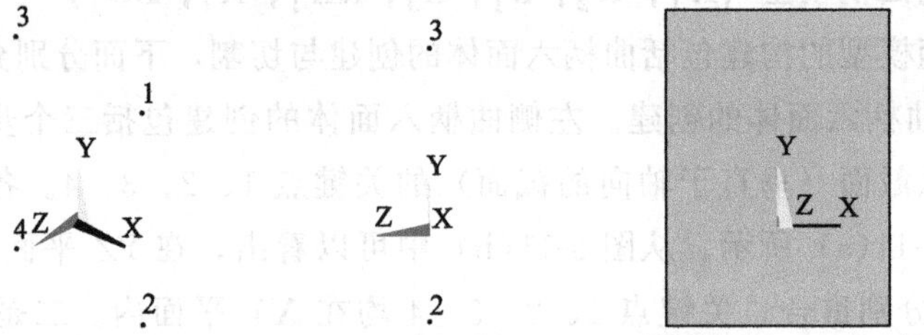

(a) 左侧曲柄轴侧图　(b) 左侧曲柄纵截面　(c) 关键点1、2、3、4创建的面

图 3-11　左侧曲柄的各关键点及其创建的面

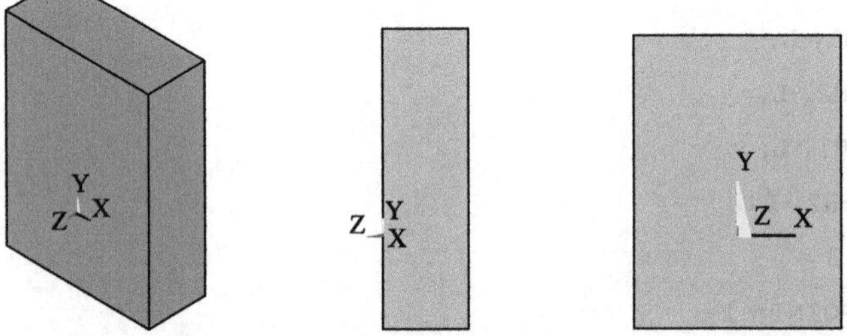

(a) 左侧曲柄轴侧图　(b) 左侧曲柄纵截面　(c) 左侧曲柄纵截面

图 3-12　左侧曲柄体的创建

是用新建的切割体切割左侧曲柄六面体，其命令流如（M3-39）～（M3-42）所示，对应的 GUI 操作如图 3-14 所示。切割体与被切割体的相对关系如图 3-13(c) 所示，创建的新单元体如图 3-6(c) 所示。当完成新单元体的创建之后，新单元体将会生成新的体号、面号、线号和关键点号。为了实现模块的参数化建模，需要将当前所有的关键点号、线号、面号和体号重新排号，确保它们从 1 开始并保持连续。因此，需要对当前模型进行压缩，其命令如（M3-43）所示，对应的 GUI 操作如图 3-15 所示。左侧曲柄六面体切割的命令流如下：

```
!*曲柄处倒角
K,,H1-(L3-LD1)*TANH(A2),,-L
K,,1.2*H1,,-L
K,,1.2*H1,,-L3-L
K,,H1,,-L3-L
K,,H1,,-(L3-LD1)-L
LSTR,    POINT＋1,    POINT＋2
LSTR,    POINT＋2,    POINT＋3
```

```
LSTR,    POINT+3,    POINT+4
LSTR,    POINT+4,    POINT+5
LSTR,    POINT+5,    POINT+1
FLST,2,5,4
FITEM,2,LINE+1
FITEM,2,LINE+2
FITEM,2,LINE+3
FITEM,2,LINE+4
FITEM,2,LINE+5
AL,P51X
!*旋转
K,,,,
K,,,,-L3
FLST,2,1,5,ORDE,1
FITEM,2,AREA+1
FLST,8,2,3
FITEM,8,POINT+6
FITEM,8,POINT+7
VROTAT,P51X,,,,,,P51X,,-180,,                                  (M3-38)
!*减操作
FLST,3,2,6,ORDE,2                                              (M3-39)
FITEM,3,VOLU+1                                                 (M3-40)
FITEM,3,VOLU+2                                                 (M3-41)
VSBV,  VOLU,P51X                                               (M3-42)
!*压缩排序
NUMCMP,ALL                                                     (M3-43)
wpoff,0,R,-L3          !*工作平面的坐标原点沿轴向移动了 L3,沿 Y 向移动了 R,最后
                         使工作平面的坐标原点处于曲柄销的中心轴上。
L=L+L3
SUMPOINT=7
SUMLINE=8
SUMAREA=3
POINT=POINT+SUMPOINT
LINE=LINE+SUMLINE
AREA=AREA+SUMAREA
```

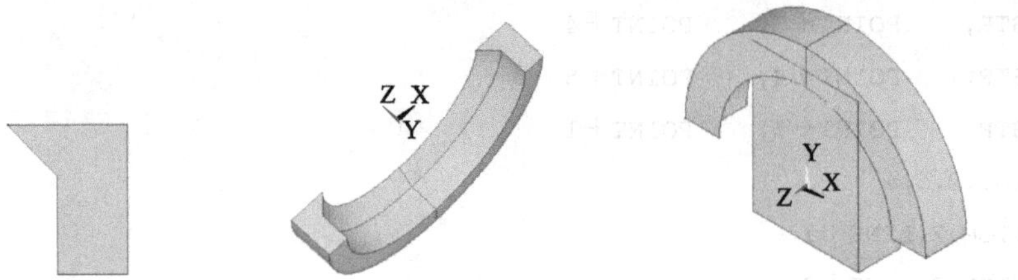

(a) 旋转的面12345　　(b) 切割体　　(c) 切割体与被切割体的相对关系

图 3-13　左侧曲柄体倒角的创建

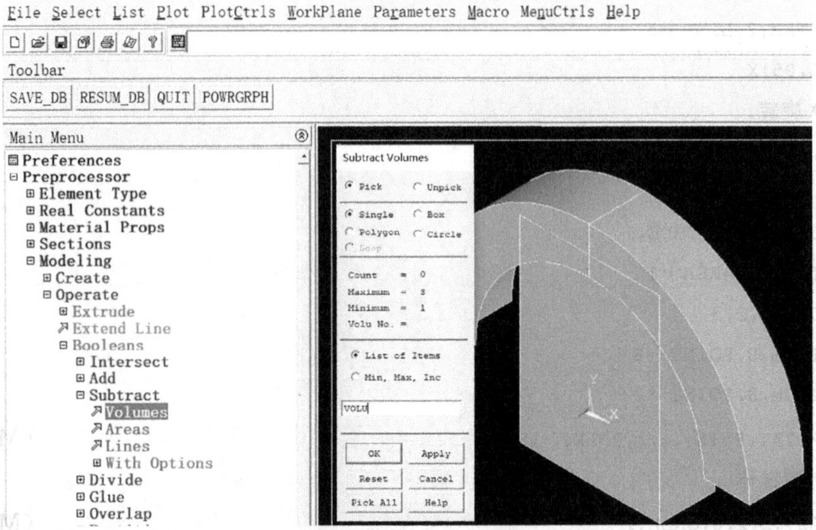

(a) 选择被切割体VOLU

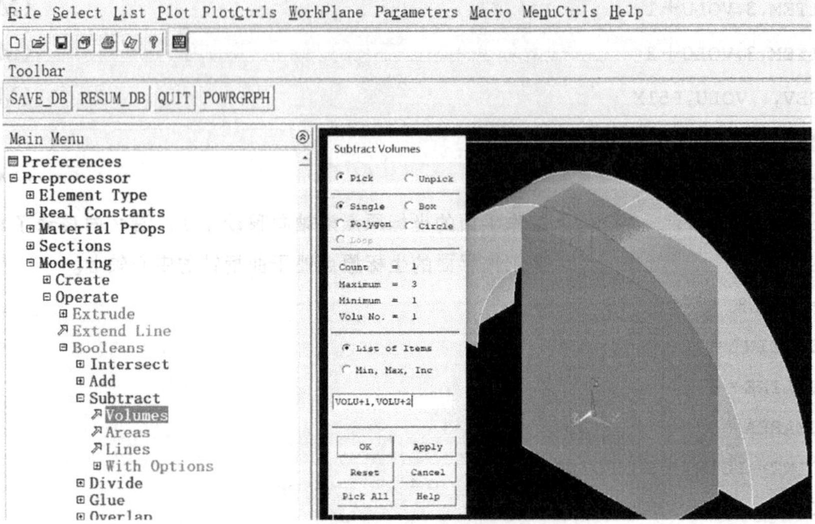

(b) 选择切割体VOLU+1和VOLU+2

图 3-14　切割左侧曲柄六面体

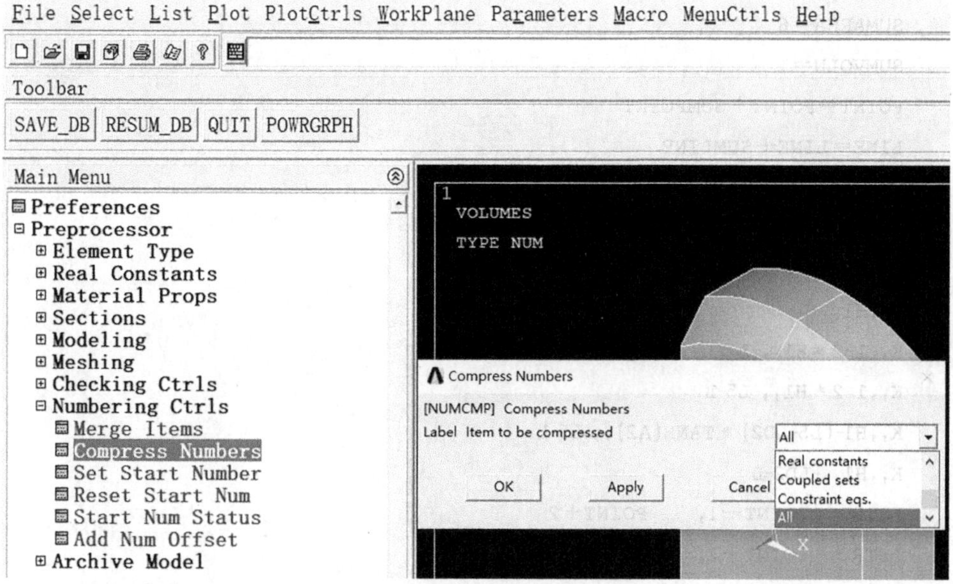

图 3-15 单元体的压缩（重新排序）

(5) 中间曲柄模型（H_1，B_1，L_5，RH_1，A_2，LD_2）

中间曲柄模型的构建方法与左侧曲柄模型的构建方法基本相同，也包括曲柄体的创建与切割。与左侧曲柄模型构建不同的是，中间曲柄模型的构建需要创建两个切割体，分别完成上、下两端的倒角。倒角创建过程如图 3-16 所示，创建的中间曲柄模型如图 3-6(d) 所示。中间曲柄模型构建的命令流如下：

```
!*中间曲柄模型(H1,B1,L5,RH1,A2,LD2)
K,,B1/2,H1,-L
K,,B1/2,-H1,-L
K,,-B1/2,H1,-L
K,,-B1/2,-H1,-L
FLST,2,4,3
FITEM,2,POINT＋1
FITEM,2,POINT＋2
FITEM,2,POINT＋4
FITEM,2,POINT＋3
A,P51X
VOFFST,AREA＋1,L5,,
SUMPOINT＝8
```

```
SUMLINE=12
SUMAREA=6
SUMVOLU=1
POINT=POINT+SUMPOINT
LINE=LINE+SUMLINE
AREA=AREA+SUMAREA
VOLU=VOLU+SUMVOLU
!*中间曲柄处倒角
K,,H1,,-L
K,,1.2*H1,,-L
K,,1.2*H1,,-L5-L
K,,H1-(L5-LD2)*TANH(A2),,-L5-L
K,,H1,,-LD2-L
LSTR,   POINT+1,    POINT+2
LSTR,   POINT+2,    POINT+3
LSTR,   POINT+3,    POINT+4
LSTR,   POINT+4,    POINT+5
LSTR,   POINT+5,    POINT+1
FLST,2,5,4
FITEM,2,LINE+1
FITEM,2,LINE+2
FITEM,2,LINE+3
FITEM,2,LINE+4
FITEM,2,LINE+5
AL,P51X
!*旋转
K,,,,
K,,,,-L5
FLST,2,1,5,ORDE,1
FITEM,2,AREA+1
FLST,8,2,3
FITEM,8,POINT+6
FITEM,8,POINT+7
VROTAT,P51X,,,,,,P51X,,-180,,
SUMPOINT=17
SUMLINE=25
```

```
SUMAREA=13
POINT=POINT+SUMPOINT
LINE=LINE+SUMLINE
AREA=AREA+SUMAREA
K,,H1-(L5-LD2)*TANH(A2),,-L
K,,1.2*H1,,-L
K,,1.2*H1,,-L5-L
K,,H1,,-L5-L
K,,H1,,-(L5-LD2)-L
LSTR,   POINT+1,    POINT+2
LSTR,   POINT+2,    POINT+3
LSTR,   POINT+3,    POINT+4
LSTR,   POINT+4,    POINT+5
LSTR,   POINT+5,    POINT+1
FLST,2,5,4
FITEM,2,LINE+1
FITEM,2,LINE+2
FITEM,2,LINE+3
FITEM,2,LINE+4
FITEM,2,LINE+5
AL,P51X
!*旋转
K,,,,
K,,,,-L5
FLST,2,1,5,ORDE,1
FITEM,2,AREA+1
FLST,8,2,3
FITEM,8,POINT+6
FITEM,8,POINT+7
VROTAT,P51X,,,,,,P51X,,180,,
SUMPOINT=17
SUMLINE=25
SUMAREA=13
POINT=POINT+SUMPOINT
LINE=LINE+SUMLINE
AREA=AREA+SUMAREA
```

```
!*减操作
FLST,3,4,6,ORDE,2
FITEM,3,VOLU+1
FITEM,3,-(VOLU+4)
VSBV,     VOLU,P51X
!*压缩排序
NUMCMP,ALL
wpoff,0,-2*R,-L5          !*工作平面的坐标原点沿轴向移动了L5，沿-Y向移动了2R，
                            最后使工作平面的坐标原点处于曲柄销的中心轴上。
L=L+L5
SUMPOINT=-20
SUMLINE=-34
SUMAREA=-20
POINT=POINT+SUMPOINT
LINE=LINE+SUMLINE
AREA=AREA+SUMAREA
```

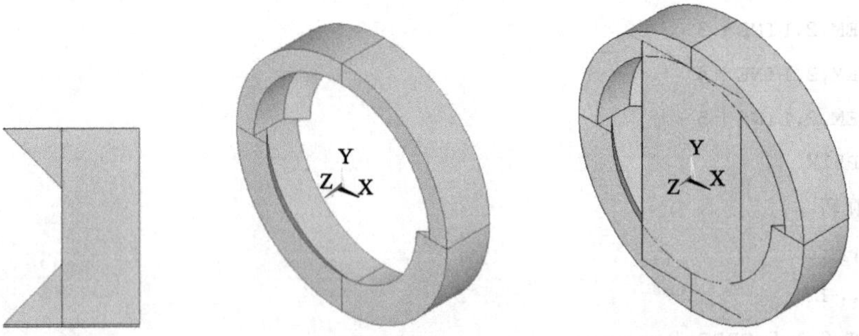

(a) 切割面　(b) 切割体　(c) 切割体与被切割体的相对关系

图 3-16　中间曲柄体倒角的创建

(6) 右侧曲柄模型（H_1，H_2，B_1，L_6，RH_1，A_2，LD_1）

右侧曲柄模型的构建方法与左侧曲柄模型的构建方法基本一致，仅需修改部分参数的正负号即可。创建的右侧曲柄模型如图 3-6(e) 所示。右侧曲柄模型构建的命令流如下：

```
K,,B1/2,H2,-L
K,,B1/2,-H1,-L
K,,-B1/2,H2,-L
K,,-B1/2,-H1,-L
```

```
FLST,2,4,3
FITEM,2,POINT＋1
FITEM,2,POINT＋2
FITEM,2,POINT＋4
FITEM,2,POINT＋3
A,P51X
VOFFST,AREA＋1,L6,,
SUMPOINT＝8
SUMLINE＝12
SUMAREA＝6
SUMVOLU＝1
POINT＝POINT＋SUMPOINT
LINE＝LINE＋SUMLINE
AREA＝AREA＋SUMAREA
VOLU＝VOLU＋SUMVOLU
!*曲柄处倒角
K,,H1,,-L
K,,1.2*H1,,-L
K,,1.2*H1,,-L5-L
K,,H1-(L6-LD1)*TANH(A2),,-L6-L
K,,H1,,-LD1-L
!*创建线
LSTR,   POINT＋1,     POINT＋2
LSTR,   POINT＋2,     POINT＋3
LSTR,   POINT＋3,     POINT＋4
LSTR,   POINT＋4,     POINT＋5
LSTR,   POINT＋5,     POINT＋1
!*创建面
FLST,2,5,4
FITEM,2,LINE＋1
FITEM,2,LINE＋2
FITEM,2,LINE＋3
FITEM,2,LINE＋4
FITEM,2,LINE＋5
AL,P51X
!*旋转
```

```
K,,,,
K,,,,-L5
FLST,2,1,5,ORDE,1
FITEM,2,AREA+1
FLST,8,2,3
FITEM,8,POINT+6
FITEM,8,POINT+7
VROTAT,P51X,,,,,,P51X,,180,,
!*减操作
FLST,3,2,6,ORDE,2
FITEM,3,VOLU+1
FITEM,3,-(VOLU+2)
VSBV,VOLU,P51X
!*压缩排序
NUMCMP,ALL
wpoff,0,R,-L6        !*工作平面的坐标原点沿轴向移动了L6,沿Y向移动了R,最后使
                       工作平面的坐标原点处于曲轴的旋转轴上。
L=L+L6
SUMPOINT=7
SUMLINE=8
SUMAREA=3
POINT=POINT+SUMPOINT
LINE=LINE+SUMLINE
AREA=AREA+SUMAREA
```

(7) 左锥体倒角模型（D_1，D_5，AR_1，C）

左锥体倒角模型的构建方法与左台阶倒角模型的构建方法基本一致，唯一不同的就是其圆心点 2 及切点 3 的坐标值需要通过计算获得，仅需把命令流(M3-13)～(M3-16) 更换成 (M3-44)～(M3-47) 即可。左锥体倒角的创建过程如图 3-17 所示。左锥体倒角模型构建的命令流如下：

```
K,,,D5/2,-L                                                        (M3-44)
K,,,D1/2+AR1,SQRT(2*AR1*(D5-D1)/2-((D5-D1)*(D5-D1)/4))-L  !*绘制圆心处的
关键点;                                                            (M3-45)
K,,,D1/2,SQRT(2*AR1*(D5-D1)/2-((D5-D1)*(D5-D1)/4))-L              (M3-46)
K,,,D1/2,-L                                                        (M3-47)
```

```
LARC,POINT＋1,POINT＋3,POINT＋2,AR1,
LSTR,    POINT＋1,    POINT＋4
LSTR,    POINT＋4,    POINT＋3
FLST,2,3,4
FITEM,2,LINE＋1
FITEM,2,LINE＋2
FITEM,2,LINE＋3
AL,P51X
K,,,C*R,
K,,,C*R,-L1            !* 此处的 C 为参变量,当绘制主轴处倒角时 C=0,当绘制奇数列曲
                          柄销处倒角时 C=1,当绘制偶数列曲柄销处倒角时 C=－1。
FLST,2,1,5,ORDE,1
FITEM,2,AREA＋1
FLST,8,2,3
FITEM,8,POINT＋5
FITEM,8,POINT＋6
VROTAT,P51X,,,,,,P51X,,360,,
SUMPOINT=15
SUMLINE=24
SUMAREA=16
SUMVOLU=4
POINT=POINT＋SUMPOINT
LINE=LINE＋SUMLINE
AREA=AREA＋SUMAREA
VOLU=VOLU＋SUMVOLU
```

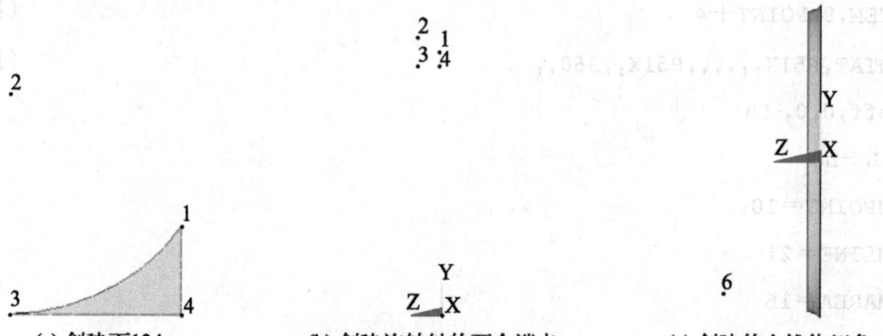

(a) 创建面134　(b) 创建旋转轴的两个端点　(c) 创建的左锥体倒角

图 3-17　创建左锥体倒角的基本过程

(8) 左锥体模型（D_5，D_6，L_8）

左锥体模型的构建方法与上述各类倒角模型的构建方法比较类似，也是先创建多个关键点，然后由关键点创建旋转面，最后将旋转面沿旋转轴旋转成锥体。左锥体模型的构建包括三个步骤：一是创建围成旋转面的关键点 1、2、3、4，其命令流如（M3-48）～（M3-51）所示。二是以关键点 1、2、3、4 创建旋转面 1234，其命令流如（M3-52）～（M3-57）所示。创建的旋转面 1234 如图 3-18(a) 所示。三是以关键点 1、4 的连线为旋转轴将创建的旋转面 1234 旋转成体单元，其命令流如（M3-58）～（M3-63）所示。创建的左锥体如图 3-18(b) 和（c）所示。左锥体模型构建的命令流如下：

```
K,,,,-L8-L                                  (M3-48)
K,,,D6/2,-L8-L                              (M3-49)
K,,,D5/2,-L                                 (M3-50)
K,,,,-L                                     (M3-51)
FLST,2,4,3                                  (M3-52)
FITEM,2,POINT+1                             (M3-53)
FITEM,2,POINT+2                             (M3-54)
FITEM,2,POINT+3                             (M3-55)
FITEM,2,POINT+4                             (M3-56)
A,P51X                                      (M3-57)
FLST,2,1,5,ORDE,1                           (M3-58)
FITEM,2,AREA+1                              (M3-59)
FLST,8,2,3                                  (M3-60)
FITEM,8,POINT+1                             (M3-61)
FITEM,8,POINT+4                             (M3-62)
VROTAT,P51X,,,,,,P51X,,360,,                (M3-63)
wpoff,0,0,-L8
L=L+L8
SUMPOINT=10
SUMLINE=21
SUMAREA=16
SUMVOLU=4
POINT=POINT+SUMPOINT
LINE=LINE+SUMLINE
```

```
AREA＝AREA＋SUMAREA
VOLU＝VOLU＋SUMVOLU
```

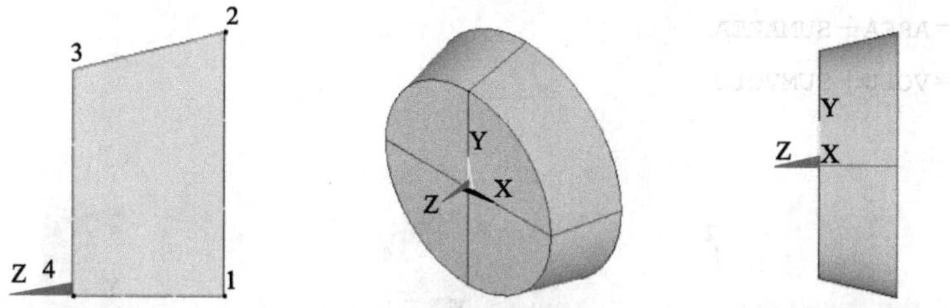

(a) 创建面1234　(b) 左锥体轴侧图　(c) 创建的左锥体

图 3-18　创建左锥体的基本过程

(9) 右锥体模型（D_5，D_6，L_8）

右锥体模型的构建方法与左锥体模型的构建方法基本一致，仅需修改各关键点的参数即可。创建右锥体的过程如图 3-19 所示。右锥体模型构建的命令流如下：

```
K,,,,-L8-L
K,,,D5/2,-L8-L
K,,,D6/2,-L
K,,,,-L
FLST,2,4,3
FITEM,2,POINT＋1
FITEM,2,POINT＋2
FITEM,2,POINT＋3
FITEM,2,POINT＋4
A,P51X
FLST,2,1,5,ORDE,1
FITEM,2,AREA＋1
FLST,8,2,3
FITEM,8,POINT＋1
FITEM,8,POINT＋4
VROTAT,P51X,,,,,,P51X,,360,,
wpoff,0,0,-L8
L＝L＋L8
SUMPOINT＝10
SUMLINE＝21
SUMAREA＝16
```

```
SUMVOLU=4
POINT=POINT+SUMPOINT
LINE=LINE+SUMLINE
AREA=AREA+SUMAREA
VOLU=VOLU+SUMVOLU
```

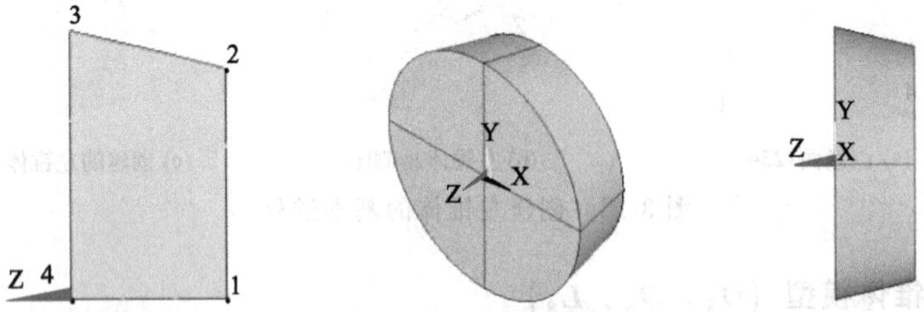

图 3-19　创建右锥体的基本过程

(10) 右锥体倒角模型（D_1，D_5，AR_1，C）

右锥体倒角模型的构建方法与左锥体倒角模型的构建方法基本一致，仅需修改各关键点的参数即可。创建右锥体倒角的过程如图 3-20 所示。右锥体倒角模型构建的命令流如下：

```
K,,,D5/2,-L
K,,,D1/2+AR1,-SQRT(2*AR1*(D5-D1)/2-((D5-D1)*(D5-D1)/4))-L        !*绘制圆心处的关键点；
K,,,D1/2,-SQRT(2*AR1*(D5-D1)/2-((D5-D1)*(D5-D1)/4))-L
K,,,D1/2,-L
LARC,POINT+1,POINT+3,POINT+2,AR1,
LSTR,      POINT+1,      POINT+4
LSTR,      POINT+4,      POINT+3
FLST,2,3,4
FITEM,2,LINE+1
FITEM,2,LINE+2
FITEM,2,LINE+3
AL,P51X
K,,,C*R,
K,,,C*R,-L1        !*此处的C为参变量,当绘制主轴处倒角时C=0,当绘制奇数列曲柄销处倒角时C=1,当绘制偶数列曲柄销处倒角时C=-1。
```

```
FLST,2,1,5,ORDE,1
FITEM,2,AREA＋1
FLST,8,2,3
FITEM,8,POINT＋5
FITEM,8,POINT＋6
VROTAT,P51X,,,,,,P51X,,360,,
SUMPOINT＝15
SUMLINE＝24
SUMAREA＝16
SUMVOLU＝4
POINT＝POINT＋SUMPOINT
LINE＝LINE＋SUMLINE
AREA＝AREA＋SUMAREA
VOLU＝VOLU＋SUMVOLU
```

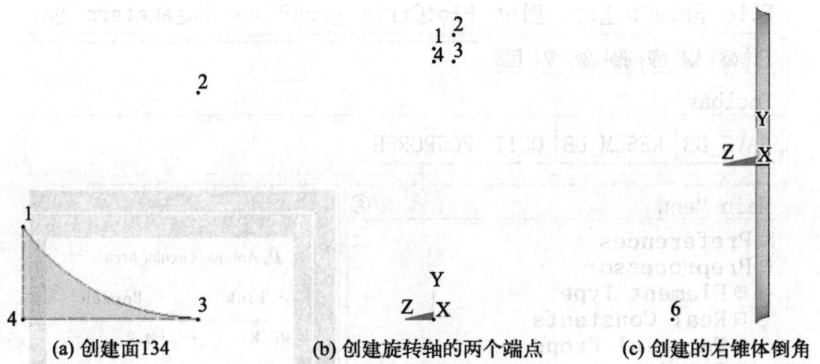

(a) 创建面134　(b) 创建旋转轴的两个端点　(c) 创建的右锥体倒角

图 3-20　创建右锥体倒角的基本过程

(11) 圆筒模型（D_{16}，D_{15}，L_{45}）

圆筒模型的构建方法与圆柱模型的构建方法非常相近，仅需把命令（M3-1）替换成（M3-64），将变量由原来的 2 个变成 3 个即可。创建圆筒的过程如图 3-21 所示，对应的GUI 操作如图 3-22 所示。为了方便圆筒建模，模型构建采用对称建模方式，如命令流（M3-65）、（M3-66）所示。圆筒模型构建的命令流如下：

```
CYL4,0,0,D16/2,,D15/2        !* 以(0,0)点为圆心绘制内直径为 D16、外直径为 D15
                                的圆环；                              (M3-64)
VOFFST,AREA＋1,-L45/2,,      !* 一L45/2 表示向右拉伸；                 (M3-65)
```

```
VOFFST,AREA+1,L45/2,,          !*L45/2表示向左拉伸。
SUMAREA=19
AREA=AREA+SUMAREA
```
(M3-66)

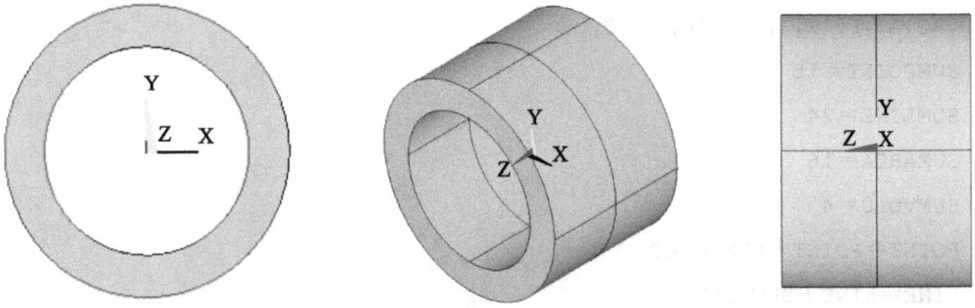

(a) 创建的圆环　　(b) 圆筒轴侧图　　(c) 创建的圆筒

图 3-21　创建圆筒的基本过程

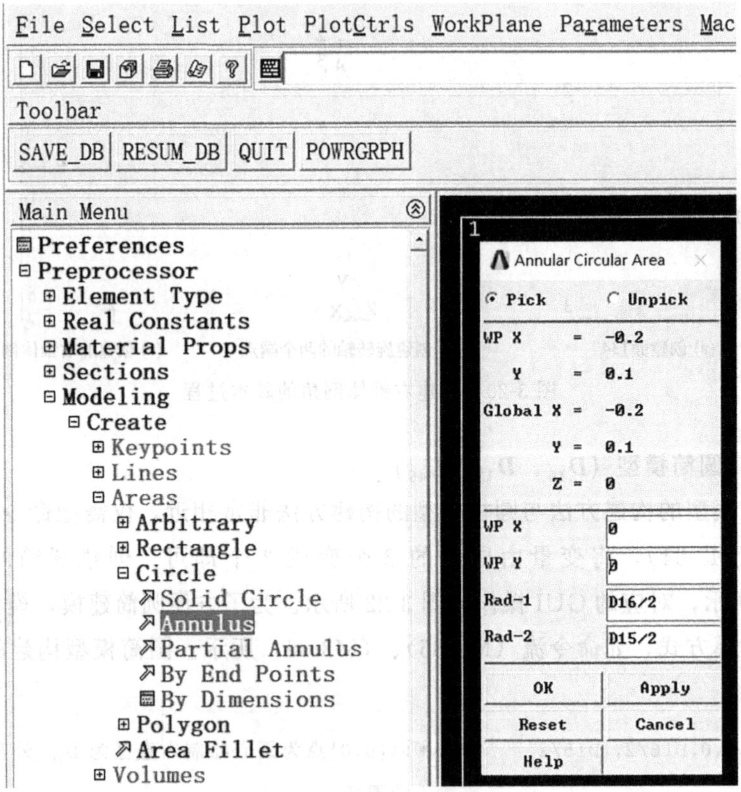

图 3-22　圆环模型的构建

3.2.2　轴系几何模型的构建

表 3-1 所示的某 6M 往复式压缩机轴系的二维图见图 3-23。图（a）为第 1、2 列轴段，图（b）为第 3、4 列轴段，图（c）为第 5、6 列轴段，图（d）为电机轴段，图（e）为各列曲柄向视图。图中 L 表示轴向长度，D 表示各轴段直径尺寸，A 表示角度，AR 表示圆弧半径。

现以图 3-23 所示的轴系几何模型为例，分别以 GUI 操作和命令流的方式介绍轴系几何模型构建的方法和基本过程。往复式压缩机轴系几何模型的构建从曲轴自由端开始，然后是电机轴，最后是电机转子。轴系几何模型构建的命令流主要由两部分内容组成：一部分是 3.2.1 节中带有参数变量的单元结构；另一部分

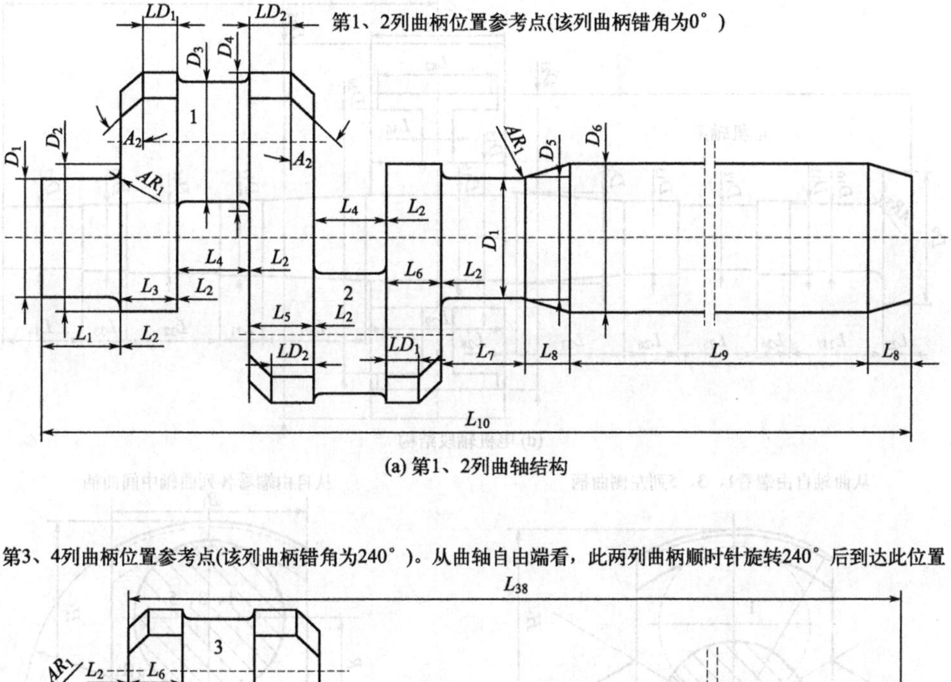

(a) 第1、2列曲轴结构

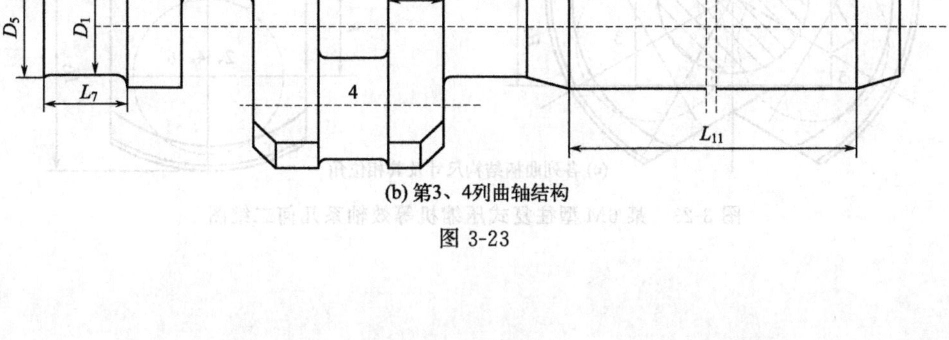

(b) 第3、4列曲轴结构

图 3-23

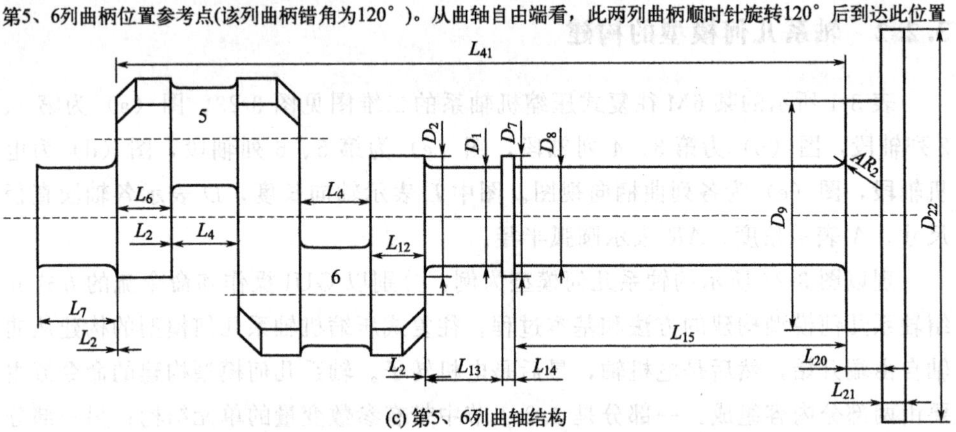

(c) 第5、6列曲轴结构

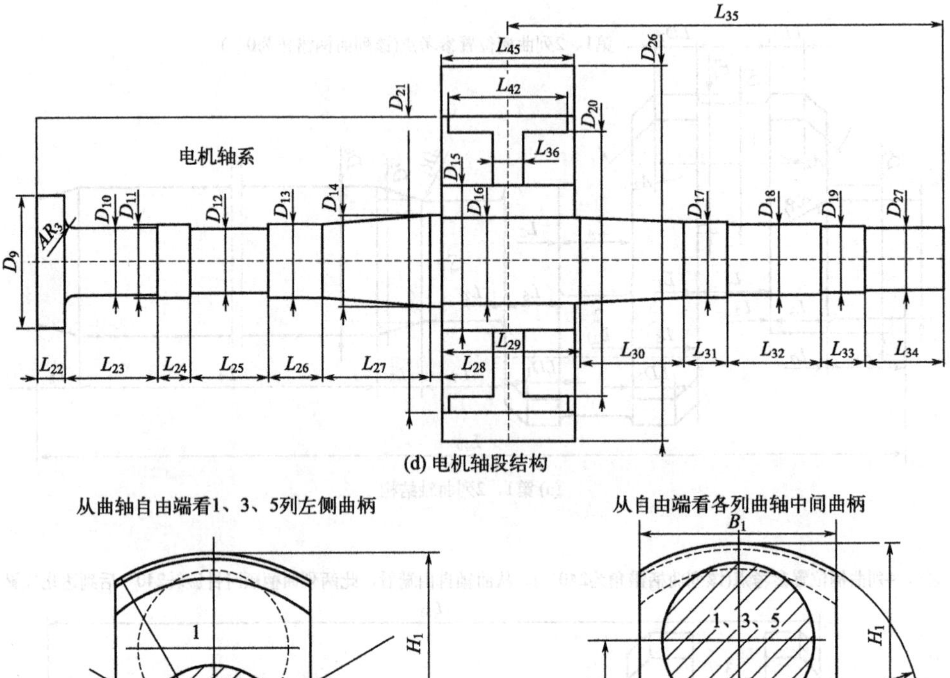

(d) 电机轴段结构

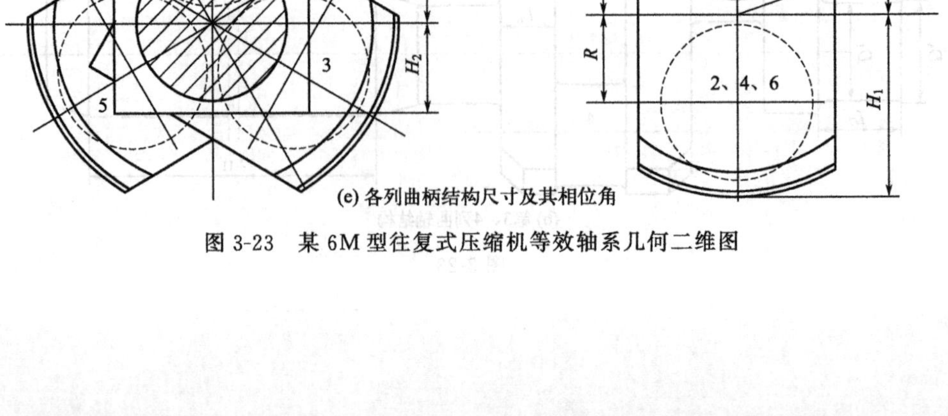

(e) 各列曲柄结构尺寸及其相位角

图 3-23 某 6M 型往复式压缩机等效轴系几何二维图

是 1.4.4 节中局部坐标系的创建及使用等。在往复式压缩机轴系几何参数化建模的过程中，需要在宏文件 ParGeo6M.mac 中对图 3-23 中的轴系几何模型各参数进行定义（注意：宏文件命名时不能用数字开头）。定义各参数的命令流见附录 1。组成该命令流的内容如下：

```
/PREP7                          !*开始执行 Preprocessor(前处理)命令;
ParGeo6M                        !*读入 ParGeo6M.mac 文件定义的所有参数;
!*下面为绘制第 1、2 列曲轴的内容
圆柱模型(D1,L1)                 !*第 1 列主轴;
左台阶倒角模型(D1,AR1,0)
圆柱模型(D2,L2)
左侧曲柄模型(H1,H2,B1,L3,RH1,A2,LD1)
圆柱模型(D4,L2)
右台阶倒角模型(D3,AR1,1)
圆柱模型(D3,L4)                 !*第 1 列曲柄销;
左台阶倒角模型(D3,AR1,1)
圆柱模型(D4,L2)
中间曲柄模型(H1,B1,L5,RH1,A2,LD2)
圆柱模型(D4,L2)
右台阶倒角模型(D3,AR1,-1)
圆柱模型(D3,L4)                 !*第 2 列曲柄销;
左台阶倒角模型(D3,AR1,-1)
圆柱模型(D4,L2)
右侧曲柄模型(H1,H2,B1,L6,RH1,A2,LD1)
圆柱模型(D4,L2)
右台阶倒角模型(D1,AR1,0)
圆柱模型(D1,L7)                 !*第 2 列主轴;
左锥体倒角模型(D1,D5,AR1,0)
左锥体模型(D5,D6,L8)
圆柱模型(D6,L9)
右锥体模型(D5,D6,L8)
!*下面为绘制第 3、4 列曲轴的内容
wprot,ALPHA                     !*将当前工作平面的坐标原点旋转 ALPHA 角;
CSWPLA,11,0,1,1,                !*将工作平面的坐标系创建为局部坐标系 11;
CSYS,11,                        !*将局部坐标系 11 变为活动坐标系;
L=0
```

```
右锥体倒角模型(D1,D5,AR1,0)
圆柱模型(D1,L7)               !*第 3 列主轴;
左台阶倒角模型(D1,AR1,0)
圆柱模型(D2,L2)
左侧曲柄模型(H1,H2,B1,L6,RH1,A2,LD1)
圆柱模型(D4,L2)
右台阶倒角模型(D3,AR1,1)
圆柱模型(D3,L4)               !*第 3 列曲柄销;
左台阶倒角模型(D3,AR1,1)
圆柱模型(D4,L2)
中间曲柄模型(H1,B1,L5,RH1,A2,LD2)
圆柱模型(D4,L2)
右台阶倒角模型(D3,AR1,-1)
圆柱模型(D3,L4)               !*第 4 列曲柄销;
左台阶倒角模型(D3,AR1,-1)
圆柱模型(D4,L2)
右侧曲柄模型(H1,H2,B1,L6,RH1,A2,LD1)
圆柱模型(D4,L2)
右台阶倒角模型(D1,AR1,0)
圆柱模型(D1,L7)               !*第 4 列主轴;
左锥体倒角模型(D1,D5,AR1,0)
左锥体模型(D5,D6,L8)
圆柱模型(D6,L11)              !*与第 1、2 列曲轴相比,L9 变为了 L11;
右锥体模型(D5,D6,L8)
!*下面为绘制第 5、6 列曲轴的内容
wprot,ALPHA                   !*将当前工作平面的坐标原点再次旋转 ALPHA 角;
CSWPLA,12,0,1,1,              !*将工作平面的坐标系创建为局部坐标系 12;
CSYS,12,                      !*将局部坐标系 12 变为活动坐标系;
L=0
右锥体倒角模型(D1,D5,AR1,0)
圆柱模型(D1,L7)               !*第 5 列主轴;
左台阶倒角模型(D1,AR1,0)
圆柱模型(D2,L2)
左侧曲柄模型(H1,H2,B1,L6,RH1,A2,LD1)
圆柱模型(D4,L2)
右台阶倒角模型(D3,AR1,1)
```

```
圆柱模型(D3,L4)                !*第 5 列曲柄销;
左台阶倒角模型(D3,AR1,1)
圆柱模型(D4,L2)
中间曲柄模型(H1,B1,L5,RH1,A2,LD2)
圆柱模型(D4,L2)
右台阶倒角模型(D3,AR1,-1)
圆柱模型(D3,L4)                !*第 6 列曲柄销;
左台阶倒角模型(D3,AR1,-1)
圆柱模型(D4,L2)
右侧曲柄模型(H1,H2,B1,L12,RH1,A2,LD1)
圆柱模型(D2,L2)
右台阶倒角模型(D1,AR1,0)
圆柱模型(D1,L13)               !*第 6 列主轴;
圆柱模型(D7,L14)
圆柱模型(D8,L15)
左台阶倒角模型(D8,AR2,0)
圆柱模型(D9,L20)
圆柱模型(D22,L21)              !*按等效飞轮确定 D22;
!*下面为绘制电机轴的内容
wprot,-2*ALPHA                 !*将当前工作平面的坐标原点旋转－2×ALPHA 角;
CSWPLA,13,0,1,1,               !*将工作平面的坐标系创建为局部坐标系 13;
CSYS,13,                       !*将局部坐标系 13 变为活动坐标系;
L＝0
圆柱模型(D9,L22)
右台阶倒角模型(D10,AR3,0)
圆柱模型(D10,L23)
圆柱模型(D11,L24)
圆柱模型(D12,L25)              !*电机轴承;
圆柱模型(D13,L26)
左锥体模型(D13,D14,L27)
圆柱模型(D14,L28)
圆柱模型(D16,L29)
右锥体模型(D16,D17,L30)
圆柱模型(D17,L31)
圆柱模型(D18,L32)
圆柱模型(D19,L33)
```

```
圆柱模型(D27,L34)
!*下面为绘制电机转子的内容
wpoff,0,0,L35              !*将工作平面移到电机转子轴向对称中心处;
圆筒模型(D16,D15,L45)
圆筒模型(D15,D20,L36)
圆筒模型(D20,D21,L42)
圆筒模型(D21,D26,L45)
CSYS,0                     !*激活总体笛卡儿坐标系;
WPAVE,0,0,0                !*将工作平面移到总体笛卡儿坐标系原点。
```

3.2.3 轴系几何模型的组合

上述构建的轴系几何模型是由各单元结构组成的，各单元体之间是完全分离的。然而，在进行轴系扭转振动分析时，要求所分析的对象必须是一个整体结构（此处的整体结构并不是组合成一个体单元，各单元体仍然是独立的，网格划分时可以单独对其操作）。所以，采用 ANSYS 软件进行几何建模时应进行黏结操作。为了缩减轴系进行有限元网格划分时总的操作步骤，实现有限元网格划分时各列往复惯性质量及连杆旋转惯性质量的施加，以及在不改变轴系几何模型的基础上调整轴系飞轮的惯量及电机转子的转动惯量，需要对组成轴系几何模型的各单元体分组，将同一组别的各单元体进行加操作构成一个组合单元体，尽量减少轴系几何模型的单元体总数（此处的组合单元体是对多个单元体进行加操作后形成的一个新的单元体，原有单元体成为该组合单元体的一部分）。因此，轴系几何模型的组合主要包括各单元体的加操作和各组合单元体的黏结操作。在各组合单元体的黏结操作过程中，为了确保顺利成功，需要对系统进行容差设置。如果采用默认的容差设定值，由于容差设置过小，可能导致黏结操作失败。

3.2.2 节构建的曲轴轴系总计 184 个单元体，经过加操作后，组成轴系几何模型的各组合单元体，从左到右依次如图 3-24 所示。图（e）、（i）、（s）、（w）、（ag）和（ak）等结构分别为压缩机 1～6 列带台阶倒角的曲柄销，这些结构不能采用加操作与其他单元体进行组合，必须与其连接的各单元体独立开来。这主要是由于压缩机各列往复惯性质量及连杆旋转惯性质量的等效就是利用这些结构来实现的（详见 3.3 节相关内容）。图（b）、（d）、（f）、（h）、（j）、（l）、（p）、（r）、（t）、（v）、（x）、（z）、（ad）、（af）、（ah）、（aj）、（al）、（an）等轴向长度为 L_2 的圆环也不与各曲柄进行加操作。主要考虑的是这些小的轴向结构尺寸进行网格划分时能够产生更加规则的单元网格。图（aq）为压缩机的飞轮结构，图（as）

为电机转子结构。这两种结构之所以不与其连接的结构进行加操作，主要是为了在不改变几何参数的情况下能够调整各自的转动惯量（具体操作方式详见 3.3 节相关内容）。图 3-24 中的组合单元体总计 45 个，3.3 节中有限元网格的划分就是对这 45 个组合单元体进行操作的。

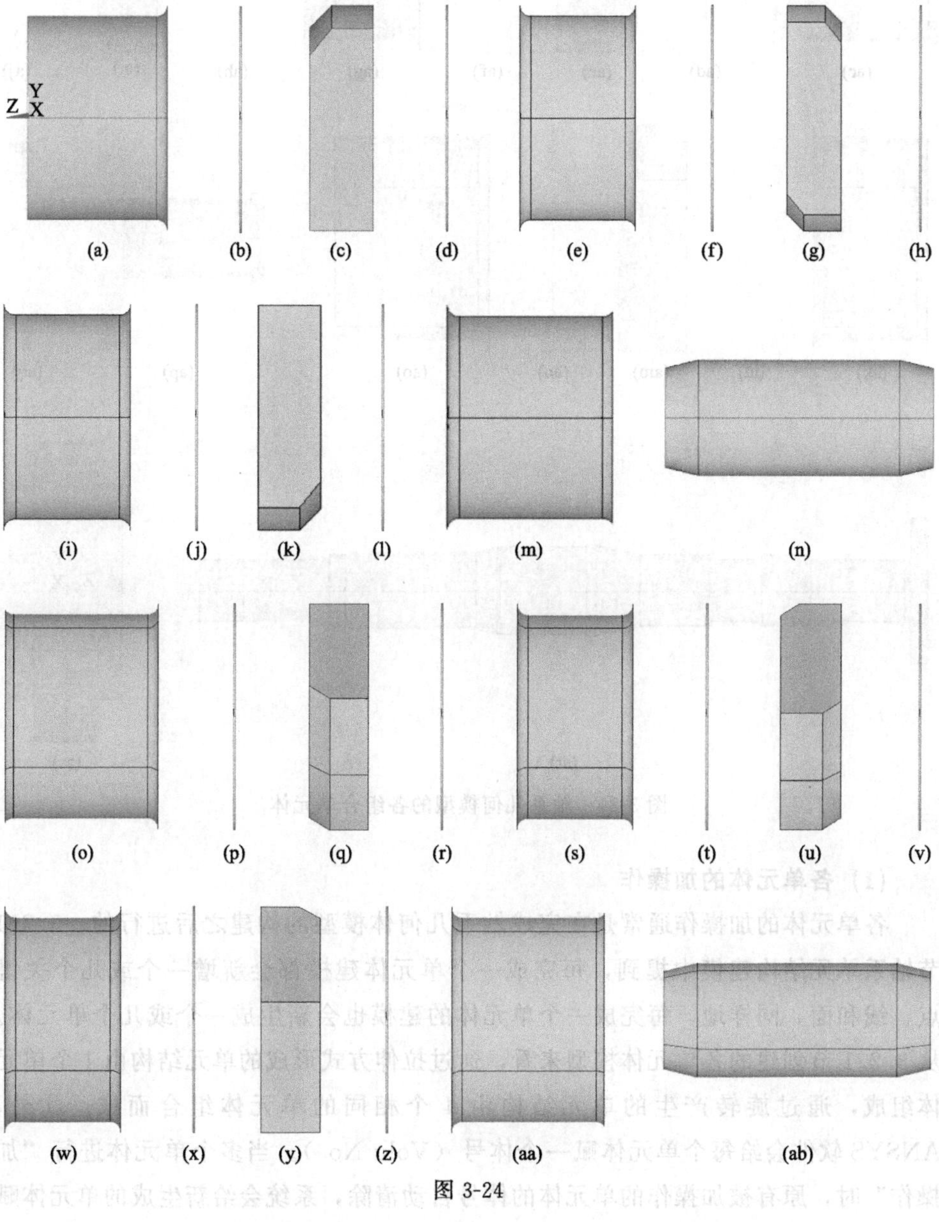

图 3-24

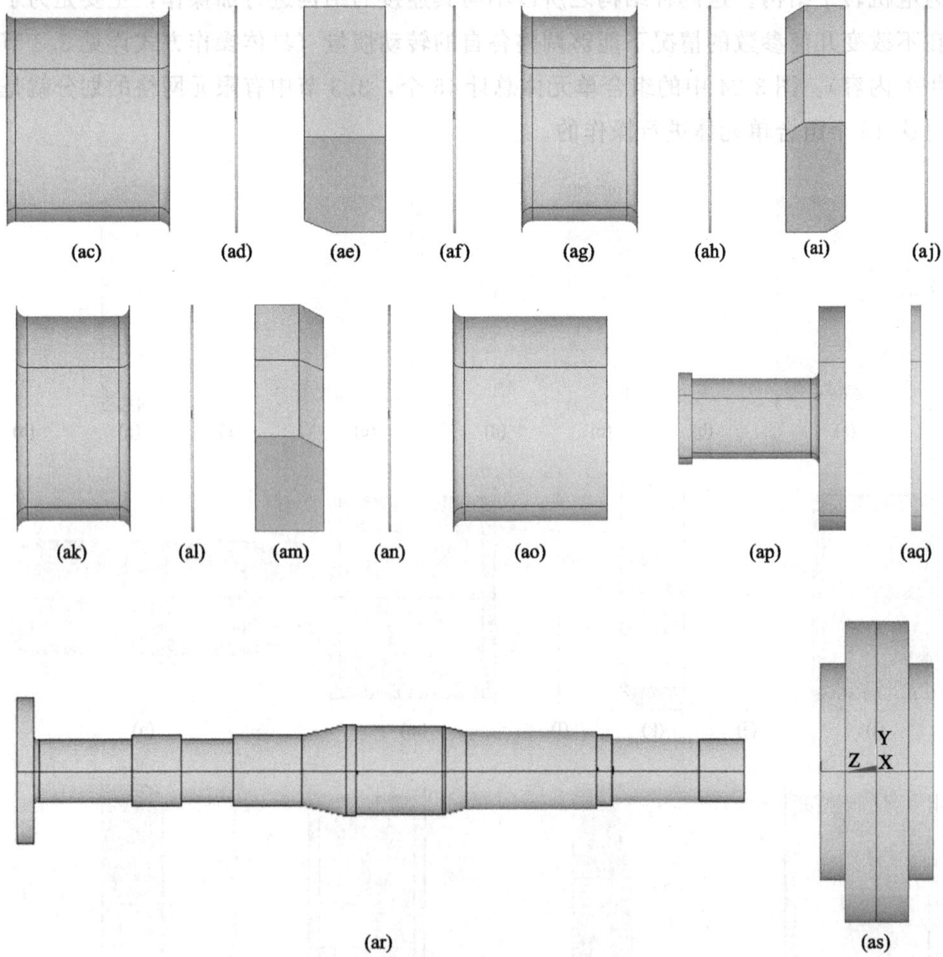

图 3-24　轴系几何模型的各组合单元体

(1) 各单元体的加操作

各单元体的加操作通常是在完成轴系几何体模型的构建之后进行的。3.2.1 节轴系单元结构建模中提到，每完成一个单元体建模都会新增一个或几个关键点、线和面，同样地，每完成一个单元体的建模也会新生成一个或几个单元体。从 3.2.1 节创建的各单元体模型来看，通过拉伸方式形成的单元结构由 1 个单元体组成，通过旋转产生的单元结构由 4 个相同的单元体组合而成。此外，ANSYS 软件会给每个单元体赋一个体号（Volu No.）。当多个单元体进行“加操作”时，原有被加操作的单元体的体号自动清除，系统会给新生成的单元体赋一个新的体号（与被加操作的单元体的体号不同）。图 3-24(a) 为第 1 列主轴径和左台阶倒角通过加操作获得的模型，该加操作的 GUI 操作如图 3-25 所示，命令流如（M3-67）～(M3-69）所示。依次完成图 3-25(a)～(e）所示的操作后，单击 Add Volumes 中的 OK 按钮即可完成第 1 列主轴径和左台阶倒角的加操作，被加操作的模型由原来的 5 个体单元变成 1 个体单元，新单元体的体号按次序顺排命名（原模型最大体号＋1)。生成的命令流如图 3-25(f）所示。

```
FLST,2,m,6,ORDE,n              !* m 为体的个数,n 为 FITEM,,的行数;          (M3-67)
FITEM,2,VV1  )                 !* 体 1 的参变量 VV1;
             } n=2 行                                                      (M3-68)
FITEM,2,-VVm )                 !* 体 m 的参变量 VVm。
VADD,P51X                                                                  (M3-69)
```

在进行轴系几何模型单元体的加操作时，采用 GUI 操作与编辑命令流相比，更加直观、方便。因此，可以依据上述方法完成图 3-24 中所有组合单元体的加操作。

(2）各组合单元体与其他单元体的黏结

在完成上述单元体的加操作后，可以进行各组合单元体与其他单元体的黏结。各组合单元体的黏结与加操作一样，采用 GUI 操作相比编辑命令流的方式更加直观和方便。下面以 GUI 操作方式简述各组合单元体与其他单元体的黏结步骤，并给出了单元体黏结的命令流。各组合单元体与其他单元体黏结的 GUI

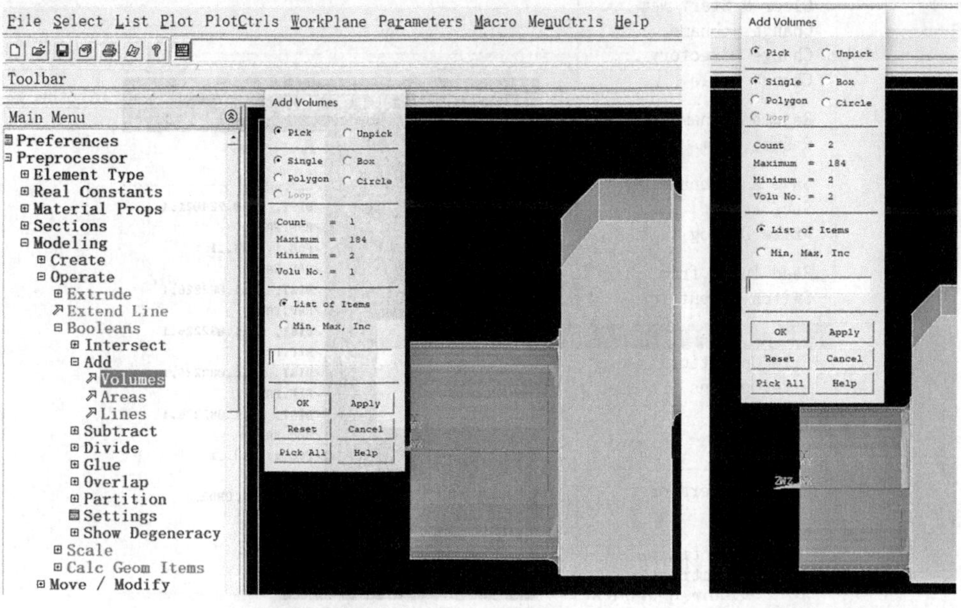

(a) 选取第1列主轴径单元体　　(b) 选取部分倒角1

图 3-25

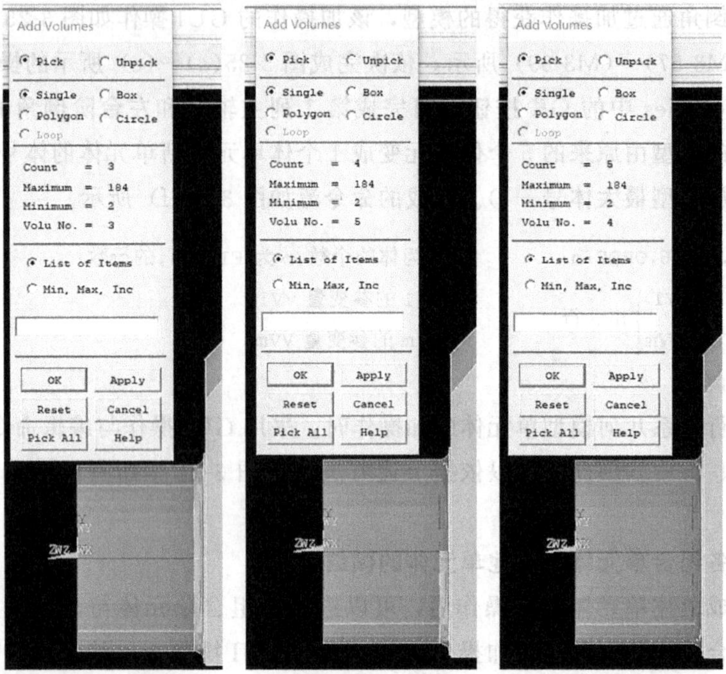

(c) 选取部分倒角2　(d) 选取部分倒角3　(e) 选取部分倒角4

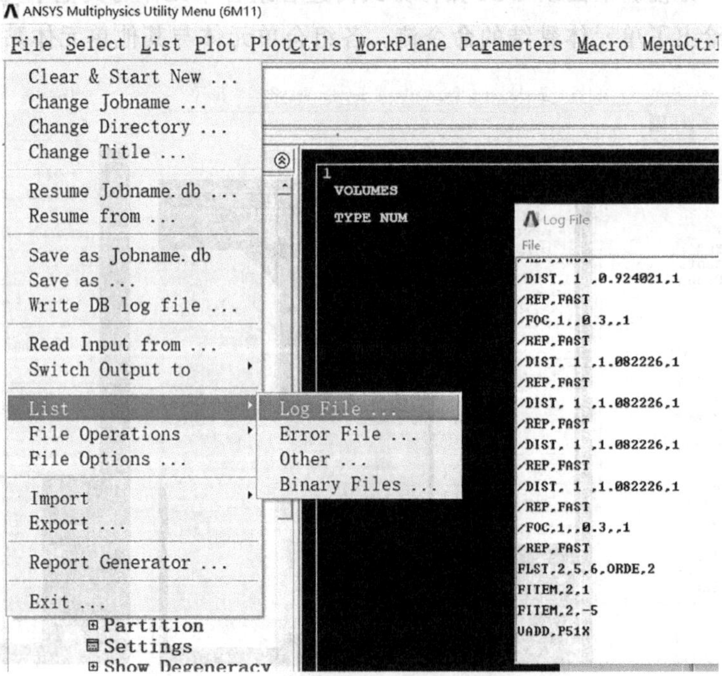

(f) 加操作命令流生成

图 3-25　第 1 列主轴径和左台阶倒角的加操作

操作如图 3-26 所示。由于是对所有的组合体单元进行黏结，因此只需单击图（a）中的 Pick All 按钮即可。当单击了图（a）中的 Pick All 按钮后出现图（b）中的错误（Error）提示时，则需要对布尔操作（Booleans）进行容差（Tolerance Value）的设置。容差设置的 GUI 操作如图 3-26(c) 所示。系统默认容差值为 1×10^{-5}，现调整为 5×10^{-4}，然后单击 OK 即可。系统容差设置的命令流如(M3-70)～(M3-72) 所示。容差设置完成后再次进行图 3-26(a) 的操作，即可完成 45 个组合单元体的黏结。45 个组合单元体黏结的命令流如（M3-73）～(M3-76) 所示，黏结后的轴系几何模型如图 3-27 所示。为了简化组合单元体黏结的命令流，在进行黏结前需要对组合单元体的体号进行重新排列，使被黏结组合单元体的体号从 1 至 45 连续，如命令流（M3-74）、（M3-75）所示。45 个组合单元体进行黏结操作后，虽然组合单元体的总个数没有改变，但有时会出现部分组合单元体的体号发生改变的现象。考虑到轴系网格划分时对体号的调用，因此，在轴系网格划分前需要对各组合单元体的体号参变量重新赋值。若采用同一组 APDL 命令流去进行拓扑结构相同的其他轴系几何建模，由于部分曲轴结构尺寸大小的改变，可能使同一组合单元体的体号也发生改变，此时也需要在轴系网格划分前对各组合单元体的体号参变量重新赋值。

```
!*定义容差
BOPTN,KEEP,0  }
BOPTN,NWARN,0 }                                        (M3-70)
BOPTN,VERS,RV52                                        (M3-71)
BTOL,5e-004,                                           (M3-72)
!*黏结所有体
NUMCMP,ALL              !*压缩排序号,实现以下固定程序;
FLST,2,45,6,ORDE,2                                     (M3-73)
FITEM,2,1                                              (M3-74)
FITEM,2,-45                                            (M3-75)
VGLUE,P51X                                             (M3-76)
NUMCMP,ALL              !*压缩排序号,实现体号 1～45 连续。
```

完成上述各组合单元体与其他单元体的黏结后，就完成了曲轴轴系几何模型的全部构建任务。

(3) 各组合单元体体号参变量的赋值

对各组合体单元体体号参变量的赋值方法比较简单，每个组合体或单元体的体号可以利用通用菜单中的选取单元参数操作（Select）查询，如图 3-28 所示。

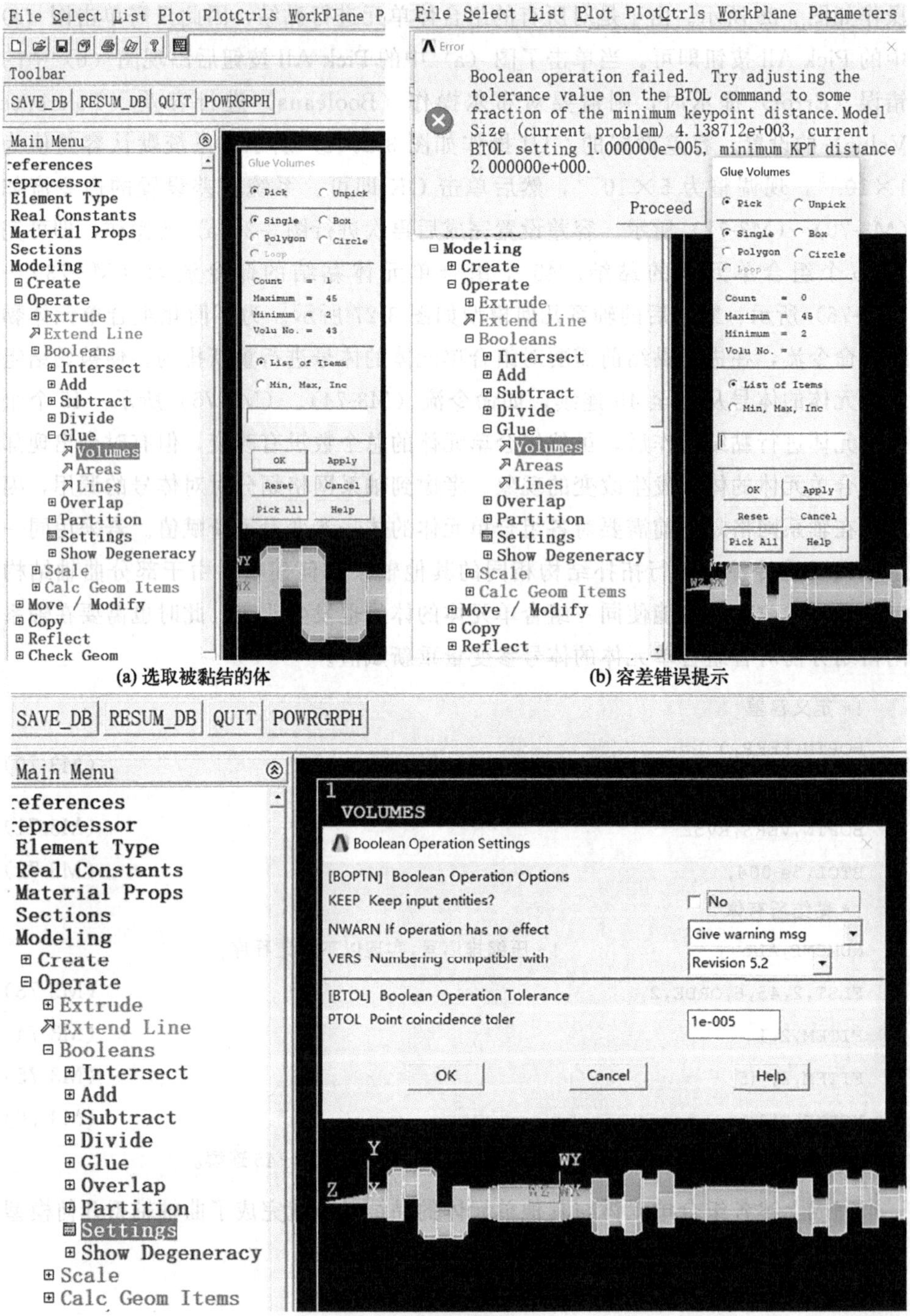

(a) 选取被黏结的体

(b) 容差错误提示

(c) 容差设置窗口

图 3-26　各组合单元体与其他单元体的黏结

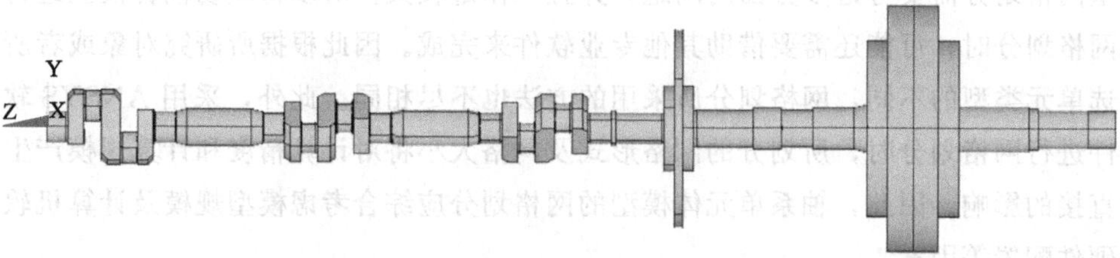

图 3-27 黏结后的曲轴轴系几何模型

在 Select Entities 图框中，默认选择节点（Nodes）。将节点（Nodes）变成第②步中所示的体（Volumes），单击 OK，就会跳出第③步中的 Select Volumes 图框，然后单击需要查询的体即可［以查询图 3-24(as) 所示的电机转子的体号为例］，如 Volu No. =31 就是电机转子体号的查询结果。按此方法，从左至右依次查询图 3-27 中 45 个单元体的体号，并将这些分别赋给 Par6Mv. mac 文件中的 v1～v45。Par6Mv. mac 的命令流见附录 2。

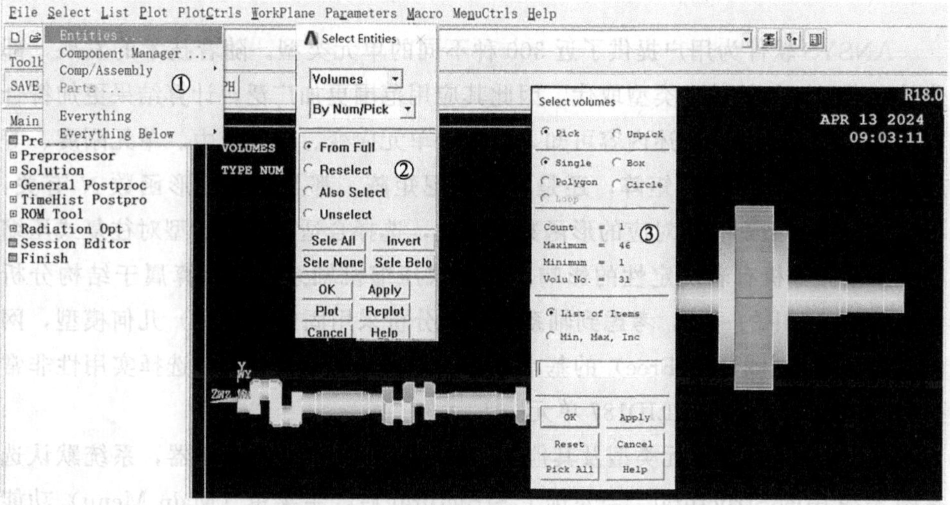

图 3-28 组合体或单元体的体号查询

3.3 轴系有限元建模

往复式压缩机轴系有限元模型的构建是轴系扭振计算的关键。在具备轴系几何模型的基础上，轴系有限元建模实际上就是轴系单元体网格划分的过程。轴系单元体的网格划分实质上就是第 1 章所述的弹性体离散化。通常情况下，几何模型网格划分需要考虑多方面的问题，并且工作量较大。对多物理场耦合模型进行网格划分时，可能还需要借助其他专业软件来完成。因此根据所研究对象或者所选单元类型的不同，网格划分所采用的方法也不尽相同。此外，采用 ANSYS 软件进行网格划分时，所划分的网格形式及网格大小将对计算精度和计算规模产生直接的影响。因此，轴系单元体模型的网格划分应综合考虑模型规模及计算机软硬件配置等因素。

对于往复式压缩机轴系有限元模型来讲，由于各组合体的有限元模型都是采用 10 节点四面体单元，唯一不同的是各组合单元体的材料属性不尽相同，因此，其网格划分过程相对比较简单。其重点和难点是定义不同组合单元体材料的密度。概括起来，往复式压缩机轴系有限元建模主要包括有限元模型单元类型的选择、轴系组合单元体材料属性的定义、轴系组合单元体网格大小的控制、轴系组合单元体的网格划分等内容。

3.3.1 有限元模型单元类型的选择

ANSYS 软件为用户提供了近 300 种不同的单元类型。随着技术的发展，部分单元类型被新的单元类型取代，因此其应用范围更加广泛，计算结果更加符合客观实际。由 1.1 节所述内容可知，无论是单元应变、单元应力、单元刚度、等效载荷向量、单元质量矩阵，还是单元阻尼矩阵，都与单元的形函数 $\boldsymbol{N}$ 有关，不同的单元类型都有其对应的形函数，因此，选择合适的单元类型对往复式压缩机轴系扭振分析有着决定性的影响。往复式压缩机轴系扭振计算属于结构分析（Structural）中的一种，考虑到轴系有限元分析采用固体（Solid）几何模型，网格划分采用自由划分（Free）的基本类型，因此，轴系单元类型选择实用性非常强的四面体 10 节点 SOLID187 单元。

ANSYS 软件为单元类型及其他分析选项的选择提供了过滤器，系统默认选择图 3-29 中的 Structural。当勾选了 Structural 后，主菜单（Main Menu）功能选项仅显示与结构分析有关的内容。单元类型选择的 GUI 操作如图 3-30 所示，其命令如（M3-77）所示。

```
ET,1,SOLID187      !* 定义系统中第 1 种单元类型为 SOLID187。  (M3-77)
```

3.3.2 轴系材料属性的定义

由 1.1.2 节中式(1-23) ～式(1-25) 可知，计算模型的单元应力 $\boldsymbol{\sigma}$、单元应变 $\boldsymbol{\varepsilon}$ 与单元弹性矩阵 $\boldsymbol{D}$、单元应变矩阵 $\boldsymbol{B}$、单元位移向量 $\{\boldsymbol{\delta}^e\}$ 等参数有关。其中

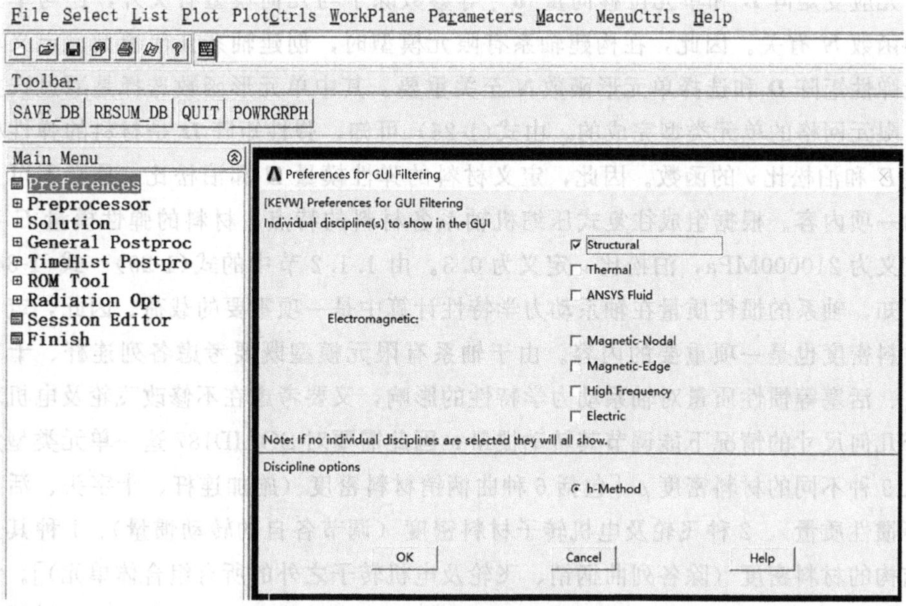

图 3-29　选择结构分析的过滤器

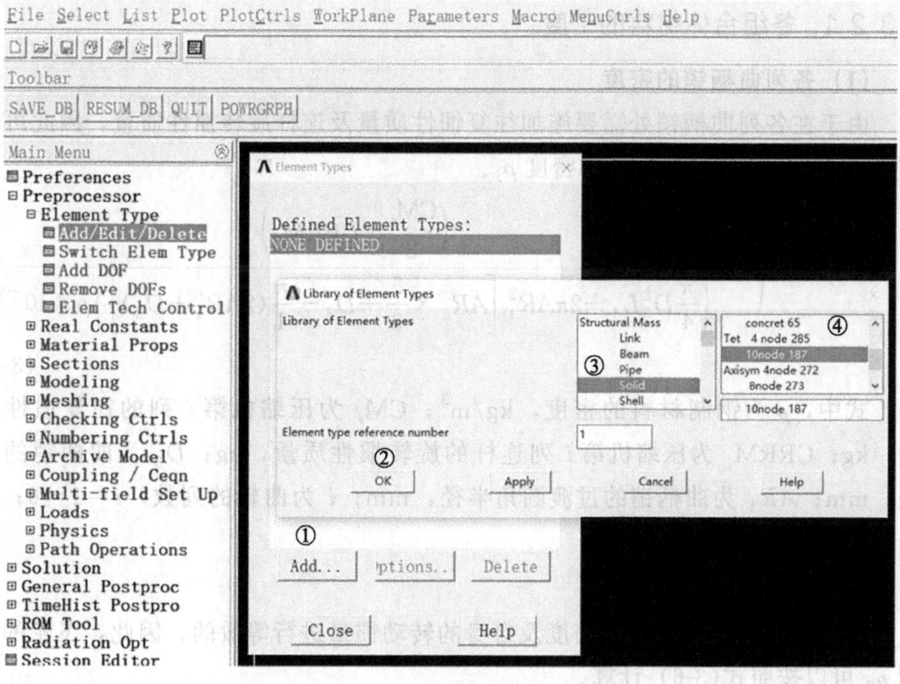

图 3-30　单元类型选择的指示图框

单元应变矩阵 $\boldsymbol{B}$ 和单元位移向量 $\{\boldsymbol{\delta}^e\}$ 等参数除了与几何模型有关外，还与单元形函数 $\boldsymbol{N}$ 有关。因此，在构建轴系有限元模型时，创建轴系几何模型、定义单元弹性矩阵 $\boldsymbol{D}$ 和选择单元形函数 $\boldsymbol{N}$ 至关重要。其中单元形函数选择是通过选择有限元网格的单元类型完成的。由式(1-26) 可知，弹性矩阵 $\boldsymbol{D}$ 是材料的弹性模量 E 和泊松比 ν 的函数。因此，定义材料的弹性模量 E 和泊松比 ν 是必不可少的一项内容。根据组成往复式压缩机轴系各材料的特点，材料的弹性模量 E 都定义为 210000MPa，泊松比 ν 定义为 0.3。由 1.1.2 节中的式(1-29)～式(1-34) 可知，轴系的惯性质量在轴系动力学特性计算中是一项重要的载荷。因此，定义材料密度也是一项重要的内容。由于轴系有限元模型既要考虑各列连杆、十字头、活塞等惯性质量对轴系动力学特性的影响，又要考虑在不修改飞轮及电机转子几何尺寸的情况下能调节其转动惯量，因此需要对 SOLID187 这一单元类型定义 9 种不同的材料密度 ρ［包括 6 种曲柄销材料密度（施加连杆、十字头、活塞等惯性质量）、2 种飞轮及电机转子材料密度（调节各自的转动惯量）、1 种其余结构的材料密度（除各列曲柄销、飞轮及电机转子之外的所有组合体单元)］。综上所述，轴系扭转振动有限元分析模型需要定义弹性模量 E、泊松比 ν、材料密度等 3 种材料属性。

3.3.2.1 各组合体材料的密度

(1) 各列曲柄销的密度

由于在各列曲柄销处需要施加往复惯性质量及连杆旋转惯性质量，因此可以按式(3-5) 计算各列曲柄销的密度 ρ_i。

$$\rho_i=\rho\times10^{-12}\left(1+\frac{\left(\frac{\mathrm{CM}_i}{2}+\mathrm{CRRM}_i\right)}{\left\{\frac{\pi}{4}D_3^2L_4+2\pi AR_1^2\left[AR_1\times\frac{5}{3}+D_3-\frac{\pi}{4}(2AR_1+D_3)\right]\right\}\rho\times10^{-9}}\right) \tag{3-5}$$

式中，ρ 为钢制材料的密度，kg/m^3；CM_i 为压缩机第 i 列的往复惯性质量，kg；CRRM_i 为压缩机第 i 列连杆的旋转惯性质量，kg；D_3 为曲柄销的直径，mm；AR_1 为曲柄销的过渡圆角半径，mm；i 为曲轴的列数，$i=1\sim6$；ρ_i 为材料的密度，t/mm^3。

(2) 飞轮的密度 ρ_7

由于飞轮是按照钢材的密度及自身的转动惯量进行等效的，因此，飞轮的密度 ρ_7 可以按照式(3-6) 计算。

$$\rho_7=K_{\mathrm{fl}}\rho\times10^{-12} \tag{3-6}$$

式中，ρ 为钢制材料的密度，kg/m^3；K_{fl} 为转动惯量调整系数；ρ_7 为材料的密度，t/mm^3。

(3) 电机转子的密度 ρ_8

按照 3.1.2 节对电机转子结构的等效方法，图 3-23(d) 的电机转子密度 ρ_8 可由式(3-7) 计算得到。

$$\rho_8=\frac{K_{rot}\times 8000GD^2}{\pi[(D_{26}^4-D_{21}^4)L_{45}+(D_{15}^4-D_{16}^4)L_{45}+(D_{20}^4-D_{15}^4)L_{36}+(D_{21}^4-D_{20}^4)L_{42}]} \tag{3-7}$$

式中，GD^2 为电机转子的 GD^2，转动惯量 $I=\frac{GD^2}{4}$，kg·m^2；K_{rot} 为转动惯量调整系数；D，L 为几何尺寸，mm；ρ_8 为电机转子材料的密度，t/mm^3。

(4) 其余组合体的密度 ρ_9

除上述各列曲柄销、飞轮、电机转子之外的轴系其他结构均采用结构钢材料，因此这部分组合体材料的密度均为钢材的密度，如式(3-8) 所示。

$$\rho_9=\rho\times 10^{-12} \tag{3-8}$$

式中，ρ 为钢制材料的密度，kg/m^3；ρ_9 为材料的密度，t/mm^3。

3.3.2.2 各组合体材料属性的定义

各组合体材料的弹性模量 E、泊松比 ν 和密度 ρ 等参数的设定如图 3-31 所

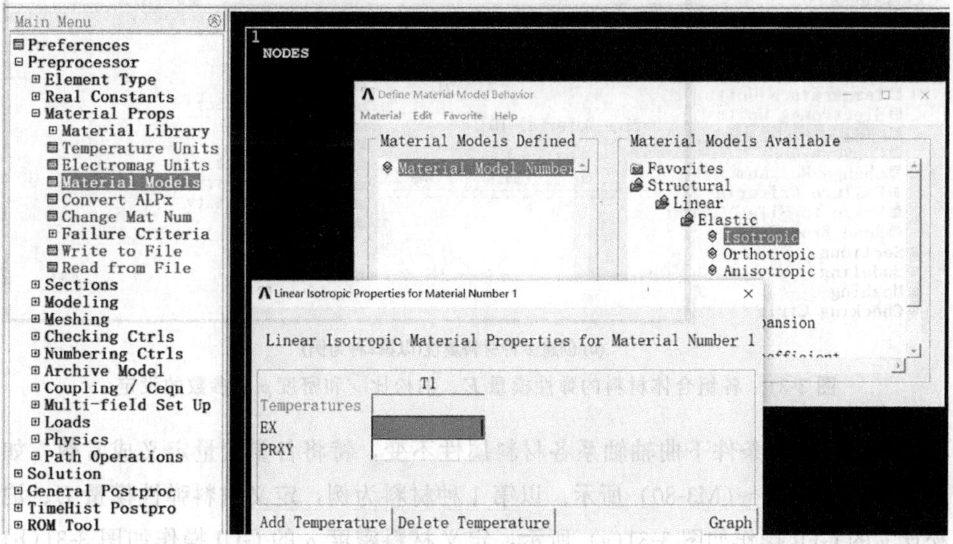

(a) 定义材料的弹性模量E及泊松比ν

图 3-31

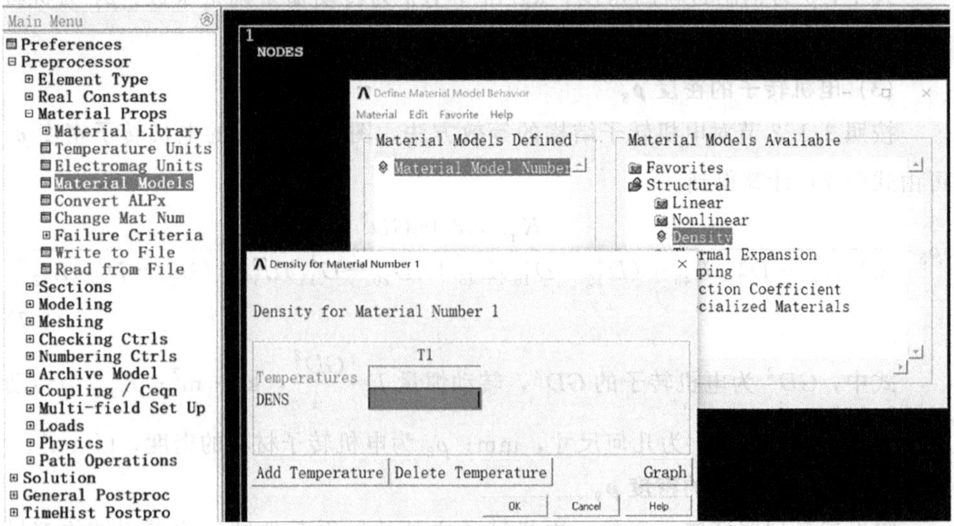

(b) 定义材料的密度ρ

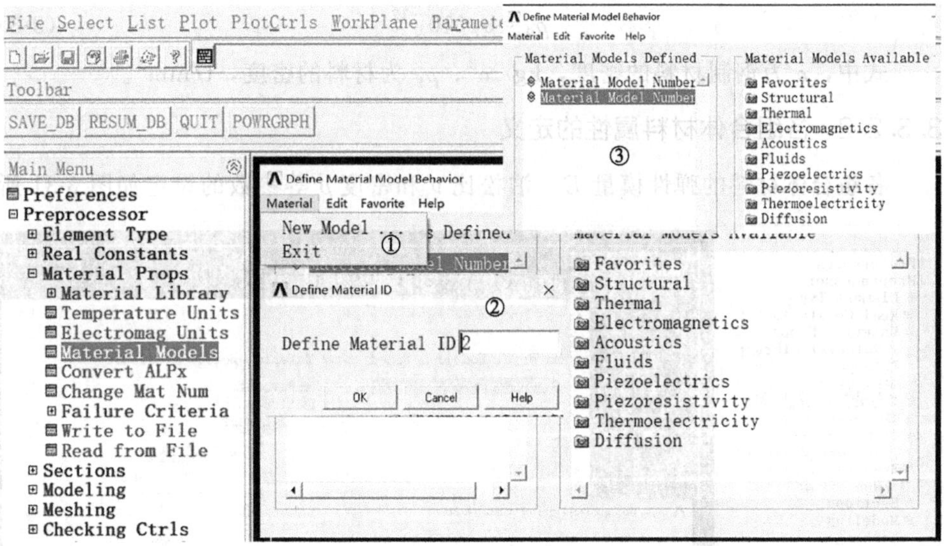

(c) 创建多种材料属性(以第2种为例)

图 3-31 各组合体材料的弹性模量 E、泊松比 ν 和密度 ρ 等参数的设定

示。考虑到工作条件下曲轴轴系各材料属性不变，特将各参变量定义成常数，如命令流（M3-78)～(M3-80）所示。以第 1 种材料为例，定义材料弹性模量 E、泊松比 ν 的 GUI 操作如图 3-31(a）所示，定义材料密度 ρ 的 GUI 操作如图 3-31(b）所示。下面以创建第 2 种材料属性为例介绍创建多种材料属性的操作。首先如

图 3-31(c) 所示创建第 2 种材料，然后按照创建第 1 种材料属性的方法创建材料属性即可。为 3.3.1 节定义的单元类型 1 创建第 i 种材料属性的通用命令流如(M3-81)～(M3-85) 所示。按照 3.3.2.1 节中 9 种材料密度的计算方法，可分别计算出命令（M3-85）中的 rou_i，即 rou_i=ρ_i。按照该通用命令流对轴系有限元网格划分所用到的 9 种材料（$i=1\sim9$）进行属性定义，具体定义方法详见 3.3.3.3 节相关内容。

```
*SET,P_DENS,7850          !*为密度参变量 P_DENS 赋值;          (M3-78)
*SET,P_PRXY,0.3           !*为泊松比参变量 P_PRXY 赋值;        (M3-79)
*SET,P_ex,2.1E+005        !*为弹性模量参变量 P_ex 赋值;        (M3-80)
```

定义第 i 种材料属性的命令流如下：

```
MPTEMP,,,,,,,,                                                  (M3-81)
MPTEMP,1,0                !*为第 1 种单元类型定义第 i 种材料属性;  (M3-82)
MPDATA,EX,i,,P_ex         !*定义第 i 种材料的弹性模量为 P_ex;      (M3-83)
MPDATA,PRXY,i,,P_PRXY     !*定义第 i 种材料的泊松比为 P_PRXY;      (M3-84)
MPDATA,DENS,i,,rou_i      !*定义第 i 种材料的密度为 rou_i。        (M3-85)
```

3.3.3 轴系有限元网格划分

利用 ANSYS 软件绘制的轴系几何模型是由关键点、线、面和体 4 种不同的元素组成的，然而，在轴系有限元分析过程中，所需的元素只能是赋予特定属性的单元和节点，此外，无论是在结构的变形、位移还是应力等方面，同样都是针对单元和节点定义的，因此，在进行轴系有限元分析之前必须对几何模型进行有限元网格的划分。

3.3.3.1 组合体网格划分的控制

轴系有限元网格划分是对图 3-24 所示的 45 个不同形状和大小的单元体进行操作。根据各单元体的体积及工程实践中轴系的应力分布情况，为了节省计算机资源及尽量满足轴系有限元分析的计算精度，在网格大小的选取上通常要细化重点分析部位的网格，而那些应力值比较小、结构不太重要部位的网格可以适当粗化。因此，应该根据轴系计算模型的规模及计算机配置等因素控制组合体网格划分的大小。本书将图 3-24 中 45 个组合体的网格大小分成了 6 种，将各列主轴承[图 (a)、(m)、(o)、(aa)、(ac)、(ao) 等] 的网格大小定义成参变量 ESIZE_

Mainshift，将各列曲柄销［图（e）、(i)、(s)、(w)、(ag)、(ak) 等］的网格大小定义成参变量 ESIZE_CrankPIN，将列间连接轴［图（n)、(ab)、(ap) 等］的网格大小定义成参变量 ESIZE_ConnectShift，将电机轴［图（ar)］的网格大小定义成参变量 ESIZE_MotorShift，将飞轮［图（aq)］和电机转子［图（as)］的网格大小定义成参变量 ESIZE_Rotor，将其余部分的网格大小定义成参变量 ESIZE_Crank。控制组合体网格参变量初值赋值的命令流如（M3-86)～(M3-91）所示，控制飞轮和电机转子转动惯量系数赋值的命令流如（M3-92)、(M3-93）所示。

```
*SET,ESIZE_CrankPIN,40                                  (M3-86)
*SET,ESIZE_Mainshift,50                                 (M3-87)
*SET,ESIZE_ConnectShift,80                              (M3-88)
*SET,ESIZE_MotorShift,100                               (M3-89)
*SET,ESIZE_Rotor,150                                    (M3-90)
*SET,ESIZE_Crank,50                                     (M3-91)
*SET,KFL,1                                              (M3-92)
*SET,KROT,1                                             (M3-93)
```

3.3.3.2 组合体网格的划分

如 3.2.3 节所述，当采用同一组 APDL 命令流去创建拓扑结构相同的其他机型轴系几何建模时，由于部分曲轴结构尺寸的改变，可能使同一结构的体号发生改变。因此，组合体网格划分时，各单元体的体号应采用参变量。组合体网格划分的通用命令流可按下列结构进行设计。

(1) 组合体的网格划分 (*j*, *i*, ESIZE_NAME, *m*, *n*, VV1, …, VV*n*)

```
TYPE,j                         !*j 表示第几种单元类型;
MAT,i                          !*i 表示第几种材料属性;
REAL,
ESYS,0
SECNUM,
ESIZE,ESIZE_NAME,0,            !*ESIZE_NAME 表示网格大小参变量;
FLST,5,m,6,ORDE,n              !*m 为被划分网格的单元体的总数量,n 为下面"FITEM,
                                 5,**"的总行数;
FITEM,5,VV1 ┐
FITEM,5,VV2 │
  ⋮         ├总计 n 行         !*VV1 为被划分网格的单元体的体号参变量。
FITEM,5,VVn ┘
```

```
CM,_Y,VOLU
VSEL,,,,P51X
CM,_Y1,VOLU
CHKMSH,'VOLU'
CMSEL,S,_Y
VMESH,_Y1
CMDELE,_Y
CMDELE,_Y1
CMDELE,_Y2
```

(2) 应用实例

现分别以对单个体和多个体进行网格划分为例，介绍上述组合体网格划分的基本方法。关于对单个体进行网格划分，本书以图 3-24(a) 所示的单元体进行介绍。由本章前面讲述的内容可知，其单元类型为 1，密度为 ρ_9，网格大小参变量为 ESIZE_Mainshift，$m=1$，$n=1$，被网格划分的单元体的体号参变量为 v1。因此，其网格划分的表达式为组合体的网格划分（1，9，ESIZE_Mainshift，1，1，v1）。关于对多个体进行网格划分，本书以图 3-24(b)～(d) 所示的 3 个单元体进行介绍。同样，由本章前面讲述的内容可得到这三个单元体网格划分的表达式为组合体的网格划分（1，9，ESIZE_Crank，3，3，v2，v3，v4）。

组合体的网格划分（1，9，ESIZE_Mainshift，1，1，v1）的命令流如 (M3-94)～(M3-110) 所示，GUI 操作如图 3-32 所示。组合体的网格划分（1，9，ESIZE_Crank，3，3，v2，v3，v4）与组合体的网格划分（1，9，ESIZE_Mainshift，1，1，v1）基本一致，只需把命令流（M3-100）、（M3-101）更换成命令流（M3-111）～(M3-114) 即可。同样地，把图 3-32 中的 v1 替换成 v2、v3、v4 就是其 GUI 操作。

① 组合体的网格划分（1，9，ESIZE_Mainshift，1，1，v1）。

```
TYPE,1                       !*j 表示第几种单元类型;              (M3-94)
MAT,9                        !*i 表示第几种材料属性;              (M3-95)
REAL,                                                              (M3-96)
ESYS,0                                                             (M3-97)
SECNUM,                                                            (M3-98)
ESIZE,ESIZE_Mainshift,0,  !*ESIZE_Mainshift 表示网格大小参变量;   (M3-99)
FLST,5,1,6,ORDE,1            !*m=1,n=1;                           (M3-100)
```

```
FITEM,5,v1        !* VV1=v1,VV1 为被划分网格的单元体的体号参变量。    (M3-101)
CM,_Y,VOLU                                                          (M3-102)
VSEL,,,,P51X                                                        (M3-103)
CM,_Y1,VOLU                                                         (M3-104)
CHKMSH,'VOLU'                                                       (M3-105)
CMSEL,S,_Y                                                          (M3-106)
VMESH,_Y1                                                           (M3-107)
CMDELE,_Y                                                           (M3-108)
CMDELE,_Y1                                                          (M3-109)
CMDELE,_Y2                                                          (M3-110)
```

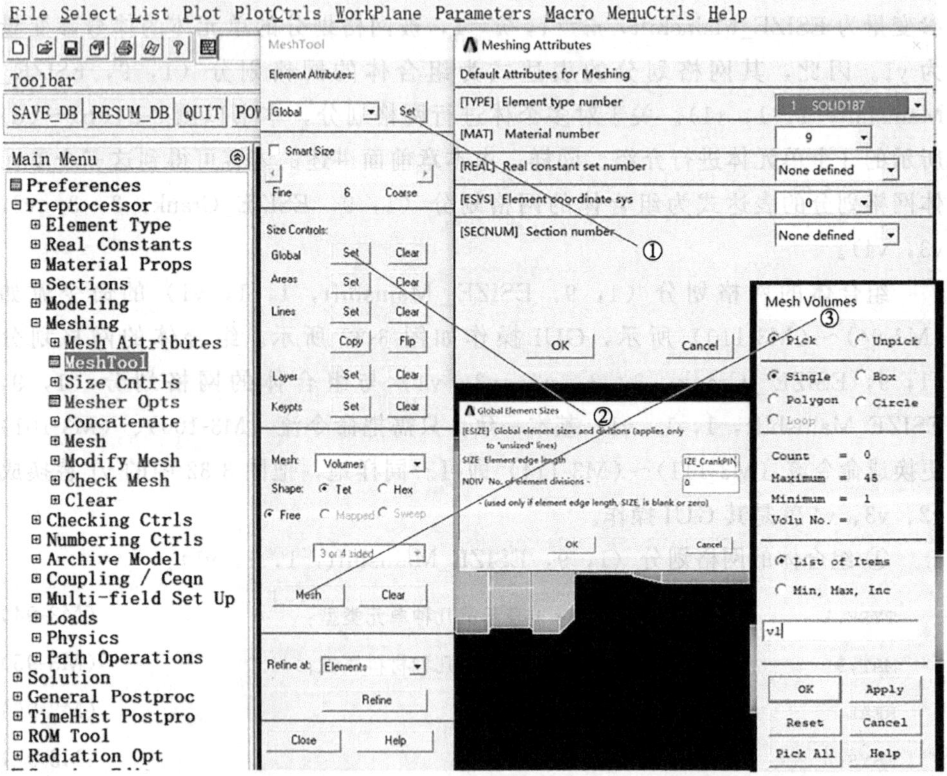

图 3-32　组合体的网格划分（1，9，ESIZE_Mainshift，1，1，v1）的过程

② 组合体的网格划分（1，9，ESIZE_Crank，3，3，v2，v3，v4）。

```
TYPE,1                  !* j 表示第几种单元类型;
MAT,9                   !* i 表示第几种材料属性;
REAL,
ESYS,0
SECNUM,
ESIZE,ESIZE_Crank,0,    !* ESIZE_Crank 表示网格大小参变量;
FLST,5,3,6,ORDE,3       !* m=3,n=3;                                  (M3-111)
FITEM,5,v2              !* VV1=v2,VV1 为被划分网格的单元体的体号参变量;     (M3-112)
FITEM,5,v3              !* VV2=v3,VV2 为被划分网格的单元体的体号参变量;     (M3-113)
FITEM,5,v4              !* VV3=v4,VV3 为被划分网格的单元体的体号参变量。    (M3-114)
CM,_Y,VOLU
VSEL,,,,P51X
CM,_Y1,VOLU
CHKMSH,'VOLU'
CMSEL,S,_Y
VMESH,_Y1
CMDELE,_Y
CMDELE,_Y1
CMDELE,_Y2
```

3.3.3.3 轴系有限元模型的构建

现在以命令流的方式介绍轴系有限元模型构建的方法和基本过程。往复式压缩机轴系有限元模型的构建主要包括单元类型的选择、材料属性的定义、网格划分等内容。轴系有限元模型如图 3-33 所示。组成该命令流的内容如下：

```
/PREP7                     !* 开始执行 Preprocessor(前处理)命令;
par6Mv                     !* 读入 Par6Mv.mac 文件定义的所有参数;
*SET,pi,3.1415926          !* 定义 π 的值;
*SET,P_DENS,7850           !* 定义密度的参数值;
*SET,P_PRXY,0.3            !* 定义泊松比的参数值;
*SET,P_ex,2.1E+005         !* 定义弹性模量的参数值;
ET,1,SOLID187              !* 定义第 1 种单元类型为 SOLID187。
!* 定义第 1 种材料的属性(第 1 列曲柄销)
MPTEMP,,,,,,,,
```

```
MPTEMP,1,0
MPDATA,EX,1,,P_ex
MPDATA,PRXY,1,,P_prxy
MPTEMP,,,,,,,,
MPTEMP,1,0
MPDATA,DENS,1,,P_DENS*1E-12*(1+(CM1/2+CRRM)/(((PI/4)*D3*D3*L4+2*
PI*AR1*AR1*(AR1*5/3+D3-(PI/4)*(2*AR1+D3)))*P_DENS*1E-9))
!*定义第2种材料的属性(第2列曲柄销)
MPTEMP,,,,,,,,
MPTEMP,1,0
MPDATA,EX,2,,P_ex
MPDATA,PRXY,2,,P_prxy
MPTEMP,,,,,,,,
MPTEMP,1,0
MPDATA,DENS,2,,P_DENS*1E-12*(1+(CM2/2+CRRM)/(((PI/4)*D3*D3*L4+2*
PI*AR1*AR1*(AR1*5/3+D3-(PI/4)*(2*AR1+D3)))*P_DENS*1E-9))
!*定义第3种材料的属性(第3列曲柄销)
MPTEMP,,,,,,,,
MPTEMP,1,0
MPDATA,EX,3,,P_ex
MPDATA,PRXY,3,,P_prxy
MPTEMP,,,,,,,,
MPTEMP,1,0
MPDATA,DENS,3,,P_DENS*1E-12*(1+(CM3/2+CRRM)/(((PI/4)*D3*D3*L4+2*
PI*AR1*AR1*(AR1*5/3+D3-(PI/4)*(2*AR1+D3)))*P_DENS*1E-9))
!*定义第4种材料的属性(第4列曲柄销)
MPTEMP,,,,,,,,
MPTEMP,1,0
MPDATA,EX,4,,P_ex
MPDATA,PRXY,4,,P_prxy
MPTEMP,,,,,,,,
MPTEMP,1,0
MPDATA,DENS,4,,P_DENS*1E-12*(1+(CM4/2+CRRM)/(((PI/4)*D3*D3*L4+2*
```

```
PI * AR1 * AR1 * (AR1 * 5/3+D3-(PI/4) * (2 * AR1+D3))) * P_DENS * 1E-9))
    !* 定义第 5 种材料的属性(第 5 列曲柄销)
    MPTEMP,,,,,,,,
    MPTEMP,1,0
    MPDATA,EX,5,,P_ex
    MPDATA,PRXY,5,,P_prxy
    MPTEMP,,,,,,,,
    MPTEMP,1,0
    MPDATA,DENS,5,,P_DENS * 1E-12 * (1+(CM5/2+CRRM)/(((PI/4) * D3 * D3 * L4+2 *
PI * AR1 * AR1 * (AR1 * 5/3+D3-(PI/4) * (2 * AR1+D3))) * P_DENS * 1E-9))
    !* 定义第 6 种材料的属性(第 6 列曲柄销)
    MPTEMP,,,,,,,,
    MPTEMP,1,0
    MPDATA,EX,6,,P_ex
    MPDATA,PRXY,6,,P_prxy
    MPTEMP,,,,,,,,
    MPTEMP,1,0
    MPDATA,DENS,6,,P_DENS * 1E-12 * (1+(CM6/2+CRRM)/(((PI/4) * D3 * D3 * L4+2 *
PI * AR1 * AR1 * (AR1 * 5/3+D3-(PI/4) * (2 * AR1+D3))) * P_DENS * 1E-9))
    !* 定义第 7 种材料的属性(为飞轮的密度,并考虑飞轮转动惯量可调)
    MPTEMP,,,,,,,,
    MPTEMP,1,0
    MPDATA,EX,7,,P_ex
    MPDATA,PRXY,7,,P_prxy
    MPTEMP,,,,,,,,
    MPTEMP,1,0
    MPDATA,DENS,7,,KFL * P_DENS * 1E-12
    !* 定义第 8 种材料的属性(为电机转子的密度,考虑转子转动惯量可调)
    MPTEMP,,,,,,,,
    MPTEMP,1,0
    MPDATA,EX,8,,P_ex
    MPDATA,PRXY,8,,P_prxy
    MPTEMP,,,,,,,,
```

```
MPTEMP,1,0
DDDD1=(D26*D26*D26*D26-D21*D21*D21*D21)*L45
DDDD2=(D15*D15*D15*D15-D16*D16*D16*D16)*L45
DDDD3=(D20*D20*D20*D20-D15*D15*D15*D15)*L36
DDDD4=(D21*D21*D21*D21-D20*D20*D20*D20)*L42
DDDD=DDDD1+DDDD2+DDDD3+DDDD4
MPDATA,DENS,8,,KROT*8000*CGDD/(DDDD*PI)
!*定义第 9 种材料的属性(为钢材的密度)
MPTEMP,,,,,,,,
MPTEMP,1,0
MPDATA,EX,9,,P_ex
MPDATA,PRXY,9,,P_prxy
MPTEMP,,,,,,,,
MPTEMP,1,0
MPDATA,DENS,9,,P_DENS*1E-12
!*第 1 列主轴承的网格划分[图 3-6(a)]
组合体的网格划分(1,9,ESIZE_Mainshift,1,1,v1)
!*第 1、2 列左曲拐的网格划分(包括 L2 凸台)[图 3-6(b)~(d)]
组合体的网格划分(1,9,ESIZE_Crank,3,3,v2,v3,v4)
!*第 1 列曲柄销的网格划分[图 3-6(e)]
组合体的网格划分(1,1,ESIZE_CrankPIN,1,1,v5)
!*第 1、2 曲轴中拐的网格划分(包括 L2 凸台)[图 3-6(f)~(h)]
组合体的网格划分(1,9,ESIZE_Crank,3,3,v6,v7,v8)
!*第 2 列曲柄销的网格划分
组合体的网格划分(1,2,ESIZE_CrankPIN,1,1,v9)
!*第 1、2 列右曲拐的网格划分(包括 L2 凸台)
组合体的网格划分(1,9,ESIZE_Crank,3,3,v10,v11,v12)
!*第 2 列主轴承的网格划分
组合体的网格划分(1,9,ESIZE_Mainshift,1,1,v13)
!*第 2、3 列主轴承中间连接轴的网格划分
组合体的网格划分(1,9,ESIZE_ConnectShift,1,1,v14)
!*第 3 列主轴承的网格划分
组合体的网格划分(1,9,ESIZE_Mainshift,1,1,v15)
```

```
!* 第 3、4 列左曲拐的网格划分(包括 L2 凸台)
组合体的网格划分(1,9,ESIZE_Crank,3,3,v16,v17,v18)
!* 第 3 列曲柄销的网格划分
组合体的网格划分(1,3,ESIZE_CrankPIN,1,1,v19)
!* 第 3、4 列曲轴中拐的网格划分(包括 L2 凸台)
组合体的网格划分(1,9,ESIZE_Crank,3,3,v20,v21,v22)
!* 第 4 列曲柄销的网格划分
组合体的网格划分(1,4,ESIZE_CrankPIN,1,1,v23)
!* 第 3、4 列右曲拐的网格划分(包括 L2 凸台)
组合体的网格划分(1,9,ESIZE_Crank,3,3,v24,v25,v26)
!* 第 4 列主轴承的网格划分
组合体的网格划分(1,9,ESIZE_Mainshift,1,1,v27)
!* 第 4、5 列主轴承中间连接轴的网格划分
组合体的网格划分(1,9,ESIZE_ConnectShift,1,1,v28)
!* 第 5 列主轴承的网格划分
组合体的网格划分(1,9,ESIZE_Mainshift,1,1,v29)
!* 第 5、6 列左曲拐的网格划分(包括 L2 凸台)
组合体的网格划分(1,9,ESIZE_Crank,3,3,v30,v31,v32)
!* 第 5 列曲柄销的网格划分
组合体的网格划分(1,5,ESIZE_CrankPIN,1,1,v33)
!* 第 5、6 列曲轴中拐的网格划分(包括 L2 凸台)
组合体的网格划分(1,9,ESIZE_Crank,3,3,v34,v35,v36)
!* 第 6 列曲柄销的网格划分
组合体的网格划分(1,6,ESIZE_CrankPIN,1,1,v37)
!* 第 5、6 列右曲拐的网格划分(包括 L2 凸台)
组合体的网格划分(1,9,ESIZE_Crank,3,3,v38,v39,v40)
!* 第 6 列主轴承的网格划分
组合体的网格划分(1,9,ESIZE_Mainshift,1,1,v41)
!* 曲轴驱动端的网格划分
组合体的网格划分(1,9,ESIZE_ConnectShift,1,1,v42)
!* 飞轮结构的网格划分
组合体的网格划分(1,7,ESIZE_Rotor,1,1,v43)
!* 电机轴的网格划分
```

```
组合体的网格划分(1,9,ESIZE_Motorshift,1,1,v44)
!* 电机转子的网格划分
组合体的网格划分(1,8,ESIZE_Rotor,1,1,v45)
```

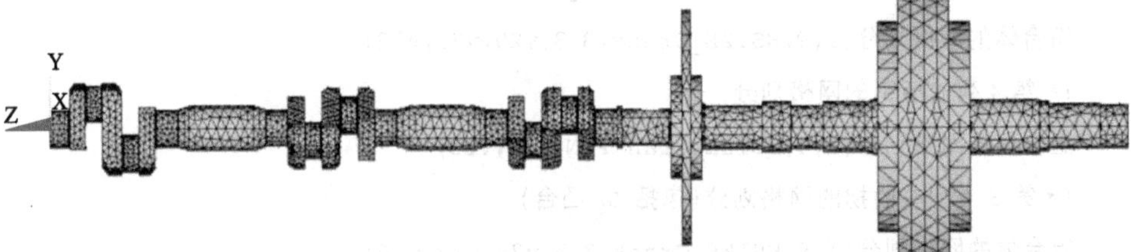

图 3-33 轴系有限元模型

3.3.3.4 有限元模型节点检查与调整

曲轴轴系有限元模型的规模是由节点数和单元数决定的。受计算精度的影响，节点数量不宜过少，否则可能导致计算结果不准确；节点数量过多时，对计算机内存及硬件的要求过高，可能导致无法进行求解，或者求解需要太长的计算时间。因此，完成建模后需要查看节点的总数量，以确定网格划分是否适当。如果不适当，则应根据需要重新进行轴系的网格划分。曲轴轴系有限元网格划分后，可以利用命令（M3-115）将模型的总节点数赋给参变量 TOL_NODES。在图 3-34(a) 所示的下拉列表中可查询 TOL_NODES 的赋值（TOL_NODES=86006）。对于普通配置 8G 内存的计算机而言，通常控制模型的总节点数在 10 万左右，具体数量的选取，可根据计算机的配置而定。如果想减少节点数量，需要适当增大命令流（M3-86）～(M3-91）中的参变量；如果想增加节点数量，则需要减小这些参变量。需要强调的是，调整控制组合体网格划分的参变量需要在轴系几何建模之后、网格划分之前完成，具体修改方法详见图 3-34(b)。完成网格划分参变量的调整后，再次对轴系进行网格划分，并利用上述方法检查节点数量，经过多次调整，最终可使曲轴轴系有限元模型满足计算需要。如果按图 3-34(b) 将 ESIZE_CrankPINE、SIZE_Mainshift 参数由原来的 40 和 50 修改为 30，重新完成网格划分后，TOL_NODES 的赋值将增加至 112723（采用不同版本的 ANSYS 软件，节点总数略有差异）。

```
*GET,TOL_NODES,NODE,,COUNT,,,,                                    (M3-115)
```

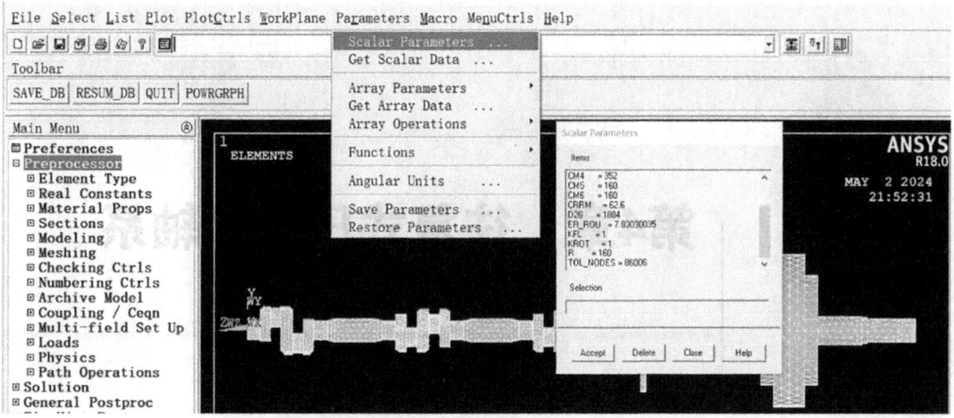

(a) 有限元模型总节点数TOL_NODES的查询

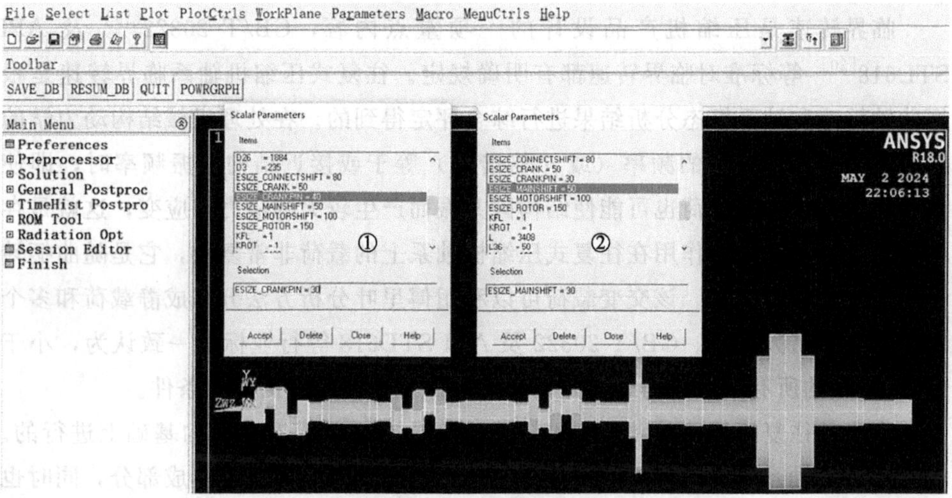

(b) 网格划分控制参数的修改

图 3-34　曲轴轴系各参变量的查询及修改

第4章 往复式压缩机轴系临界转速计算

临界转速是压缩机产品设计的一项重点内容，GB/T 20322[19] 及 API STD618[20] 等标准对临界转速都有明确规定。往复式压缩机轴系临界转速是根据曲轴转速和轴系模态分析结果进行综合评定得到的。在处理机械结构动力学的问题上，若交变载荷的频率（或 n 倍谐频）等于或接近结构自振频率时，即使是幅值较小的谐频载荷也可能使结构因共振而产生较大的应力和应变，这就是存在共振的最大危害。作用在往复式压缩机轴系上的载荷非常复杂，它是随曲柄转角而变化的交变载荷。该交变载荷可以利用傅里叶分析方法分解成静载荷和多个不同谐次的谐频载荷。GB/T 20322 及 API STD618 等行业标准一致认为，小于等于 10 次的所有谐频载荷，都是引发轴系出现扭转共振的基本条件。

本章的往复式压缩机轴系临界转速计算是在轴系模态分析的基础上进行的。模态分析是轴系动力学分析的基础，是轴系动力学特性的重要组成部分，同时也是利用模态叠加法进行轴系动态响应分析的前提条件。往复式压缩机轴系扭转振动分析与研究包括三个层次的内容：一是曲轴静力学的分析与研究，即研究曲轴承受静态载荷产生扭转振动的问题；二是轴系模态分析，即研究轴系惯性载荷引起自由振动的问题；三是轴系动态响应分析，即研究轴系承受交变载荷产生强迫扭转振动的问题，包括轴系谐响应分析和轴系瞬态响应分析。轴系模态分析可以获得轴系固有频率和模态振型，轴系谐响应分析可以获得轴系节点应力、振幅等随压缩机曲轴转速变化的规律，轴系瞬态响应分析可以获得轴系各节点应力、振幅等随时间变化的规律。轴系模态分析和谐响应分析是设计轴系结构尺寸与选择曲轴转速的依据，曲轴静力学分析与轴系瞬态响应分析是进行轴系结构设计、压缩机故障诊断等的理论依据。其中轴系瞬态响应分析考虑轴系共振对应力和变形的影响，曲轴静力学分析仅适用于轴系不存在共振时的强度校核。本章主要介绍往复式压缩机曲轴轴系模态分析和临界转速的计算，轴系动态响应分析及静力学分析将在第 5 章详细介绍。

4.1 轴系模态分析

模态分析是确定结构或部件振动特性的一种常用分析方法，可以获得结构的各种振动模态及对应的振动频率。模态分析结果是承受动载荷结构设计的重要参数，也是谐响应分析、瞬态响应分析、谱分析等动力学结构分析的基础。本节的往复式压缩机轴系模态分析完成了两方面的重要内容：一是求解轴系扭转、弯曲及弯扭组合等振动特性；二是为往复式压缩机轴系进行谐响应、瞬态响应等动态响应计算提供模态振型文件。从 1.4.2 节对 ANSYS 软件的功能介绍来看，结构模态分析中唯一有效的载荷是零位移约束，唯一可用的载荷步选项是阻尼。当采用模态叠加法进行瞬态结构动力学分析时，如阻尼、转速这类单元载荷必须在模态分析中进行施加。考虑到本书的轴系扭转振动计算采用模态叠加法，因此，在往复式压缩机轴系模态求解之前还需定义轴系的材料阻尼及转速。

按照 ANSYS 软件结构分析的基本流程，往复式压缩机轴系的模态分析包括轴承约束的定义、模态分析方法的设定、模态的求解、模态分析结果的获取等内容。综合考虑压缩机轴系后续采用模态叠加法进行谐响应和瞬态响应分析的需求，在轴系模态分析求解前还要进行节点坐标系的转化、阻尼和转速等单元载荷的施加等基本操作。

4.1.1 节点坐标系的转化及轴承约束的定义

有限元分析模型是由若干个单元和节点组成的，同时每个单元和节点都有自己的坐标系。第 3 章构建的有限元分析模型也是如此，当前轴系各单元和节点依然保持创建时的总体笛卡儿坐标系。利用 ANSYS 软件在轴系不同位置定义位移约束、施加力或转矩等载荷时，通常都是直接施加在不同位置的各节点上。在轴系扭转振动计算过程中，轴系各主轴承支撑处都要施加位移约束；在轴系谐响应、瞬态响应及静力学分析中，轴系各列曲柄销处需要施加连杆力，电机转子处需要施加驱动转矩或固定约束等。根据各种约束、作用力所需节点方向的特点，需要分别对这些部位的节点坐标系进行转化，以满足施加载荷和位移约束必备的条件。图 4-1 为施加了轴承位移约束、曲柄销受到连杆载荷、电机转子受到驱动转矩的轴系有限元模型，图 4-2 为节点坐标系转化后的节点方向。图 4-1 中，

①～⑧是在轴系施加的径向位移约束，节点方向如图 4-2(a) 所示；Ⅰ～Ⅵ是在轴系各列曲柄销位置施加的连杆力（连杆力可分解成 X、Y 方向，X 方向为切向力，Y 为径向力），节点方向如图 4-2(b) 所示；“驱动转矩”是谐响应分析或瞬态响应分析施加在电机转子上的驱动力矩，节点方向如图 4-2(c) 所示。

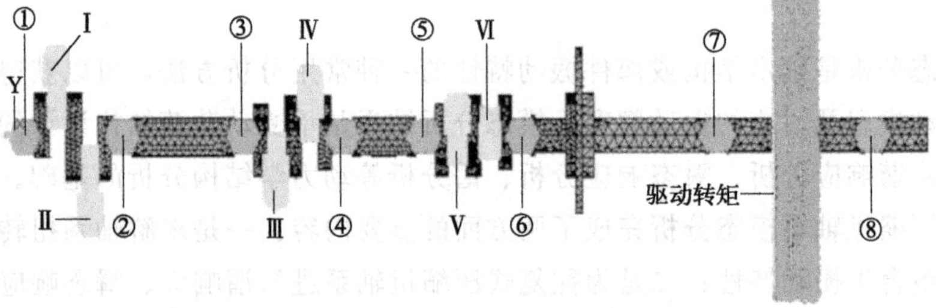

图 4-1　施加约束与载荷的轴系有限元模型

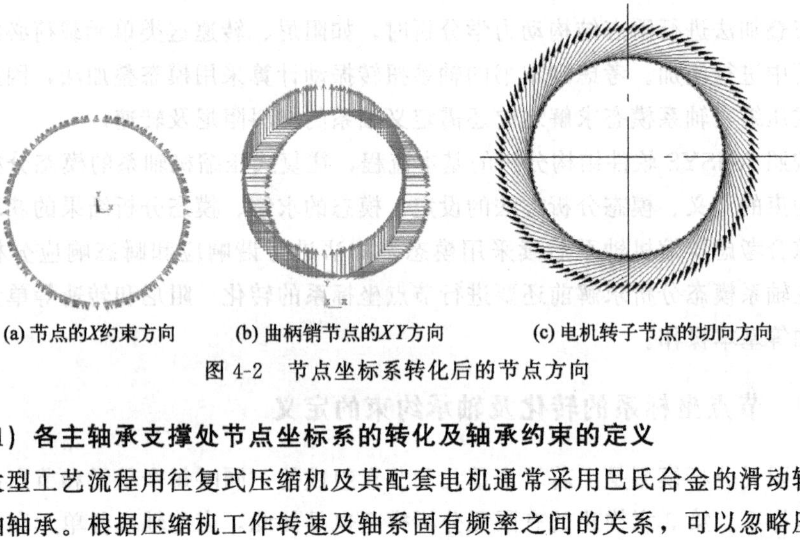

(a) 节点的X约束方向　(b) 曲柄销节点的XY方向　(c) 电机转子节点的切向方向

图 4-2　节点坐标系转化后的节点方向

(1) 各主轴承支撑处节点坐标系的转化及轴承约束的定义

大型工艺流程用往复式压缩机及其配套电机通常采用巴氏合金的滑动轴承作为主轴轴承。根据压缩机工作转速及轴系固有频率之间的关系，可以忽略压缩机轴承处的油膜振荡对系统扭转振动的影响。因此，可以将曲轴轴系的轴承支撑部位简化成刚性约束，即曲轴轴系可在各主轴承支撑处自由转动。工程经验表明，该简化方法能够满足工程设计的需要。在 ANSYS 软件经典环境下定义轴系各主轴承支撑处自由转动，可以通过定义该处节点的位移来实现。考虑到这些节点允许沿主轴颈的切向和轴向自由运动，因此，可以利用 1.4.4.3 节和 1.4.4.5 节介绍的方法激活柱坐标系，并将各列主轴颈表面关联的所有节点旋转到该柱坐标系下，从而使这些节点能够满足定义轴承约束的条件。各主轴承支撑处节点坐标系的转化命令流如（M4-1）～（M4-3）所示，其中命令（M4-1）是激活柱坐标系，命令（M4-2）是一个自定义模块（对应文件 DU6M _ BD. mac），其功能是选取各主轴承支撑处的所有节点，命令（M4-3）是将所选节点的坐标系旋转成柱坐标系。命令（M4-1）的具体操作可参见 1.4.4.3 节和 1.4.4.5 节相关内容。自定义模块 DU6M _ BD. mac 中的命令流可以由图 4-3 中的三步 GUI 操作（Utility Menu/Select/Entities）生成：一是选取轴系各轴承约束处的 32 个面，如图（a）所示，首先在图框 Select Entities①内分别选择 Areas、By Num/Pick，然后单击 OK 弹出图框 Select areas，利用鼠标依次选取所有的面，最后单击 OK 弹出图框 Select Entities③并生成命令流（M4-5）及后续的 26 行；二是关联 32 个面上的所有节点，如图（a）所示，在图框 Select Entities③内分别选择 Nodes、Atached to，单击 OK 可生成命令（M4-6）；三是列出 32 个面上的所有节点，如图（b）所示，单击图框 Rotate Nodes into CS 中的 Pick All，可在 log 文件中生成命令流（M4-7）及后续的 102 行，同时也生成了命令（M4-3）。

完成轴承支撑处节点坐标系的转化后，可直接调用 DU6M_BD. mac 选取轴承位置的节点并进行轴承约束的定义。定义轴承约束的命令如（M4-4）所示，对所选节点施加 X 方向的位移约束，即 UX=0。其 GUI 操作如图 4-4 所示，轴承约束的图形显示如图 4-2(a) 所示。

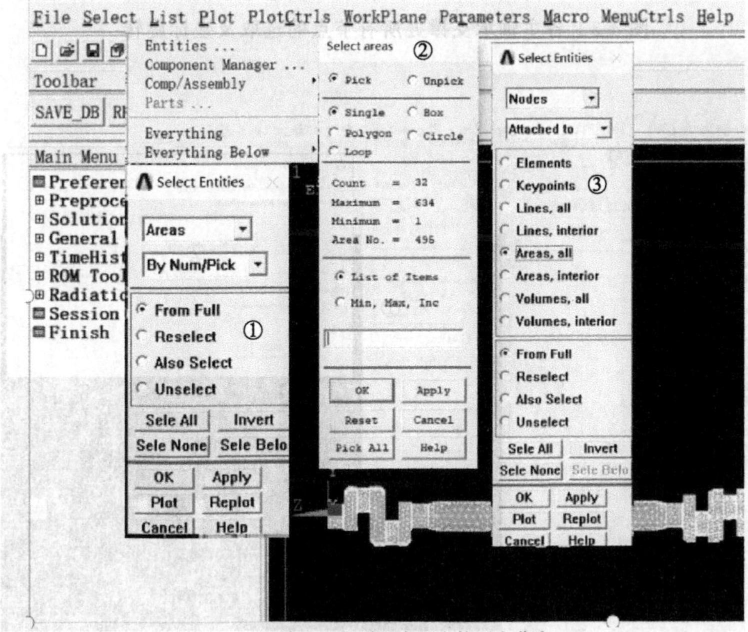

(a) 选取及关联32个面上的所有节点

图 4-3

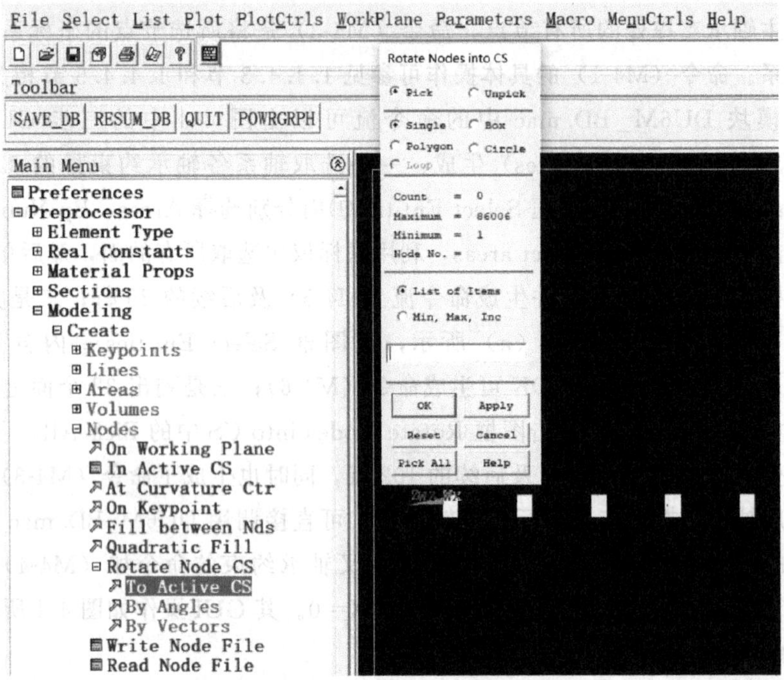

(b) 列出32个面上的所有节点并进行旋转

图 4-3　各主轴承支撑处所有节点的选取及坐标旋转

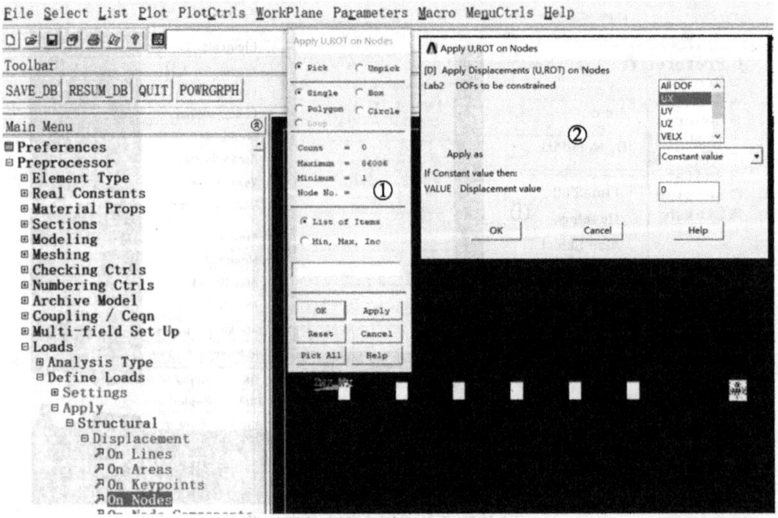

图 4-4　往复式压缩机轴系轴承约束的定义

```
CSYS,1                  !* 激活柱坐标系,即当前坐标系为柱坐标系;        (M4-1)
DU6M_BD                                                                 (M4-2)
NROTAT,P51X             !* 将柱坐标系转到上述所选节点上;                (M4-3)
ALLSEL,ALL              !* 此步不能省略;
DU6M_BD                 !* 此步不能省略;
D,P51X,,,,,,UX,,,,,                                                     (M4-4)
ALLSEL,ALL              !* 全部选择。
```

下列命令流是 DU6M_BD. mac 文件中的全部内容。

```
FLST,5,32,5,ORDE,25                                                     (M4-5)
FITEM,5,44              !* 44、48、50、52 为第 1 列轴承处的面号;
FITEM,5,48
FITEM,5,50
FITEM,5,52
FITEM,5,66              !* 66、68、69、71 为第 2 列轴承处的面号;
FITEM,5,68
FITEM,5,-69
FITEM,5,71
FITEM,5,124             !* 124、127、128、146 为第 3 列轴承处的面号;
FITEM,5,127
FITEM,5,-128
FITEM,5,146
FITEM,5,163             !* 163、165、166、168 为第 4 列轴承处的面号;
FITEM,5,165
FITEM,5,-166
FITEM,5,168
FITEM,5,193             !* 193、195、196、197 为第 5 列轴承处的面号;
FITEM,5,195
FITEM,5,-197
FITEM,5,477             !* 477、478、479、480 为第 6 列轴承处的面号;
FITEM,5,-480
FITEM,5,494             !* 494、495、496、497 为电机轴承 1 处的面号;
FITEM,5,-497
FITEM,5,514             !* 514、515、516、517 为电机轴承 2 处的面号。
FITEM,5,-517
ASEL,S,,,P51X
```

```
NSLA,S,1                                                        (M4-6)
FLST,2,2496,1,ORDE,102                                          (M4-7)
!* 12、14 等 2496 个节点为上述轴承处 32 个面所关联的全部节点号
  FITEM,2,12
  FITEM,2,14
  FITEM,2,-21
  FITEM,2,59
  FITEM,2,-242
  FITEM,2,319
  FITEM,2,-405
  FITEM,2,476
  FITEM,2,-482
  FITEM,2,620
  FITEM,2,-684
  FITEM,2,18325
  FITEM,2,18327
  FITEM,2,-18334
  FITEM,2,18371
  FITEM,2,-18463
  FITEM,2,18465
  FITEM,2,-18472
  FITEM,2,18510
  FITEM,2,-18516
  FITEM,2,18591
  FITEM,2,-18597
  FITEM,2,18634
  FITEM,2,-18709
  FITEM,2,18782
  FITEM,2,-18856
  FITEM,2,19035
  FITEM,2,-19095
  FITEM,2,22386
  FITEM,2,22388
  FITEM,2,-22395
  FITEM,2,22433
  FITEM,2,-22525
```

```
FITEM,2,22527
FITEM,2,-22534
FITEM,2,22554
FITEM,2,-22560
FITEM,2,22599
FITEM,2,-22605
FITEM,2,22624
FITEM,2,-22699
FITEM,2,22776
FITEM,2,-22850
FITEM,2,22997
FITEM,2,-23057
FITEM,2,41049
FITEM,2,41051
FITEM,2,-41058
FITEM,2,41095
FITEM,2,-41187
FITEM,2,41189
FITEM,2,-41196
FITEM,2,41234
FITEM,2,-41240
FITEM,2,41315
FITEM,2,-41321
FITEM,2,41358
FITEM,2,-41433
FITEM,2,41506
FITEM,2,-41580
FITEM,2,41759
FITEM,2,-41819
FITEM,2,45045
FITEM,2,45047
FITEM,2,-45054
FITEM,2,45092
FITEM,2,-45184
FITEM,2,45186
FITEM,2,-45193
```

```
FITEM,2,45213
FITEM,2,-45219
FITEM,2,45258
FITEM,2,-45264
FITEM,2,45283
FITEM,2,-45358
FITEM,2,45435
FITEM,2,-45509
FITEM,2,45656
FITEM,2,-45716
FITEM,2,63572
FITEM,2,63574
FITEM,2,-63581
FITEM,2,63619
FITEM,2,-63626
FITEM,2,63664
FITEM,2,-63671
FITEM,2,63709
FITEM,2,-63715
FITEM,2,63752
FITEM,2,-63934
FITEM,2,63996
FITEM,2,-64132
FITEM,2,70623
FITEM,2,-70646
FITEM,2,70671
FITEM,2,-70874
FITEM,2,72109
FITEM,2,-72132
FITEM,2,72157
FITEM,2,-72180
FITEM,2,72218
FITEM,2,-72389
```

(2) 轴系各列曲柄销处节点坐标系的转化

各列曲柄销承受的载荷是相当复杂的。对于任何一个往复式压缩机来讲，随着压缩机转角的变化，作用在曲柄销上力的大小和方向都在改变，这给曲柄销上作用力的施加带来了很大难度。工程上通常将连杆力分解成垂直于旋转半径方向的切向力和与旋转半径方向一致的径向力［图 4-2(b)］，如此一来，施加连杆力的时候仅需要考虑不同转角下对应的切向力和径向力，而不需要考虑作用力方向的改变（作用力的方向直接由切向力和法向力的合力方向决定）。为了确保各列曲柄销上的节点方向与图 4-2(b) 完全一致，需要将各列曲柄销圆柱面上的所有节点旋转到绘制曲柄销所用的局部坐标系中。对第 1、2 列曲柄销来讲，由于几何模型的绘制与有限元模型的构建都是在总体笛卡儿坐标系 0 下进行的，因此这两列曲柄销上的节点不需要进行坐标系的转化。然而对第 3、4 列曲柄销及第 5、6 列曲柄销而言，由于这两组曲柄销分别在局部坐标系 11、12 中绘制（*XY* 平面分别反向旋转了一个曲柄错角 240°），与创建节点时采用的总体笛卡儿坐标系 0 不相同，因此需要对这两组曲柄销上的节点进行坐标系的转化。

第 3、4 列及第 5、6 列曲柄销处节点坐标系的转化方法与各主轴承支撑处节点坐标系的转化方法完全一致。考虑到不同列曲柄销上施加的载荷不一致，为了与后续加载程序保持格式的一致性，特分别对不同列的曲柄销处节点坐标系进行转化（实际上第 3、4 列或第 5、6 列曲柄销处节点坐标系的转化可以同时进行）。轴系第 3 列曲柄销处节点坐标系转化的命令流为（M4-8）～（M4-10），其中命令（M4-9）与命令（M4-2）类似，也为自定义模块（对应文件 DU6M_FXY3. mac），DU6M_FXY3 用于选取第 3 列曲柄销上的所有节点。另外，命令流（M4-11）～（M4-13）都是自定义模块，DU6M_FXY4 用于选取第 4 列曲柄销上的所有节点，依此类推，DU6M_FXY6 用于选取第 6 列曲柄销上的所有节点。

```
CSYS,11                !* 激活局部坐标系 11;                      (M4-8)
DU6M_FXY3                                                         (M4-9)
NROTAT,P51X            !* 将第 3 列曲柄销处的节点旋转到坐标系 11;  (M4-10)
ALLSEL,ALL             !* 全部选择;
DU6M_FXY4                                                         (M4-11)
NROTAT,P51X            !* 将第 4 列曲柄销处的节点旋转到坐标系 11;
ALLSEL,ALL             !* 全部选择;
CSYS,12                !* 激活局部坐标系 12;
DU6M_FXY5                                                         (M4-12)
NROTAT,P51X            !* 将第 5 列曲柄销处的节点旋转到坐标系 12;
ALLSEL,ALL             !* 全部选择;
```

```
DU6M_FXY6                                                    (M4-13)
NROTAT,P51X                !* 将第 6 列曲柄销处的节点旋转到坐标系 12;
ALLSEL,ALL                 !* 全部选择。
```

下列命令流是 DU6M_FXY3. mac 文件中的全部内容。

```
FLST,5,4,5,ORDE,4
FITEM,5,97  !* 97、101、103、105 为第 3 列曲柄销处的 4 个面号。
FITEM,5,101
FITEM,5,103
FITEM,5,105
ASEL,S,,,P51X
NSLA,S,1
FLST,2,344,1,ORDE,17
!* 27957、27959 等 344 个节点为第 3 列曲柄销 4 个面所关联的全部节点号
FITEM,2,27957
FITEM,2,27959
FITEM,2,-27968
FITEM,2,28016
FITEM,2,-28108
FITEM,2,28110
FITEM,2,-28119
FITEM,2,28158
FITEM,2,-28166
FITEM,2,28243
FITEM,2,-28251
FITEM,2,28289
FITEM,2,-28364
FITEM,2,28457
FITEM,2,-28531
FITEM,2,28746
FITEM,2,-28806
```

(3) 电机转子处节点坐标系的转化

在轴系谐响应分析和瞬态响应分析过程中，电机转子上受到的驱动转矩是在电机转子最外圈节点的切向方向施加的，节点作用力的方向如图 4-2(c) 所示。因此，电机转子外圈处的节点也需要旋转到柱坐标系下。其命令流如 (M4-14)～

(M4-16) 所示，其中命令 (M4-15) 也为自定义模块 (对应文件 DU6M_FXY9. mac)，DU6M_FXY9 用于选取电机转子最外圈上的所有节点。

```
CSYS,1            !*激活柱坐标系,即当前坐标系为柱坐标系;            (M4-14)
DU6M_FXY9                                                              (M4-15)
NROTAT,P51X       !*将柱坐标系转到上述所选节点上;                   (M4-16)
ALLSEL,ALL        !*全部选择。
```

下列命令流是 DU6M _ FXY9. mac 文件中的全部内容。

```
FLST,5,8,5,ORDE,4
FITEM,5,505       !*505~508、510~513 为电机转子外圈的 8 个面号。
FITEM,5,-508
FITEM,5,510
FITEM,5,-513
ASEL,S,,,P51X
NSLA,S,1
FLST,2,816,1,ORDE,8
!*80896~80975、82656~82943 等 816 个节点为电机转子外圈全部节点号
FITEM,2,80896
FITEM,2,-80975
FITEM,2,81240
FITEM,2,-81607
FITEM,2,82376
FITEM,2,-82455
FITEM,2,82656
FITEM,2,-82943
```

4.1.2　模态分析类型的选择及参数设定

模态分析首先要进行分析类型的选择。ANSYS 软件的结构分析模块为轴系扭转振动分析提供了静力学分析 (Structural Static Analysis)、模态分析 (Structural Modal Analysis)、谐响应分析 (Structural Harmonic Analysis) 和瞬态响应分析 (Structural Transient Dynamic Analysis) 等几种分析类型。模态分析“分析类型”的定义如命令 (M4-17) 所示，GUI 操作如图 4-5 所示。命令 (M4-17) 中的数字 2 也可以用 Modal 来代替。Modal 与数字 2 代表同一种分析类型，其他分析类型的数字表示方法详见 ANSYS 软件的帮助文件。

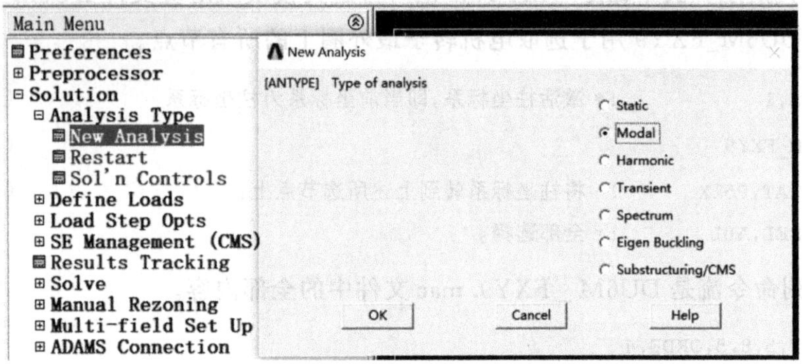

图 4-5 定义模态分析类型

模态分析参数的设定包括模态提取方法的选择及求解方程组类型的确定、模态提取阶数的定义、模态扩展与否的设定、模态扩展数的定义、单元解计算与否的设定、集中质量法近似与否的设定、预应力考虑与否的设定等诸多内容。模态分析参数设定的 GUI 操作如图 4-6 所示。在往复式压缩机轴系扭振的模态分析过程中，提取模态的方法选择 Block Lanczos（该方法的特征值求解器是采用 Lanczos 算法），模态提取的阶数定义为 15 阶（实际中具体定义的阶次要根据计算所需系统最大的固有频率而定）。此两项操作对应 1 个命令，如（M4-18）所示，其 GUI 操作如图 4-6 中①所示。Lanczos 算法是利用一组向量来实现 Lanczos 递归计算的。当计算某系统特征值谱所包含的一定范围的自振频率时，采取 Block Lanczos 方法提取模态特别有效；在求解从频率谱中间位置到高频端范围内的自振频率时，其求解收敛速度与求解低阶频率时基本上一样快。Block Lanczos 方法特别适用于大型对称特征值求解问题。当采用 Block Lanczos 方法进行模态提取时，求解方程组系统默认采用 SPAR 类型，所生成的命令如（M4-19）所示。

模态分析时，模型求解首先计算的是位移解，若想获得应力解和与之相关的解，需要单独进行模态扩展。综合考虑往复式压缩机轴系模态分析的目的，其应力解和与之相关的解并不是我们关心的问题，因此，在轴系模态分析时不需要进行模态扩展。考虑到模态扩展的命令流在程序中有所体现，因此可以按图 4-6 中的②进行设置。其中扩展模态数赋值为 0，是否计算单元解的选项（Elcalc Calculate elem results?）默认为 No。此时模态扩展设置的命令如（M4-20）所示。关于集中质量法近似与否（Use lumped mass approx）、预应力考虑与否（Incl prestress effects）等方面的设定详见图 4-6 中③的相关选择，其命令流如（M4-21）、（M4-22）所示。完成图 4-6 中③的内容设定后，单击 OK

自动弹出 Block lanczos Method 的设定窗口，选择默认值即可。其命令如（M4-23）所示。

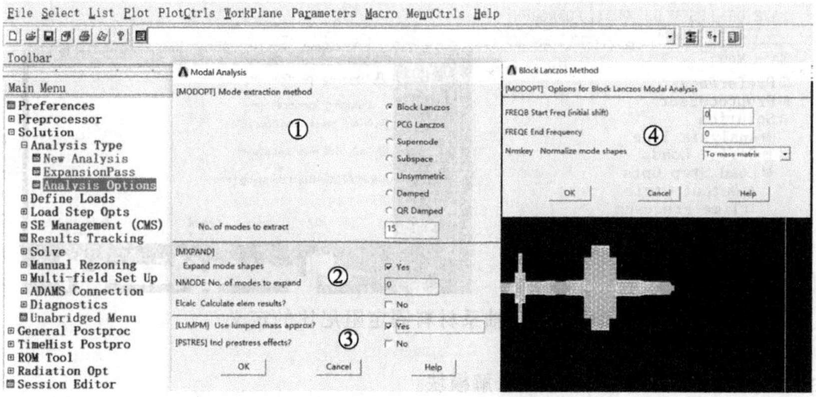

图 4-6　模态分析选项的设定

此外，在模态求解前还要定义轴系的材料阻尼及转速，以便在模态分析中给采用模态叠加法进行谐响应和瞬态响应分析预留载荷向量。定义轴系转速的 GUI 操作如图 4-7 所示。其命令如（M4-24）所示，其中 n 为曲轴转速，单位为 r/min。设定轴系材料阻尼的 GUI 操作如图 4-8 所示。其命令流如（M4-25）～（M4-27）所示，其中，P_DMPRAT 为钢材料的固定阻尼比。

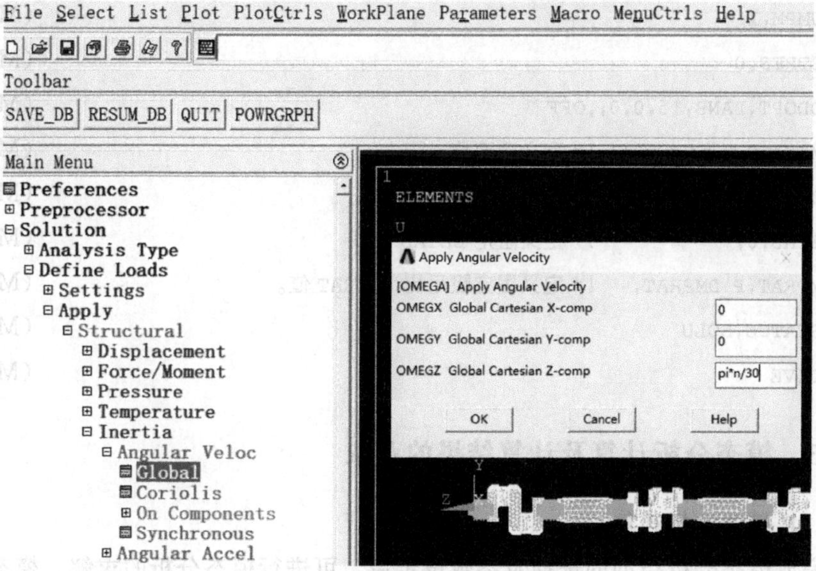

图 4-7　轴系转速的设定

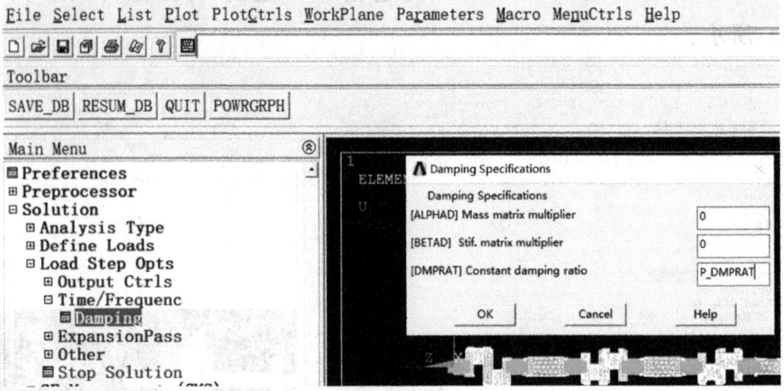

图 4-8 轴系材料固定阻尼比的定义

```
/SOL                 !* 进入求解模块;
Pi=3.1415926         !* 定义参变量;
P_DMPRAT=0.00015     !* 定义参变量;
CSYS,0               !* 求解前将坐标系设定为总体笛卡儿坐标系;
ANTYPE,2             !* 模态分析类型的选择;                    (M4-17)
MODOPT,LANB,15                                                  (M4-18)
EQSLV,SPAR                                                      (M4-19)
MXPAND,0,,,0                                                    (M4-20)
LUMPM,1                                                         (M4-21)
PSTRES,0                                                        (M4-22)
MODOPT,LANB,15,0,0,,OFF                                         (M4-23)
OMEGA,0,0,pi*n/30    !* 定义角速度;                            (M4-24)
ALPHAD,0,            !* 定义阻尼 ALPHAD 值;                    (M4-25)
BETAD,0,             !* 定义阻尼 BETAD 值;                     (M4-26)
DMPRAT,P_DMPRAT,     !* 定义固定阻尼比 DMPRAT 值。             (M4-27)
/STATUS,SOLU                                                    (M4-28)
SOLVE                                                           (M4-29)
```

4.1.3 模态分析计算及计算结果的获取

(1) 模态分析计算

完成模态分析类型的选择及参数设定后，可进行模态分析的求解。模态分析求解的GUI操作如图 4-9 所示。单击图中①处的 Current LS（计算当前载荷步），自动弹出图框②，单击图框②中的 OK，即可启动模态分析的计算。模态分析计算的命令流如（M4-28）、（M4-29）所示。轴系模态分析完成后，系统会自动显示求解计算结束（Solution is done!），并且生成轴系的 mode 振型文件和 rst 计算结果文件。这些是第 5 章进行轴系动态响应计算的必备内容。

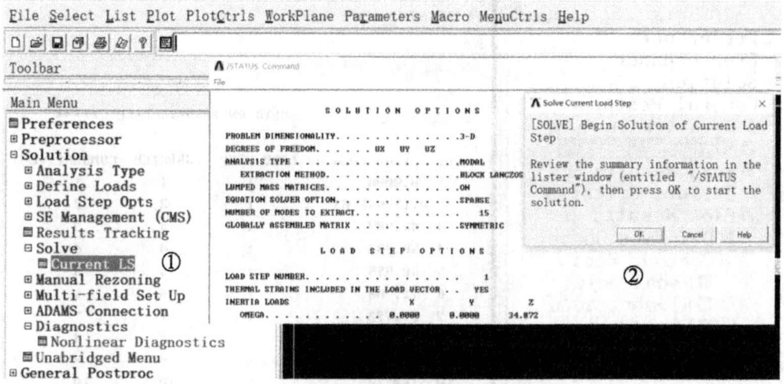

图 4-9　轴系模态分析的求解

(2) 计算结果的获取

完成轴系模态分析的求解后，可以读取模态分析的结果数据。模态分析的计算结果需要利用 ANSYS 主菜单（Main Menu）中的后处理功能模块 General Postproc（通用后处理器 POST1）进行读取，读取方法及过程如图 4-10 所示。首先，单击图（a）中的 Save as... 可以将数据结果保存在文本文件 SET. lis 中；然后，单击图（b）中的 By Pick，在弹出的窗口中选取 3 阶、频率（Frequeney）为 42. 987Hz 的计算结果，接着单击 Read 即可完成 3 阶模态分析计算结果的读取；最后，选择图（c）中的 Nodal Solu（节点解），在弹出的窗口中选取拟获取的数据［当选取 Displacement vector sum（总体位移云图）时，表示拟选取模型的总体位移云图］并单击 OK，即可完成频率为 42. 987Hz 时对应模态振型节点总体位移云图的绘制。轴系模态云图如图（d）所示（可以通过选取右侧视图改变模型的方位）。利用图（e）所示通用菜单（Utility Menu）中的绘图控制（PlotCtrls）菜单，可将图（d）的模态振型保存成图（f）所示的 BMP 格式文件。若想把图片的底色保存成图（f）所示的白色，需要勾选图（e）中的 Reverse Video。

参照上述读取轴系模态分析结果的方法，可获得图 4-11 所示的 1～14 阶轴系模态振型。轴系各阶模态主振型及对应的固有频率如表 4-1 所示。这些分析结果将作为往复式压缩机轴系临界转速计算的主要依据。

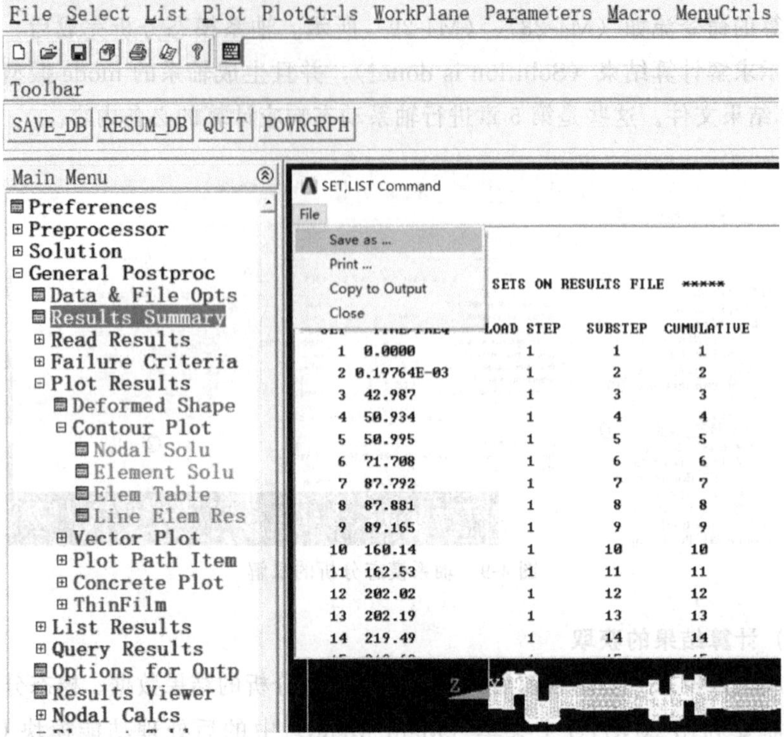

(a) 固有频率计算结果的导出

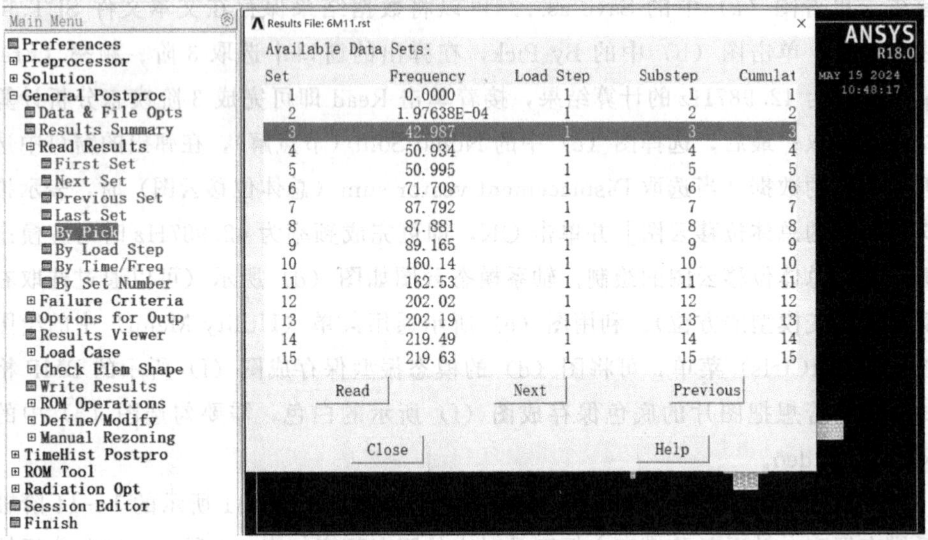

(b) 不同固有频率对应模态振型的读取

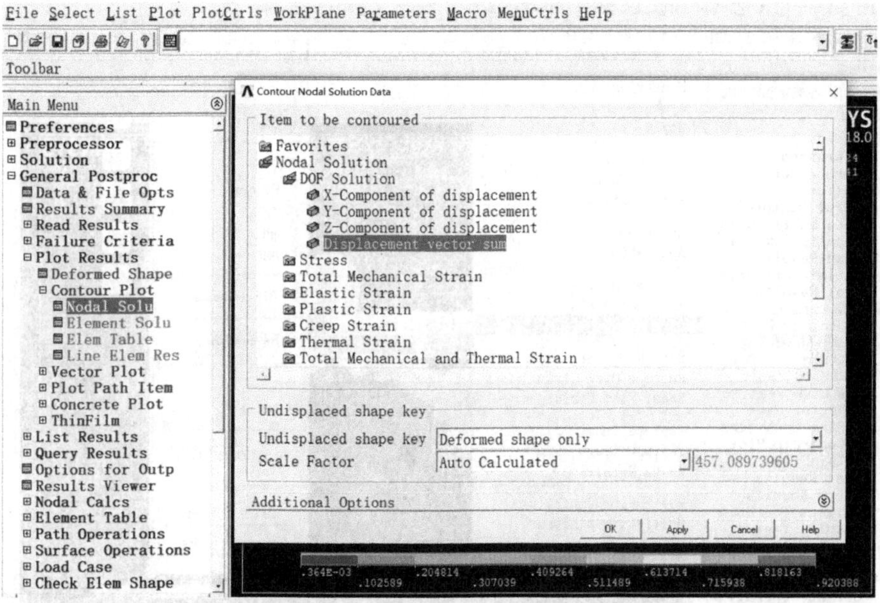

(c) 所读取固有频率对应模态振型节点总体位移云图的设定

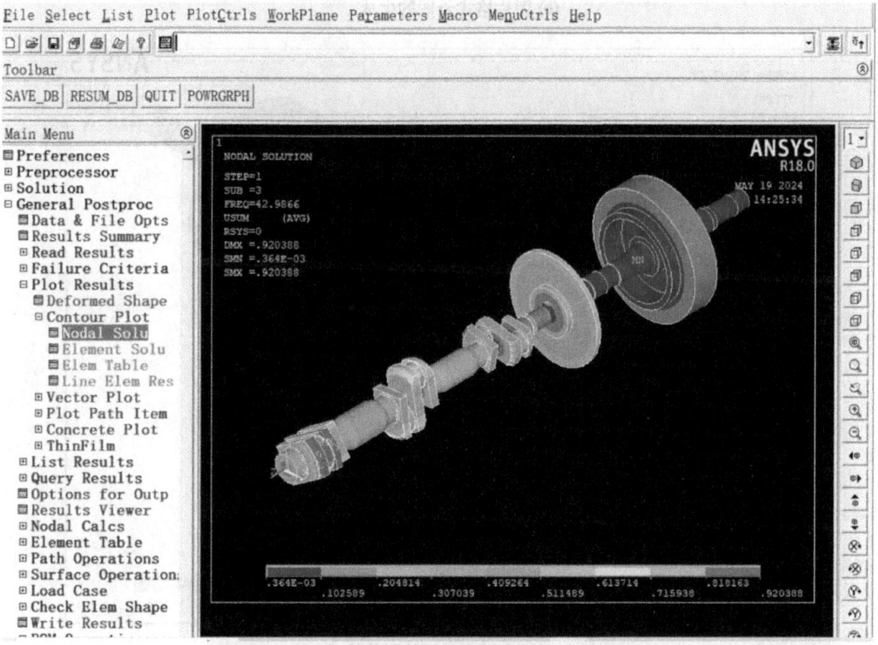

(d) 所读取固有频率对应的模态振型节点总体位移云图

图 4-10

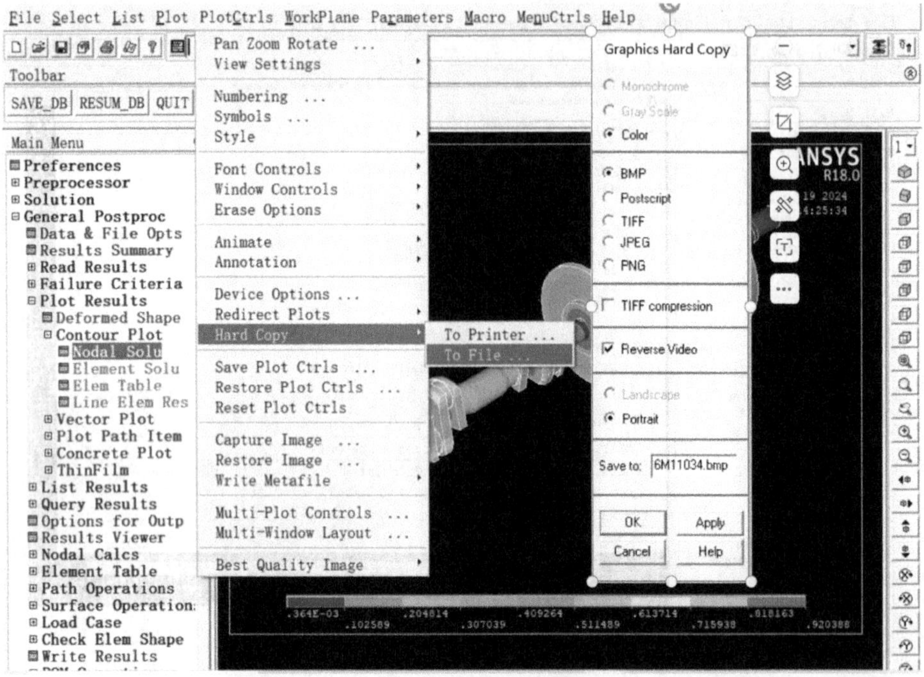

(e) 图片格式云图的生成

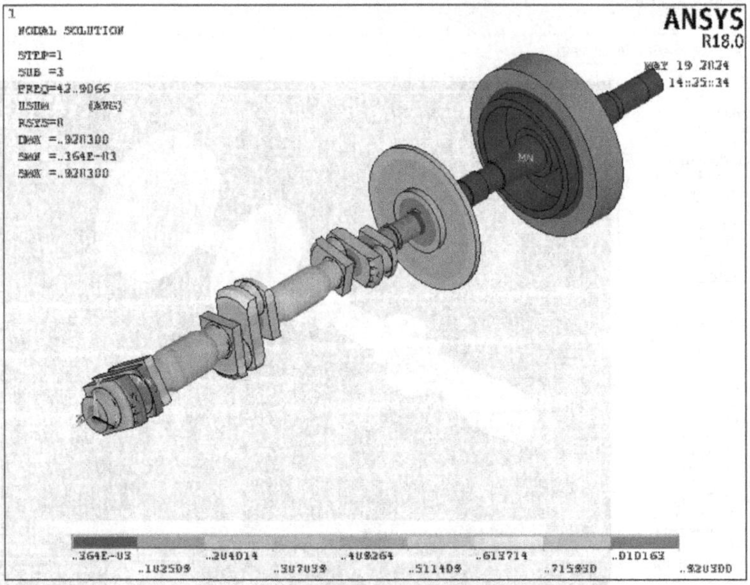

(f) 轴系模态振型云图的图片格式

图 4-10　轴系模态分析结果的读取方法及过程

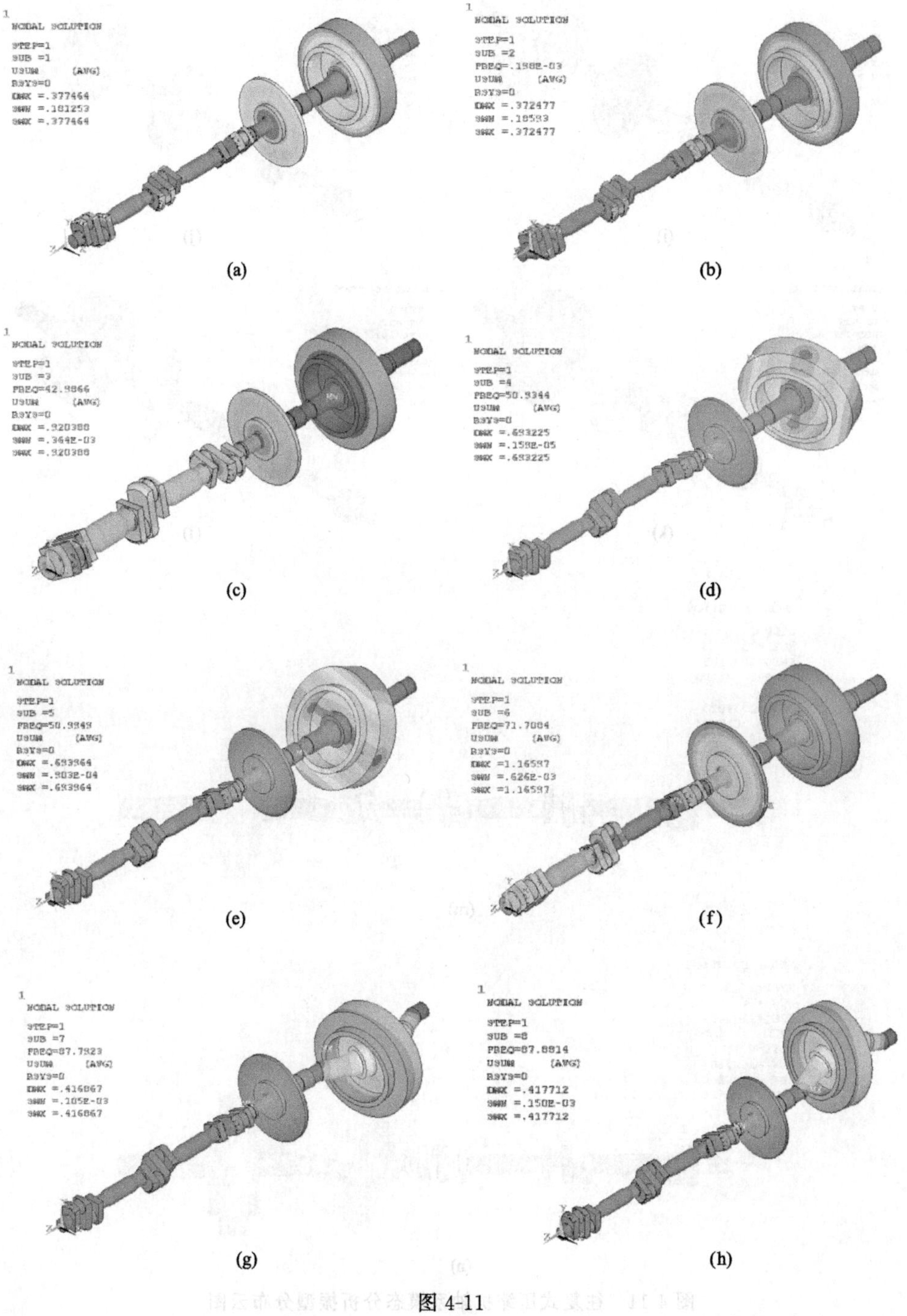
1
NODAL SOLUTION
STEP=1
SUB =1
USUM (AVG)
RSYS=0
DMX =.377464
SMN =.181253
SMX =.377464
(a)
1
NODAL SOLUTION
STEP=1
SUB =2
FREQ=.188E-03
USUM (AVG)
RSYS=0
DMX =.372477
SMN =.18583
SMX =.372477
(b)
1
NODAL SOLUTION
STEP=1
SUB =3
FREQ=42.8866
USUM (AVG)
RSYS=0
DMX =.920388
SMN =.364E-03
SMX =.920388
(c)
1
NODAL SOLUTION
STEP=1
SUB =4
FREQ=50.9344
USUM (AVG)
RSYS=0
DMX =.693225
SMN =.159E-05
SMX =.693225
(d)
1
NODAL SOLUTION
STEP=1
SUB =5
FREQ=50.9348
USUM (AVG)
RSYS=0
DMX =.693964
SMN =.903E-04
SMX =.693964
(e)
1
NODAL SOLUTION
STEP=1
SUB =6
FREQ=71.7084
USUM (AVG)
RSYS=0
DMX =1.16587
SMN =.626E-03
SMX =1.16587
(f)
1
NODAL SOLUTION
STEP=1
SUB =7
FREQ=87.7923
USUM (AVG)
RSYS=0
DMX =.416867
SMN =.105E-03
SMX =.416867
(g)
1
NODAL SOLUTION
STEP=1
SUB =8
FREQ=87.8814
USUM (AVG)
RSYS=0
DMX =.417712
SMN =.150E-03
SMX =.417712
(h)

图 4-11

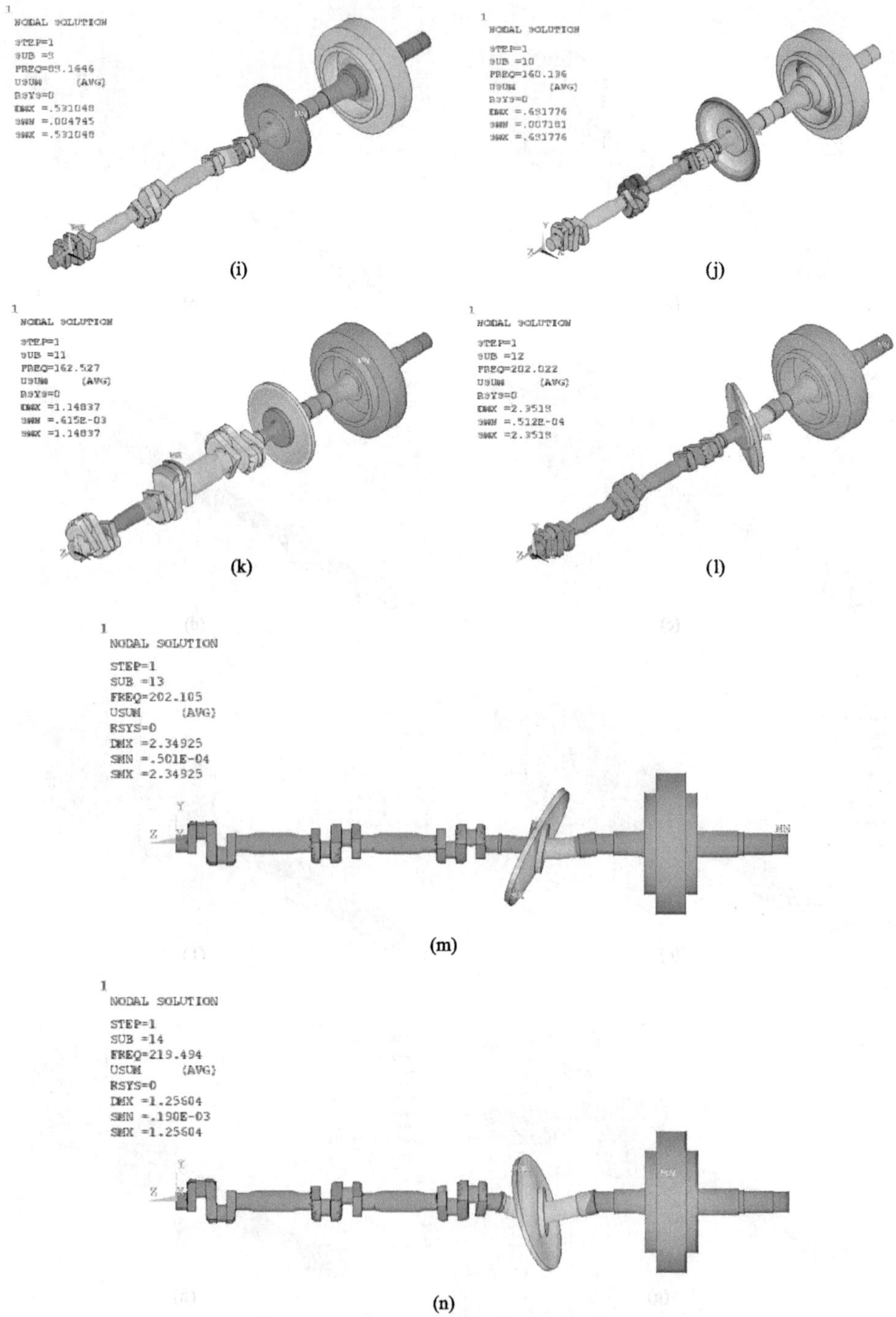

图 4-11 往复式压缩机轴系模态分析振型分布云图

表 4-1　轴系模态分析结果

<table>
<tr><th>阶次</th><th>固有频率/Hz</th><th>模态主振型</th><th>备注</th></tr>
<tr><td>1</td><td>0.0000</td><td>轴系自由旋转</td><td>轴系周向刚体位移</td></tr>
<tr><td>2</td><td>0.0002</td><td>轴系轴向自由</td><td>轴系轴向刚体位移</td></tr>
<tr><td>3</td><td>42.987</td><td>轴系 1 阶扭转</td><td>交变转矩产生的扭转共振</td></tr>
<tr><td>4</td><td>50.934</td><td rowspan="2">电机转子 1 阶轴向摆动①</td><td rowspan="2">不存在该模态的激发载荷</td></tr>
<tr><td>5</td><td>50.995</td></tr>
<tr><td>6</td><td>71.708</td><td>轴系 2 阶扭转</td><td>交变转矩产生的扭转共振</td></tr>
<tr><td>7</td><td>87.792</td><td rowspan="2">电机转子 1 阶弯曲②</td><td rowspan="2">电机转子自重是产生弯曲共振的激发载荷</td></tr>
<tr><td>8</td><td>87.881</td></tr>
<tr><td>9</td><td>89.165</td><td>轴系 1 阶轴向窜动</td><td>不存在该模态的激发载荷</td></tr>
<tr><td>10</td><td>160.14</td><td>轴系 2 阶轴向窜动</td><td>不存在该模态的激发载荷</td></tr>
<tr><td>11</td><td>162.53</td><td>轴系 3 阶扭转</td><td>交变转矩产生的扭转共振</td></tr>
<tr><td>12</td><td>202.02</td><td rowspan="2">飞轮 1 阶轴向摆动①</td><td rowspan="2">不存在该模态的激发载荷</td></tr>
<tr><td>13</td><td>202.19</td></tr>
<tr><td>14</td><td>219.49</td><td>飞轮 1 阶弯曲②</td><td>飞轮自重是产生弯曲共振的激发载荷</td></tr>
</table>

① 轴系共振模态接近，属于有限元分析模型误差所致，可视为同一模态，固有频率取平均值。

② 模态振型对应文献［17］中的横向振动，对应文献［18］中的 lateral vibrations。

轴系出现共振必须存在引起这些振型发生共振的特定载荷。从图 4-11 中可以看出，1、2 阶为轴系周向和轴向的刚体位移，因此可以忽略这两个模态振型；3、6、11 阶为轴系扭转模态振型，各列曲柄处作用的交变转矩是引起轴系扭转共振的激发载荷；7、8 阶为轴系弯曲模态振型，电机转子的重量是引起轴系弯曲共振的激发载荷；14 阶为轴系摆动及弯曲的组合模态振型，其主模态振型为弯曲共振，飞轮的重量是引起轴系弯曲共振的激发载荷。此外，轴系在多处还存在不同频率的轴向振动模态振型，如 4、5、7、9、10、12、13 阶模态振型。由于轴系不存在轴向的交变载荷，因此这些模态振型可以忽略。

从压缩机的实际运行情况来看，尽管轴系各列曲柄处存在着很大的不平衡偏心质量，但由于该处不存在共振的模态振型，因此这些部位不具备弯曲共振的条件；由于压缩机轴系存在着不平衡的扭转力矩，而系统又存在着扭振模态振型，因此轴系在一定条件下是有可能出现扭振共振的；虽然在飞轮及电机转子处存在着弯曲共振的模态振型，且又有各自重力在轴系弯曲共振方向上的交变载荷，但由于自重引起的交变载荷激发频率为基频，通常仅为几赫兹或十几赫兹，与轴系弯曲共振固有频率相差甚远，因此不具备共振的条件。综上所述，轴系扭转振动的固有频率和模态振型是本书研究的重点。

4.2 轴系临界转速计算

4.2.1 临近额定转速范围的轴系共振分析

从图 4-11 中可以看出，轴系的 1 阶扭转振型存在 1 个结点（扭转位移为 0 的点），在电机轴与压缩机曲轴之间，振幅最大值出现在第 1 列曲柄销上；2 阶扭转振型存在两个结点，分别出现在第 2 列曲柄销与第 5 列曲柄销之间和电机轴与压缩机曲轴之间；3 阶扭转振型存在 3 个结点，分别处于第 2 列曲柄销与第 3 列曲柄销之间、第 6 列曲柄销与联轴器之间以及电机轴与联轴器之间。为便于分析问题，本书把引起 i 阶扭转振动的 j 次简谐载荷对应的频率定义为谐频 ω_{ij}[11]。结合表 3-1 的压缩机转速 n 和表 4-1 的模态分析结果，利用式(4-1)～式(4-4) 可得到临近额定转速范围的轴系临界转速，结果如表 4-2 所示。

$$\omega_0 = n/60 \tag{4-1}$$

式中 n——压缩机转速；

ω_0——轴系基频。

$$j = \mathrm{round}(\omega_i/\omega_0) \tag{4-2}$$

式中 ω_i——i 阶扭转固有频率；

j——轴系基频为 ω_0 的情况下，引起轴系发生 i 阶扭转共振的简谐载荷对应的谐次（4 舍 5 入取整）。

由式(4-3) 可得到引起 i 阶扭转振动的 j 次简谐载荷对应的频率。

$$\omega_{ij} = j\omega_0 \tag{4-3}$$

由式(4-4) 可得到临近额定转速下轴系的临界转速。

$$n_{rij} = 60\omega_i/j \tag{4-4}$$

式中 n_{rij}——j 次谐频载荷引起 i 阶扭转共振的临界转速，谐频载荷详见图 2-7。

由式(4-5) 可得到轴系固有频率比 r_i，结果如表 4-2 所示。

$$r_i = \omega_{ij}/\omega_i \tag{4-5}$$

表 4-2　临近额定转速 375r/min 下轴系的临界转速

轴系扭振阶次 i	轴系基频 ω_0/Hz	扭转固有频率 ω_i/Hz	轴系载荷谐次 j	轴系谐频 ω_{ij}/Hz	轴系的临界转速 n_{rij}/(r/min)	频率比 r_i
1	6.25	42.987	7	43.75	368.46	1.01775
2	6.25	71.708	11	68.75	391.13	0.95875
3	6.25	162.53	26	162.75	375.06	1.00018

从图 2-7(b) 中不难发现，随着简谐载荷谐次的增大，谐频载荷的幅值有减小趋势。按照国标 GB/T 20223 及国际标准 API STD618 的相关规定，工程设计中仅考虑 $j \leqslant 10$ 的谐频载荷引起的共振。由表 4-2 所示的轴系频率比 r_i 可知，在 $j \leqslant 10$ 时轴系的 r_i 值处于 1 ± 0.05 的范围内，按标准规定需要进行轴系动态响应的应力计算，以确保轴系的强度安全；在谐次 $j > 10$ 时的 11、26 谐次中，虽然 r_i 值也均处于 1 ± 0.05 的范围内，但按标准规定无须进行轴系的动态响应计算。

4.2.2　特定转速范围的轴系共振分析

在往复式压缩机的总体设计中，首先要确定压缩机转速。根据压缩机转速可进行压缩机总体方案的计算，确定压缩机各级气缸直径及各级压力的分配等。因此，相同扭转共振阶次 i、不同谐频载荷（对应谐次 j）作用的扭转共振分析非常有必要。表 4-2 仅给出了临近额定转速下的轴系扭转共振分析情况，为了更加清楚地了解轴系的共振状态，下面对特定转速范围内的轴系扭转共振进行了详细讨论。众所周知，在往复式压缩机的工程设计中，受机械结构所限，对动平衡式往复式压缩机的额定转速通常在 250～750r/min 的范围内。利用式(4-6) 可计算在该转速范围内引起轴系扭转共振的所有临界转速，计算结果如表 4-3 所示。

$$n_{rij} = 60\,\frac{\omega_i}{j} \quad i = 1,2,3,4,5,6,7,8,9,10 \tag{4-6}$$

式中　j——引起轴系 i 阶扭转共振的激发载荷的谐次；

n_{rij}——j 次谐频载荷引发轴系 i 阶扭共振的临界转速。

表 4-3　在 250～750r/min 的转速范围内引起轴系出现 i 阶扭转共振的临界转速

扭转载荷谐次 j	扭转共振阶次 i	固有频率 ω_i/Hz	临界转速 n_{r1j}/(r/min)
4	1	42.987	644.81
5	1	42.987	515.84
6	1	42.987	429.87

续表

扭转载荷谐次 j	扭转共振阶次 i	固有频率ω_i/Hz	临界转速n_{r1j}/(r/min)
7	1	42.987	368.46
8	1	42.987	322.40
9	1	42.987	286.58
10	1	42.987	257.99
6	2	71.708	717.08
7	2	71.708	614.64
8	2	71.708	537.81
9	2	71.708	478.05
10	2	71.708	430.25

从表 4-3 中可以看出，轴系在 $j \leqslant 10$ 的范围内存在 12 个 1 阶和 2 阶扭振临界转速。理论分析与工程实践表明，在这 12 个临界转速中，工艺流程用往复式压缩机主要考虑轴系 1 阶扭转共振，当 r_i 值处于 1±0.05 的范围内时，需要进行轴系动态响应分析，以排除共振产生的不利影响，当 r_i 值处于 1±0.05 的范围之外时，可认为轴系不发生扭转共振；3 阶及以上阶次的扭转共振可忽视不计；2 阶扭转共振的情况根据简谐激发载荷的谐次决定是否忽视，当激振谐次 $j \leqslant 8$ 时，轴系扭转共振不可忽视，需要进行轴系动态响应分析，以排除共振产生的不利影响，当激振谐次 $j > 9$ 时，可认为轴系不发生扭转共振。关于上述判断轴系临界转速的基本结论，本书第 4、5 章利用理论计算的结果给予了印证。

综上所述，轴系在 250～750r/min 的转速范围内共计 7 个临界转速，即 644.81r/min、515.84r/min、429.87r/min、368.46r/min、322.40r/min、286.58r/min、257.99r/min 等。该往复式压缩机的曲轴转速选取 375r/min，则其频率比 $r_1 = 1.01775$，处在 1±0.05 的范围内，按标准规定该轴系需要进行动态响应计算，以排除共振产生的不利影响。

第5章　往复式压缩机轴系扭振计算

扭转振动是曲柄连杆机构固有的一种特性，扭转共振是往复式压缩机轴系扭转振动的一种特殊状态，扭转共振的判别在4.2节中已经进行了全面分析。众所周知，轴系扭振是往复式压缩机中一种不可避免的现象。广义上讲，轴系扭振包含共振与不共振两种形式，常说的“曲轴扭振”指的是轴系扭转共振。为了全面分析外部载荷作用于往复式压缩机轴系产生的各种形式的振动问题，本章将分别讲述往复式压缩机轴系扭转振动的三种计算方法，即谐响应分析、瞬态响应分析、静力学分析等。其中前两种方法统称为轴系动态响应分析。轴系谐响应分析施加的载荷为简谐转矩，考虑扭转共振模态对轴系的影响；轴系瞬态响应分析施加全部的外加载荷，主要包括作用在各列曲柄销上的阻力转矩、施加在电机转子上的驱动力矩等；轴系静力学分析施加的载荷与轴系瞬态响应分析完全一致，只是轴系静力学分析方法不考虑共振模态的影响，仅适用于不共振状态下轴系刚度及强度的校核。为了使读者对第4章关于判断轴系临界转速基本结论的了解更加深入，本章在5.1.4节和5.2.6节还分别介绍了不同谐次激发载荷对轴系共振的影响，为往复式压缩机额定转速的选择提供更加全面的分析依据，为现行标准的完善提供理论支持。在本章的最后介绍了工程案例，为曲轴扭振分析技术的应用提供指导性建议，同时也便于读者借鉴使用。

5.1　轴系谐响应计算

轴系谐响应计算是施加一种谐频载荷的稳态响应分析，通过对轴系进行谐响应分析，可获得轴系各节点应力或变形随压缩机转速变化的动态响应。在有限元分析技术尚未普及的时候，轴系扭转振动动态响应分析仅限于简谐转矩载荷作用下的谐响应计算。尽管该计算方法仅考虑了单一谐频扭转激振力的作用，但在当时依然是最有权威的计算方法之一。该计算方法能够初步判断各谐次的简谐转矩对轴系共振的影响。随着计算技术的不断发展及有限元方法的普及应用，谐响应分析在结构动力学分析领域发展得更加成熟。本节介绍的轴系谐响应计算是在第 4 章轴系模态分析的基础上，利用模态叠加法进行的一种动态响应分析，主要包括分析方法的设定、简谐转矩载荷的施加、谐响应分析的求解、动态计算结果的获取等内容。

5.1.1　谐响应分析类型的选择及参数设定

轴系谐响应分析是在模态分析的基础上进行的。如模态分析一样，轴系谐响应分析首先也要进行分析类型的选择。谐响应分析“分析类型”的选择命令如（M5-1）所示，命令中的数字 3 也可以用 HARMIC 来代替。其 GUI 操作如图 4-5 所示，选择图中的“Harmonic”即可。谐响应分析参数设定的内容包括选择计算方法、施加系统的转速及材料的阻尼、定义模态叠加计算的频率范围等。其中，选择计算方法又分为计算方法（Solution method）的选择、DOF 输出格式（DOF printout format）选项的设定、集中质量法近似与否（Use lumped mass approx）的确定、模态叠加阶次（Mode number for Superposition）的选择等。谐响应分析的计算方法选择模态叠加法（MSUP），其 GUI 操作如图 5-1 所示；选择模态叠加法对应的命令如（M5-2）所示，设定 DOF 输出格式的命令如（M5-3）所示，确定集中质量法近似与否的命令如（M5-4）所示，选择模态叠加阶次的命令如（M5-5）和（M5-6）所示。由表 4-1 可知，前两阶模态为刚体位移，因此模态叠加的阶次从 3 阶开始，最高设定为 15 阶。

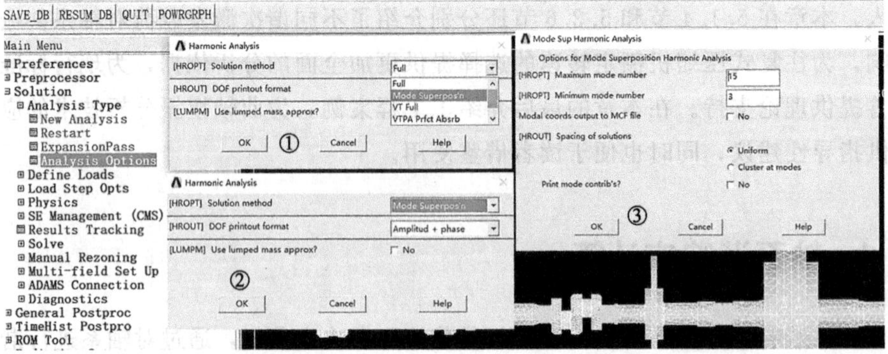

图 5-1　谐响应分析中选择计算方法的一般过程

轴系谐响应分析施加系统转速及材料阻尼的 GUI 操作如图 5-2 所示。在施加转速过程中，转速的单位需要转化成 rad/s，对应的命令如（M5-7）所示；关于材料阻尼参数的定义，可参照文献［19］进行设定，对应的命令流如（M5-8）～（M5-11）所示。定义模态叠加计算频率范围、子步数量及载荷类型（Ramped 还是 Stepped）的 GUI 操作如图 5-3 所示。图中输入的参变量 min_omega 为最小频率值，max_omega 为最大频率值。其对应的命令为（M5-12）。本节拟分析轴系在 1 阶扭转固有频率 42.987Hz 前后的计算结果，特设定 min_omega＝30，max_omega＝50。sum_n 为计算子步数的总数，为确保计算精度，每个计算子步数的频率间隔通常不超过 0.5Hz。如计算频率范围为 30～50Hz 时，计算子步数的总数一般不小于 40［(50－30)/0.5］。其对应的命令如（M5-13）所示。本节

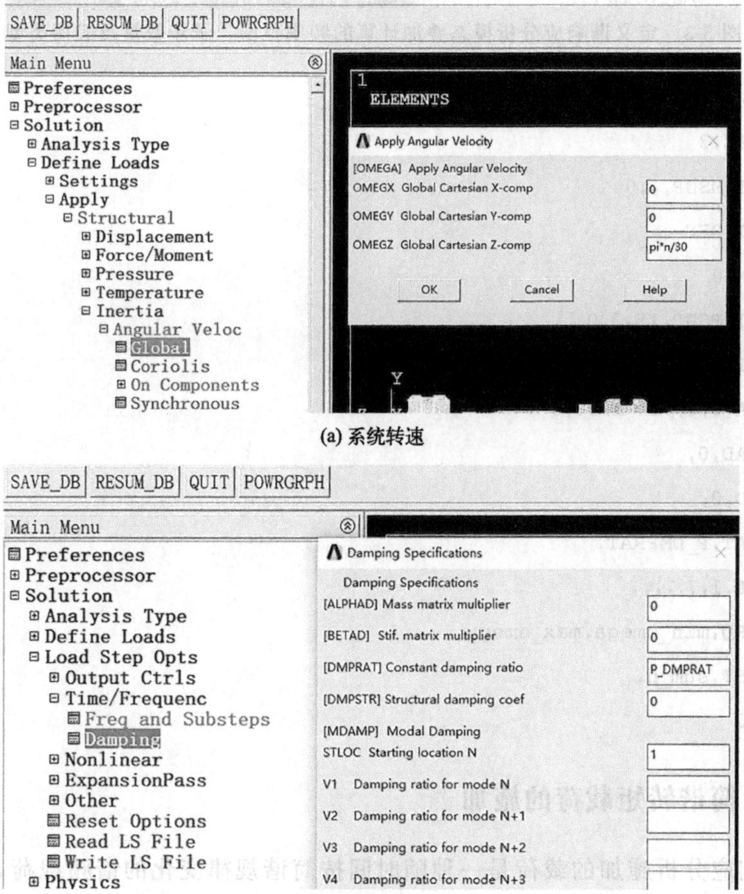

(a) 系统转速

(b) 材料阻尼

图 5-2　系统转速及材料阻尼的施加

中 sum_n=50。关于载荷类型的选择，本节采用系统默认的 Ramped，即 KBC=0。Ramped 代表前后载荷步之间是“替换”的方式，而 Stepped 代表前后载荷步之间是“叠加”的方式。载荷类型选择对应的命令如（M5-14）所示。

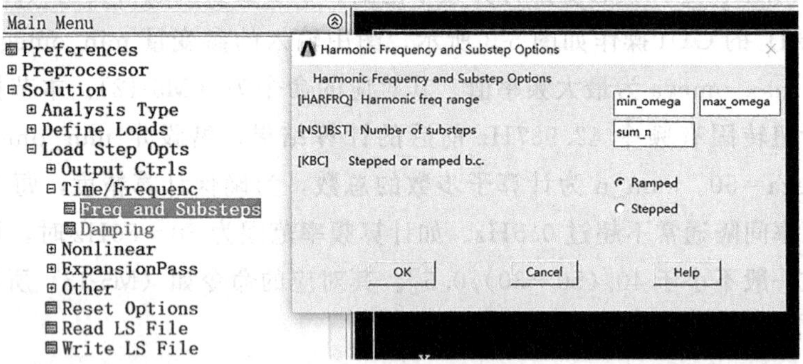

图 5-3　定义谐响应分析模态叠加计算的频率范围、子步数量及载荷类型

```
/SOL
ANTYPE,3                                  (M5-1)
HROPT,MSUP,,,0                            (M5-2)
HROUT,OFF                                 (M5-3)
LUMPM,0                                   (M5-4)
HROPT,MSUP,15,3,0                         (M5-5)
HROUT,OFF,OFF,0                           (M5-6)
OMEGA,0,0,pi * n/30,0                     (M5-7)
ALPHAD,0,                                 (M5-8)
BETAD,0,                                  (M5-9)
DMPRAT,P_DMPRAT,                          (M5-10)
MDAMP,1,,,,,,,                            (M5-11)
HARFRQ,min_omega,max_omega,               (M5-12)
NSUBST,sum_n,                             (M5-13)
KBC,0                                     (M5-14)
```

5.1.2　简谐转矩载荷的施加

谐响应分析施加的载荷是一种随时间按简谐规律变化的谐频载荷，其完整的信息包含两个，即简谐幅值和相位角[21]。轴系承受的谐频载荷分别为压缩机的各列转矩 *MD* 和压缩机的综合转矩 *SMD*。这两种载荷的统一表达式如

式(5-1) 所示。

$$M_K^j = D_K^j \sin(K\omega t + \varphi_K^j) \tag{5-1}$$

式中　M_K^j——压缩机第 j 列曲柄销上列转矩 MD 的 K 次谐频载荷（$j=1\sim6$），或压缩机综合转矩 SMD 的 K 次谐频载荷（$j=7$），kN·m；

D_K^j——压缩机第 j 列曲柄销上列转矩 MD 的 K 次谐频载荷幅值（$j=1\sim6$），或压缩机综合转矩 SMD 的 K 次谐频载荷幅值（$j=7$），kN·m，其参数如表 2-3 所示；

φ_K^j——压缩机第 j 列曲柄销上列转矩 MD 的 K 次谐频载荷相位角（$j=1\sim6$），或压缩机综合转矩 SMD 的 K 次谐频载荷相位角（$j=7$），(°)，其参数如表 2-3 所示；

K——简谐载荷的谐次；

ω——压缩机的转速，rad/s；

t——压缩机转动的时间，s。

为了加载方便，定义多维数组 loadvalue(1,2,7)。定义数组 loadvalue(1,2,7) 的 GUI 操作如图 5-4 所示，命令如（M5-15）所示。数组 loadvalue(1,2,7) 的数据可以通过 Par6Mload_h.mac 文件读入，其命令如（M5-16）所示。Par6Mload_h.mac 文件的内容详见附录 3（数据以谐次 $K=7$ 为例）。另外，也可以像图 5-4 所示的那样编辑 loadvalue(1,2,7) 的数据，输入各参数。无论采用哪种输入方式，其中数组 loadvalue(1,1,j) 都是用来存储作用在第 $1\sim(j-1)$ 列曲柄销上的阻力转矩和电机转子上的驱动转矩（总计 j 个数值），这些数值分别为式(5-2) 和式(5-3) 中的 D_K^j；数组 loadvalue(1,2,j) 都是用来存储各转矩的相位角，这些数值为式(5-4) 中的 φ_K^j。由于载荷是施加在节点上的，因此需要分别获得曲柄销外圈及电机转子外圈关联节点的个数 sumnode 和 sumnode2。获取曲柄销外圈关联节点的个数 sumnode 的命令流如（M5-17）～(M5-19) 所示，获取电机转子外圈关联节点的个数 sumnode2 的命令流如（M5-20）～(M5-22) 所示。按图 4-2(b) 所示的方向施加在曲柄销外圈节点上的力采用式(5-2) 计算，按图 4-2(c) 所示的方向施加在电机转子外圈节点上的力采用式(5-3) 计算，它们的相位角按式(5-4) 计算。

$$F_{tK}^j = 2D_K^j \times 10^6/(s \times \text{sumnode}) \tag{5-2}$$

式中　F_{tK}^j——作用在第 j 列曲柄销上的 K 次谐频载荷（$j=1\sim6$），N；

D_K^j——第 j 列曲柄销处承受转矩的 K 次谐频载荷的幅值（$j=1\sim6$），kN·m；

s——压缩机行程，mm；

sumnode——曲柄销外圈上的节点总数。

$$F_{tK}^{j}=2D_{K}^{j}\times10^{6}/(D_{26}\times \text{sumnode2}) \tag{5-3}$$

式中 F_{tK}^{j}——作用在电机转子外圈节点上的 K 次谐频载荷（$j=7$），N；

D_{K}^{j}——压缩机综合转矩的 K 次谐频载荷（$j=7$），kN·m；

D_{26}——电机转子外圈直径，mm，其参数详见附录 1；

sumnode2——电机转子外圈上的节点总数。

$$\phi_{K}^{j}=\varphi_{K}^{j}\times360/(2\pi) \tag{5-4}$$

式中 ϕ_{K}^{j}——K 次谐频载荷对应的相位角（$j=1\sim7$），rad；

φ_{K}^{j}——K 次谐频载荷对应的相位角（$j=1\sim7$），(°)。

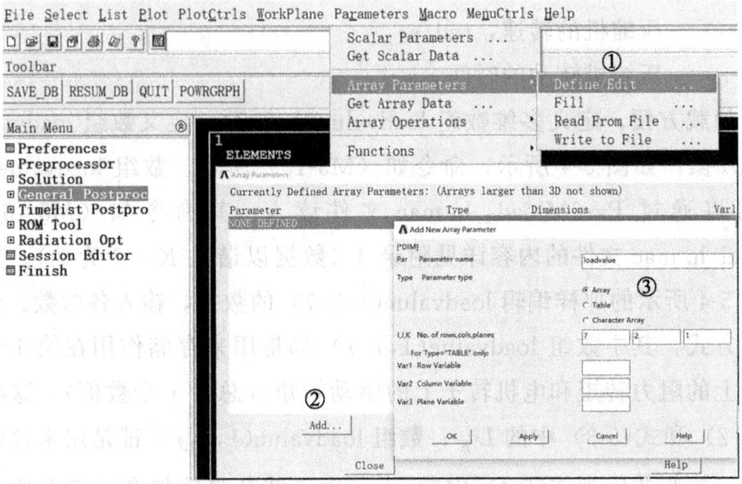

图 5-4 定义数组 loadvalue(1,2,7)

获得压缩机各列曲柄销及电机转子各节点上的载荷 F_{tK}^{j} 及相位角 ϕ_{K}^{j} 后，可以在图 5-5 所示的位置分别输入谐频载荷的幅值 F_{tK}^{j} 及相位角 ϕ_{K}^{j}，即在 VALUE Real part of force/mom 位置赋予幅值 F_{tK}^{j}，在 VALUE2 Imag part of force/mom 位置赋予相位角 ϕ_{K}^{j}。需要特别说明的是，当在第 1～6 列曲柄销上施加载荷时，Lab Direction of force/mom 应该选择 FX；当在电机转子上施加载荷时，Lab Direction of force/mom 应该选择 FY。为了实现轴系的循环加载，特选用了 if 语句和两层 do 循环。命令流（M5-24）～(M5-35) 为中间层 do 循环语句，该语句实现了 6 列曲柄销及电机转子等所有载荷的施加；命令流（M5-23）～(M5-37) 为外层 do 循环语句，该语句实现了把当前谐响应分析的所有数据模型写入载荷步文件 s01

的操作，其中 s01 表示第 1 个载荷步文件，s02 表示第 2 个载荷步文件，依此类推，sn 表示第 *n* 个载荷步文件。写入 s01 文件对应的命令如（M5-36）所示。选用 if 语句，主要用于施加第 1～6 列曲柄销及电机转子上承受的谐频载荷。命令流（M5-25）～(M5-29）实现了轴系第 1 列曲柄销上节点简谐载荷的施加，命令流（M5-30)～(M5-34）实现了电机转子节点上简谐载荷的施加。

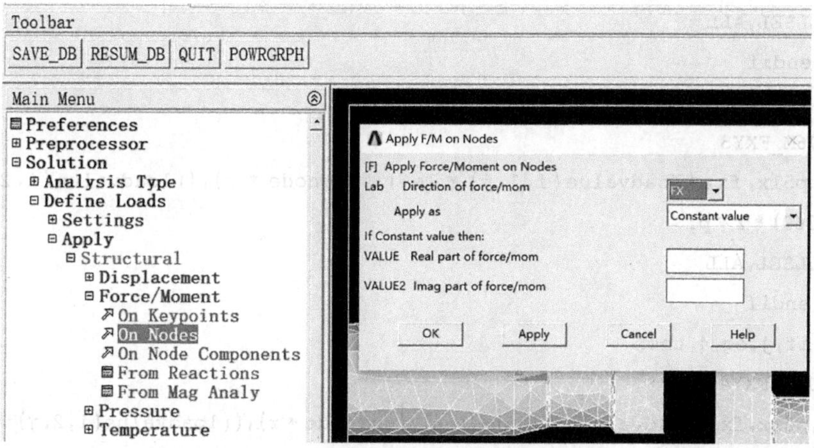

图 5-5 定义曲柄销或电机转子的谐频载荷

```
*SET,pi,3.1415926
*DIM,loadvalue,ARRAY,1,2,7,,,      ! 必须在定义分析类型之前设定。 (M5-15)
Par6Mload_h                                                          (M5-16)
DU6M_FXY1                                                            (M5-17)
*GET,sumnode,NODE,,COUNT,,,,                                         (M5-18)
ALLSEL,ALL                                                           (M5-19)
DU6M_FXY9                                                            (M5-20)
*GET,sumnode2,NODE,,COUNT,,,,                                        (M5-21)
ALLSEL,ALL                                                           (M5-22)
*do,i,1,1                                                            (M5-23)
*do,j,1,7                                                            (M5-24)
*if,j,eq,1,then                                                      (M5-25)
DU6M_FXY1                                                            (M5-26)
f,p51x,fx,-(loadvalue(i,1,j)*1e6)/(sumnode*r),(loadvalue(i,2,j)/360)*
2*pi                                                                 (M5-27)
```

```
ALLSEL,ALL                                                    (M5-28)
 *endif                                                       (M5-29)
 *if,j,eq,2,then
DU6M_FXY2
f,p51x,fx,(loadvalue(i,1,j)*1e6)/(sumnode*r),(loadvalue(i,2,j)/360)*2*pi
ALLSEL,ALL
 *endif
 *if,j,eq,3,then
DU6M_FXY3
f,p51x,fx,-(loadvalue(i,1,j)*1e6)/(sumnode*r),((loadvalue(i,2,j)+240)/360)*2*pi
ALLSEL,ALL
 *endif
 *if,j,eq,4,then
DU6M_FXY4
f,p51x,fx,(loadvalue(i,1,j)*1e6)/(sumnode*r),((loadvalue(i,2,j)+240)/360)*2*pi
ALLSEL,ALL
 *endif
 *if,j,eq,5,then
DU6M_FXY5
f,p51x,fx,-(loadvalue(i,1,j)*1e6)/(sumnode*r),((loadvalue(i,2,j)+120)/360)*2*pi
ALLSEL,ALL
 *endif
 *if,j,eq,6,then
DU6M_FXY6
f,p51x,fx,(loadvalue(i,1,j)*1e6)/(sumnode*r),((loadvalue(i,2,j)+120)/360)*2*pi
ALLSEL,ALL
 *endif
 *if,j,eq,7,then                                              (M5-30)
DU6M_FXY9                                                     (M5-31)
f,p51x,fy,-(loadvalue(i,1,j)*1e6)/(sumnode2*D26/2),(loadvalue(i,2,j)/360)*2*pi   (M5-32)
```

```
ALLSEL,ALL                                  (M5-33)
 * endif                                    (M5-34)
 * enddo                                    (M5-35)
lswrite,i                                   (M5-36)
 * enddo                                    (M5-37)
LSSOLVE,1,1,1,                              (M5-38)
EXPASS,1                                    (M5-39)
numexp,all,min_omega,max_omega              (M5-40)
outpr,,all                                  (M5-41)
outres,,all                                 (M5-42)
SOLVE                                       (M5-43)
```

5.1.3　谐响应分析计算及计算结果的获取

5.1.3.1　谐响应分析计算

将轴系谐响应分析的数据模型读入载荷步文件后（此处谐响应分析只生成了一个载荷步），就可以进行载荷步的计算了。载荷步计算的命令如（M5-38）所示，GUI 操作如图 5-6 所示。在 LSMIN Starting LS file number 处输入最初的载荷步序号，在 LSMAX Ending LS file number 处输入最后 1 个载荷步的序号。由于此处只有 1 个载荷步，因此这两处均填写 1，然后单击 OK 即开始谐响应分析的位移模型解（振幅）的求解计算。

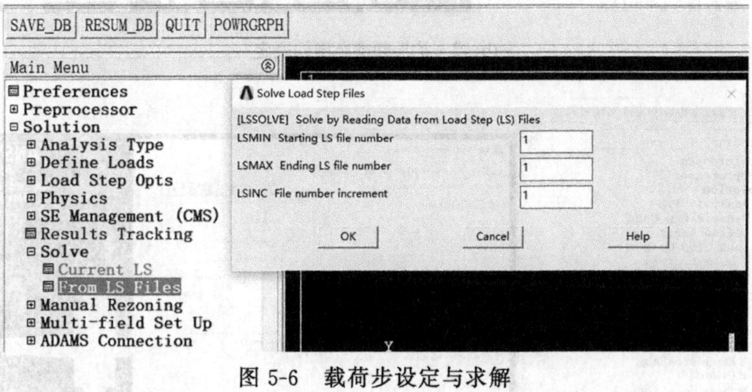

图 5-6　载荷步设定与求解

完成上述轴系位移模型解的求解后，在工程分析目录下将产生一个 rfrq 结果文件。若想获得轴系各单元和节点的应力解，还需要在上述计算结果的基础上进行模态扩展，求得各单元和节点的不同类型应力随频率变化的曲线。轴系谐响应分析的模态扩展设定的命令流如（M5-39）～（M5-42）所示，GUI 操作如图 5-7 所示。轴系谐响应分析的模态扩展求解的命令如（M5-43）所示，GUI 操作如图 5-8 所示。完成轴系模态扩展的计算求解后，在工程分析目录下将产生一个 rst 结果文件存储所有数据。

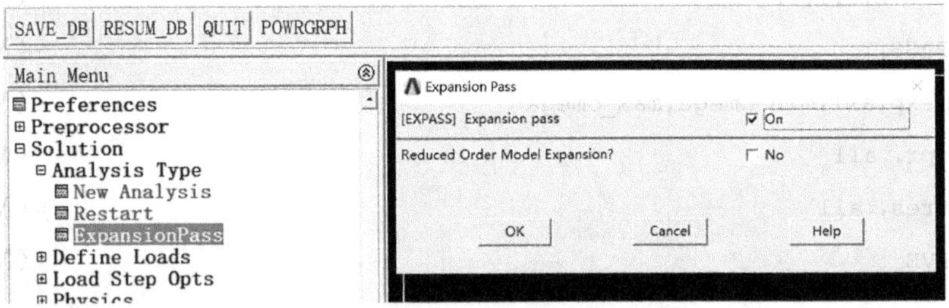

(a) 模态扩展选项的选择

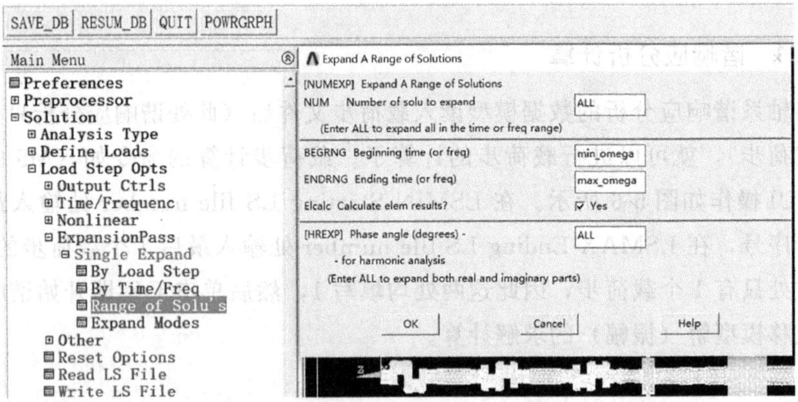

(b) 模态扩展频率范围的设定

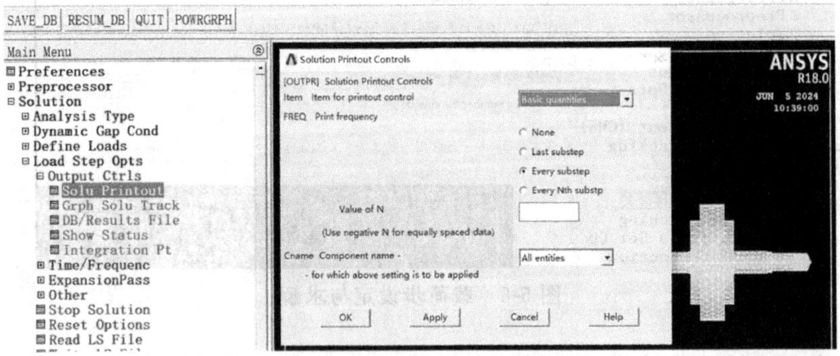

(c) 模态扩展结果打印输出的设定

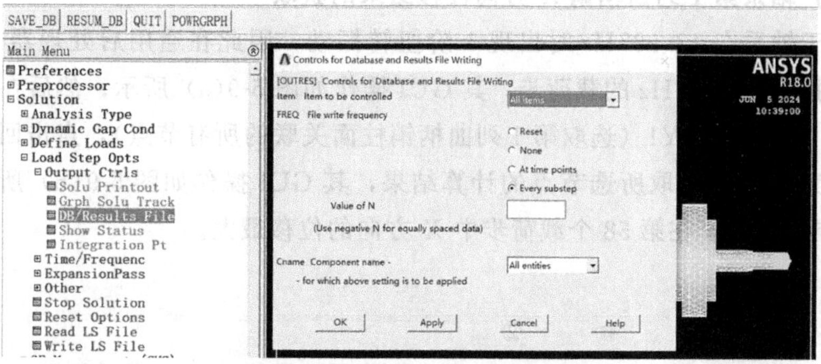

(d) 模态扩展结果DB文件输出的设定

图 5-7　谐响应分析的模态扩展设定

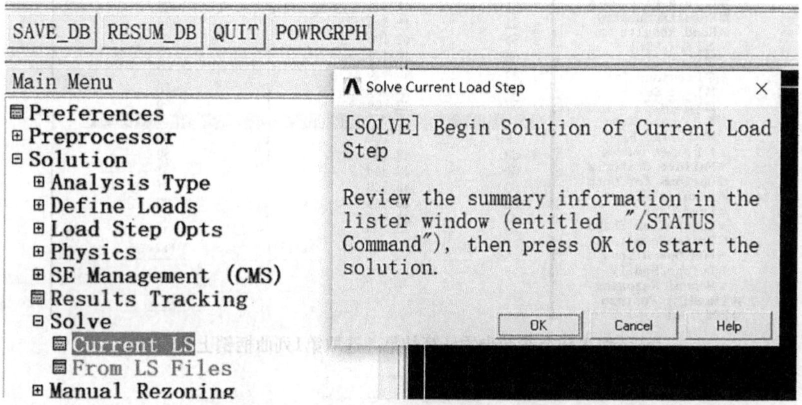

图 5-8　谐响应分析的模态扩展求解

5.1.3.2　计算结果的获取

完成轴系谐响应分析计算后，可以读取分析数据。根据获取的计算结果类型，可以采用通用后处理器 POST1（General Postproc）和时间历时处理器 POST26（TimeHist Postproc）进行数据的获取。考虑到轴系谐响应分析主要是为了掌握节点位移和应力随频率变化的规律，因此本节重点介绍利用时间历时处理器 POST26 获取计算结果的一般过程。

由于时间历时处理器 POST26 主要针对某节点进行操作，因此，需要利用通用后处理器 POST1 获取拟关注节点的节点号。现在，分别以获取轴系第 1 列曲柄销的 X 方向位移（扭转振幅）和轴系第 6 列曲柄与主轴倒角处的等效应力为例，介绍谐响应分析计算结果的获取方法。

(1) 轴系第 1 列曲柄销 *X* 方向位移结果的获取

由于轴系在 42.987Hz 时出现 1 阶扭转振动，因此在通用后处理器 POST1 中读取接近 42.987Hz 的载荷步，其 GUI 操作如图 5-9(a) 所示；然后在命令窗口输入 DU6M_FXY1（选取第 1 列曲柄销柱面关联的所有节点），点击回车键利用实用菜单 List 读取所选节点的计算结果，其 GUI 操作如图 5-9(b) 所示。最终确定节点 5276 在第 58 个载荷步中 *X* 方向的位移最大。

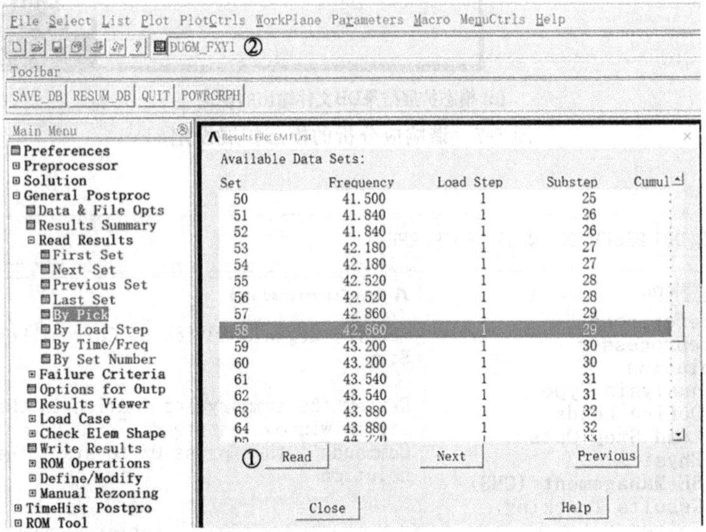

(a) 读取第58个载荷步的计算结果并选取第1列曲柄销上的节点

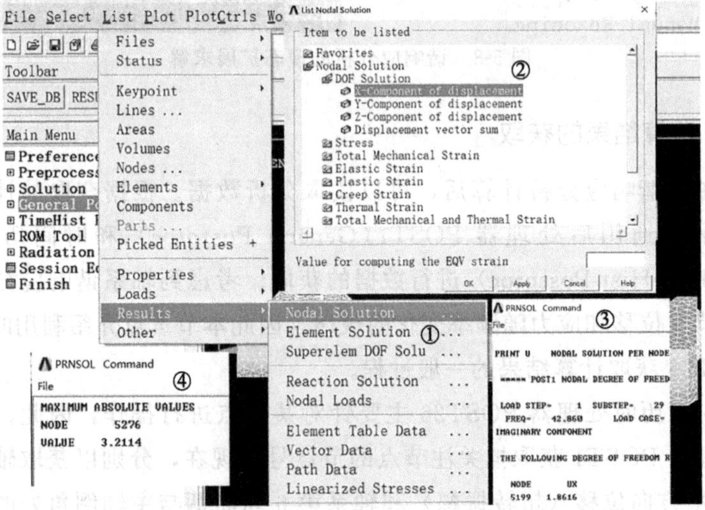

(b) 选取第58个载荷步第1列曲柄销上节点位移最大的节点号

图 5-9 选择曲柄销上拟计算 *X* 方向位移的节点

获得第 1 列曲柄销上 X 方向位移最大的节点号 5276 之后，可在时间历时处理器 POST26 中按照图 5-10 的步骤完成节点 5276 在 X 方向的位移随频率变化结果的获取，具体如下：当完成图（a）的第④步之后，单击 OK，将会出现一行节点号 5276 的计算结果，如图（b）所示；依次单击图标和图标，分别出现节点 5276 X 方向的位移随频率变化的曲线和数据列表，之后可以按图（c）所示的步骤将计算结果的曲线导出。首先依次单击实用菜单 Utility>PlotCtrls>Hard Copy>To File...，然后弹出图框①，在图框①中可以选择输出 BMP、Postscript、TIFF、JPEG、PNG 等不同格式的图片，勾选 Reverse Video，可以将输出图片的底色修改成白色，如图框②中的图片所示。

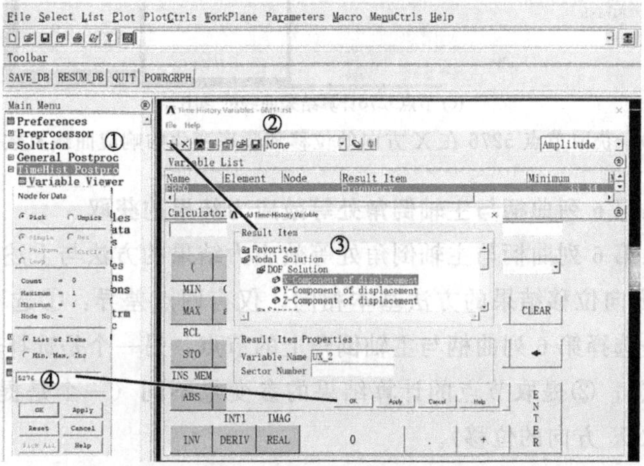

(a) 节点5276在X方向的位移计算结果的提取

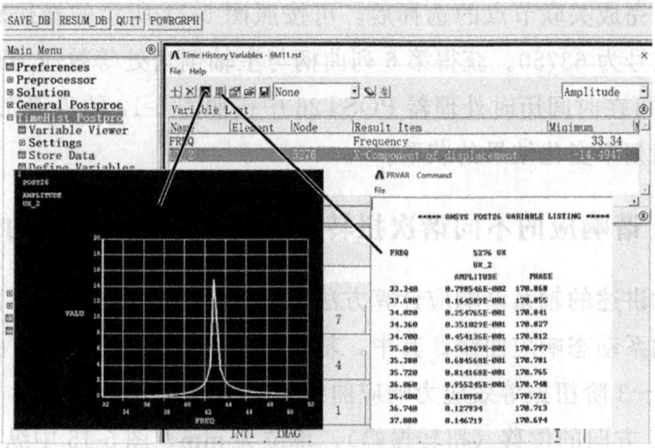

(b) 节点5276计算结果曲线的绘制及列表的显示

图 5-10

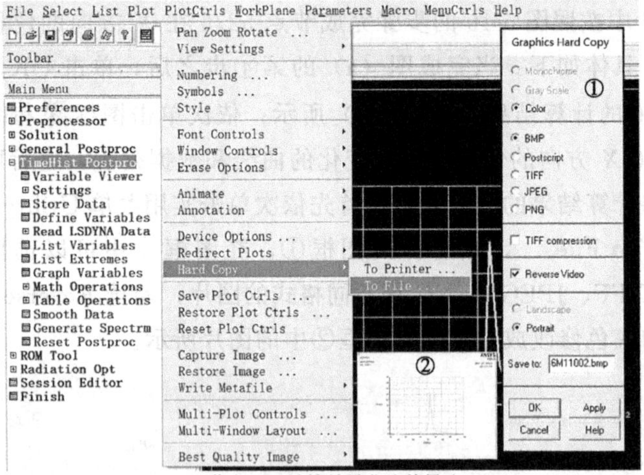

(c) 节点5276计算结果曲线的导出

图 5-10　获取节点 5276 在 X 方向的位移随频率变化的响应曲线及数据列表

(2) 轴系第 6 列曲柄与主轴倒角处等效应力结果的获取

获取轴系第 6 列曲柄与主轴倒角处等效应力结果的方法与上述获取轴系第 1 列曲柄销 X 方向位移结果的方法基本相同，仅有两点差异：①选取节点的位置不同（一个是选择第 6 列曲柄与主轴倒角上的节点，另一个是选择轴系第 1 列曲柄销上的节点）；②提取节点的计算结果的参变量不同（一个是提取等效应力，另一个是提取 X 方向的位移）。

参照图 4-3(a) 选择各轴承面关联节点的方法，选择第 6 列曲柄与主轴倒角的关联节点。完成关联节点的选择后，可按照图 5-11 所示的操作获得拟计算等效应力的节点号为 63750。获得第 6 列曲柄与主轴倒角处等效应力最大的节点号 63750 之后，可在时间历时处理器 POST26 中按照图 5-12 的步骤完成节点 63750 的等效应力随频率变化结果的获取。

5.1.4　基于谐响应的不同谐次扭转载荷对轴系扭转共振的影响

按照本章讲述的轴系谐响应计算方法，可获得表 4-2 中 3 个不同谐次的扭转载荷引起的轴系动态响应曲线。其中，轴系 1～3 阶扭振位移响应曲线如图 5-13 所示，轴系 1～3 阶扭振等效应力响应曲线如图 5-15 所示。图 5-13 中纵坐标为各列曲柄销在 X 方向的位移（扭转振幅），单位为 mm，图 5-15 中纵坐标为各列曲柄与主轴倒角处的等效应力，单位为 MPa，其横坐标均为激发载荷频率，单位为 Hz。为了直观反映各谐频载荷对轴系共振的影响，按照式(4-4) 将图 5-13 和

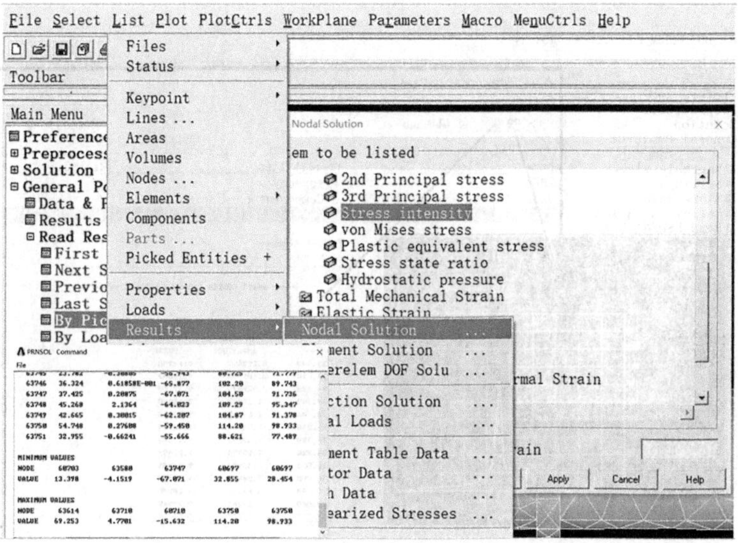

图 5-11 选择倒角上拟计算等效应力的节点

图 5-15 的横坐标转化成了曲轴转速，并将 1～3 阶扭振动态响应曲线绘制在了一个坐标轴上，如图 5-14 和图 5-16 所示。从图 5-14 和图 5-16 中可以看出，轴系 1 阶扭转振动时，扭转振幅及等效应力的峰值均出现在 42.987Hz（对应的曲轴转速为 368.46r/min）；轴系 2 阶扭转振动时，扭转振幅及等效应力的峰值均出现在 71.708Hz（对应的曲轴转速为 391.13r/min）；轴系 3 阶扭转振动时，扭转振幅及等效应力的峰值均出现在 162.53Hz（对应的曲轴转速为 375.06r/min）。

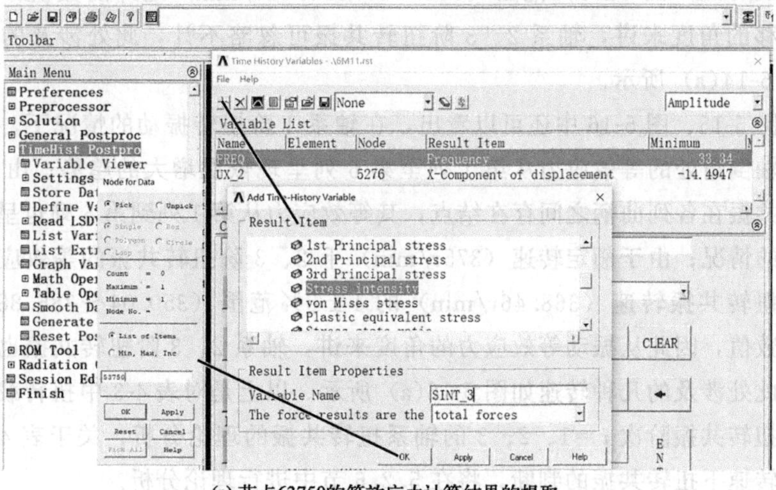

(a) 节点63750的等效应力计算结果的提取

图 5-12

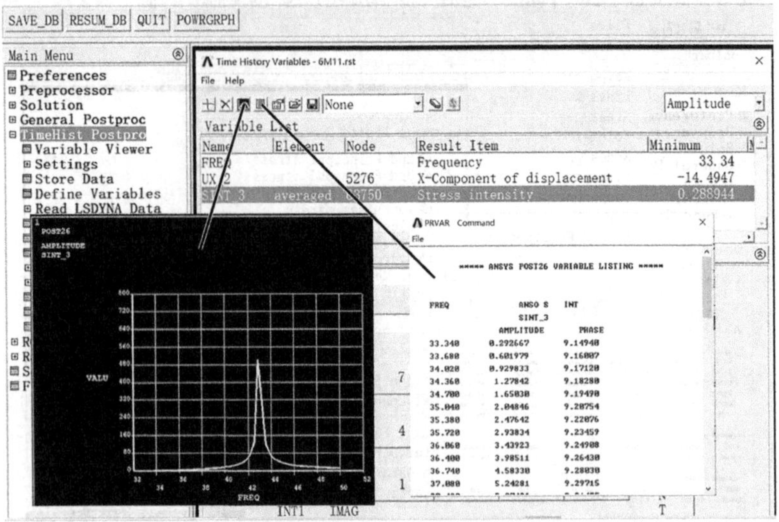

(b) 节点63750的等效应力计算结果曲线的绘制及列表的显示

图 5-12　获取节点 63750 的等效应力随频率变化的响应曲线及数据列表

从图 5-13、图 5-14 中还可以看出，在轴系 1 阶扭转振动的情况下，曲柄销处的扭转位移从第 1 列到第 6 列呈现依次减小的趋势；由于 2、3 阶扭转共振在各列曲柄之间存在结点（扭转位移为 0 的点），因此在轴系 2、3 阶扭转振动的情况下，曲柄销处的扭转位移从第 1 列到第 6 列呈现大小不一的情况；由于额定转速（375r/min）下 2、3 阶扭转共振的振幅均低于 1 阶扭转共振转速（368.46r/min）的 1±5%范围（350.04～386.88r/min）之外的数值，因此从振动位移的角度来讲，轴系 2、3 阶扭转共振可忽略不计，此处涉及的几种转速如图 5-14(a) 所示。

从图 5-15、图 5-16 中还可以看出，在轴系 1 阶扭转振动的情况下，轴系曲柄与主轴倒角处的等效应力从第 1 列至第 6 列呈现依次增大的趋势；由于 2、3 阶扭转共振在各列曲柄之间存在结点，其等效应力从第 1 列到第 6 列也呈现出大小不一的情况；由于额定转速（375r/min）下 2、3 阶扭转共振的等效应力均低于 1 阶扭转共振转速（368.46r/min）的 1±5%范围（350.04～386.88r/min）之外的数值，因此从振动等效应力的角度来讲，轴系 2、3 阶扭转共振也可忽略不计，此处涉及的几种转速如图 5-16(a) 所示。以上是对表 4-3 中扭转载荷谐次 $j=7$，扭转共振阶次 $i=1$、2、3 的轴系扭转共振的理论分析，关于表 4-3 中其他临界转速下扭转共振的判断，将在 5.2.6 节中进行理论分析。

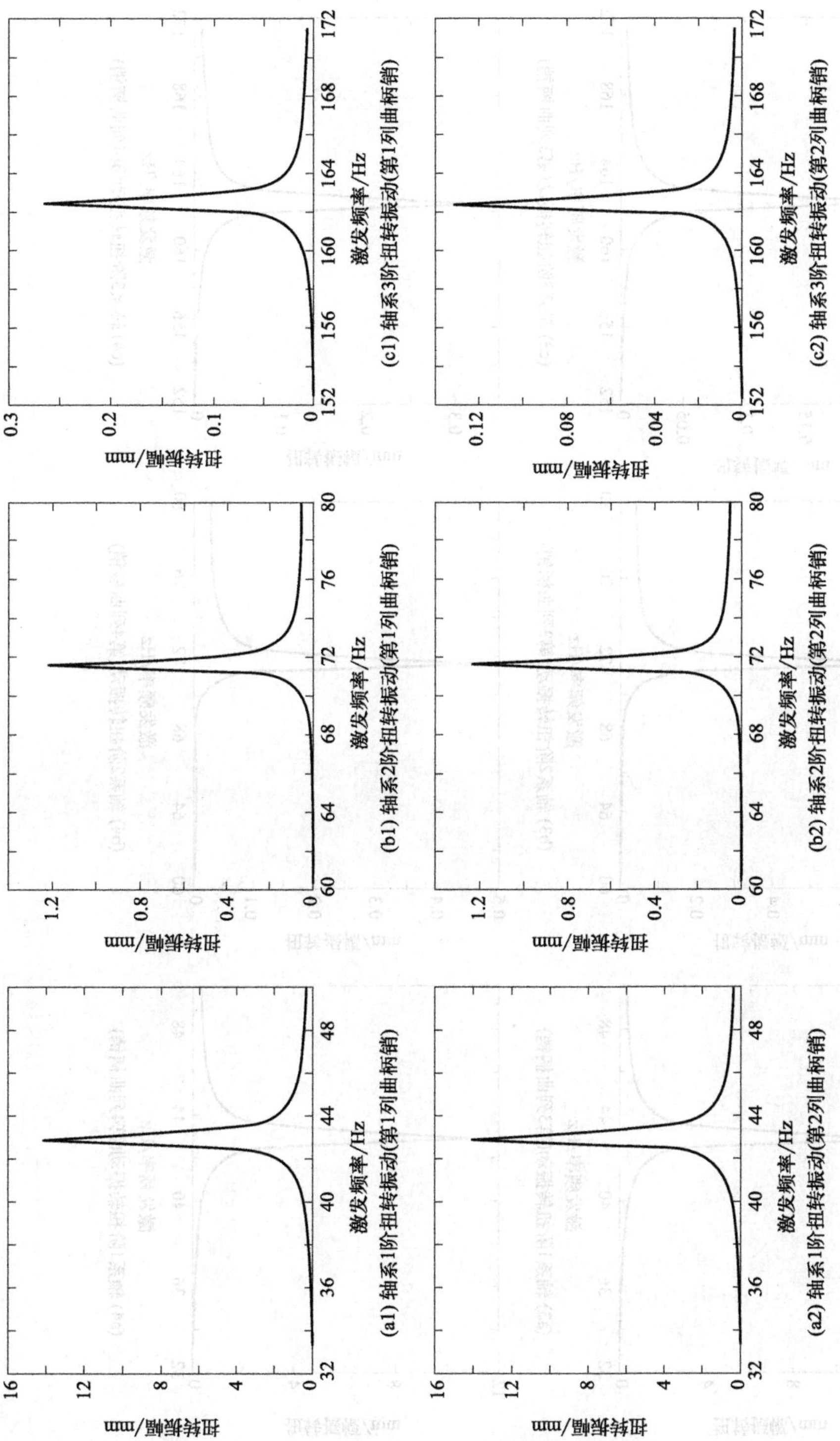

(a1) 轴系1阶扭转振动(第1列曲柄销)

(a2) 轴系1阶扭转振动(第2列曲柄销)

(b1) 轴系2阶扭转振动(第1列曲柄销)

(b2) 轴系2阶扭转振动(第2列曲柄销)

(c1) 轴系3阶扭转振动(第1列曲柄销)

(c2) 轴系3阶扭转振动(第2列曲柄销)

图 5-13

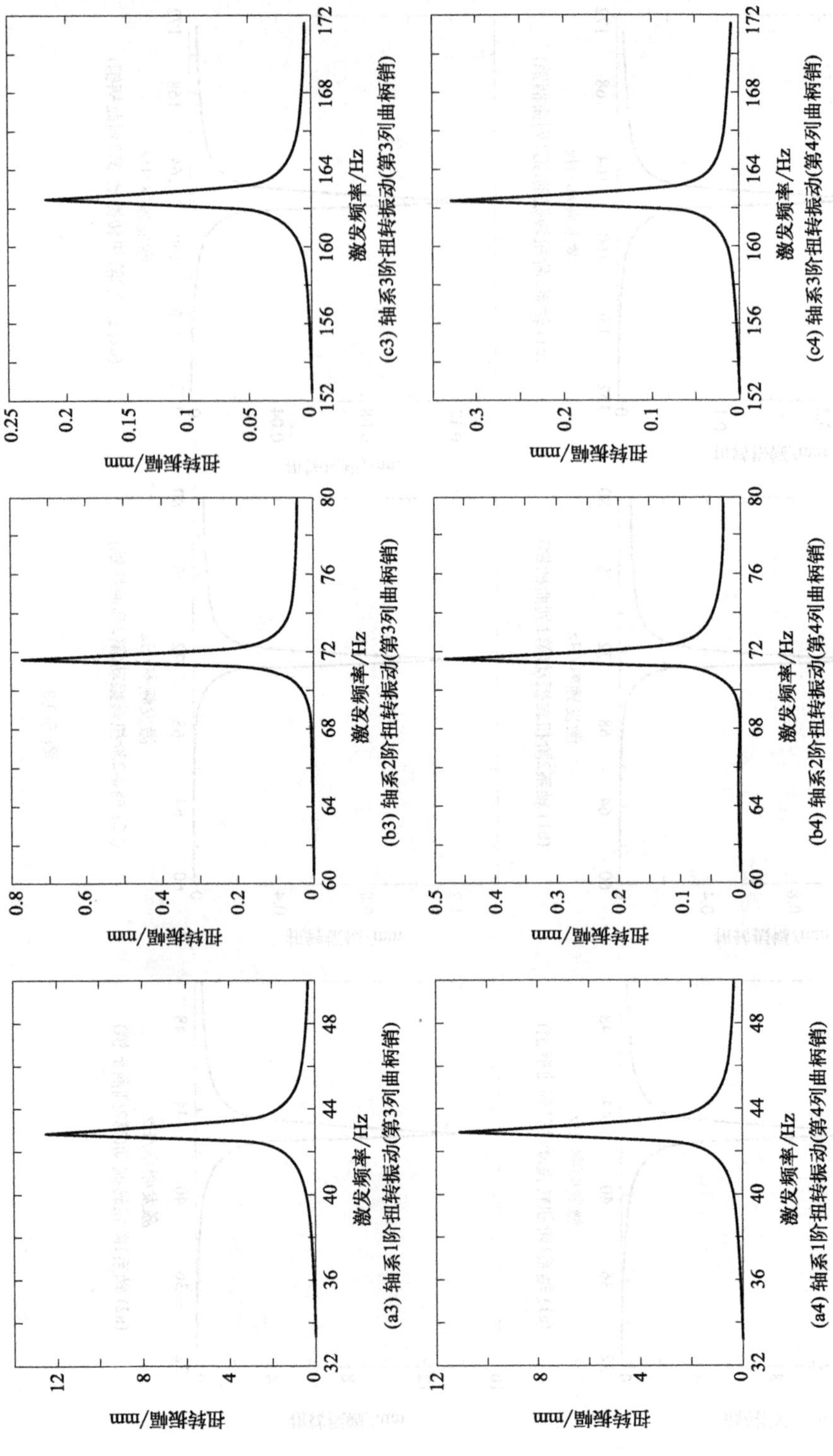

(a3) 轴系1阶扭转振动(第3列曲柄销)

(b3) 轴系2阶扭转振动(第3列曲柄销)

(c3) 轴系3阶扭转振动(第3列曲柄销)

(a4) 轴系1阶扭转振动(第4列曲柄销)

(b4) 轴系2阶扭转振动(第4列曲柄销)

(c4) 轴系3阶扭转振动(第4列曲柄销)

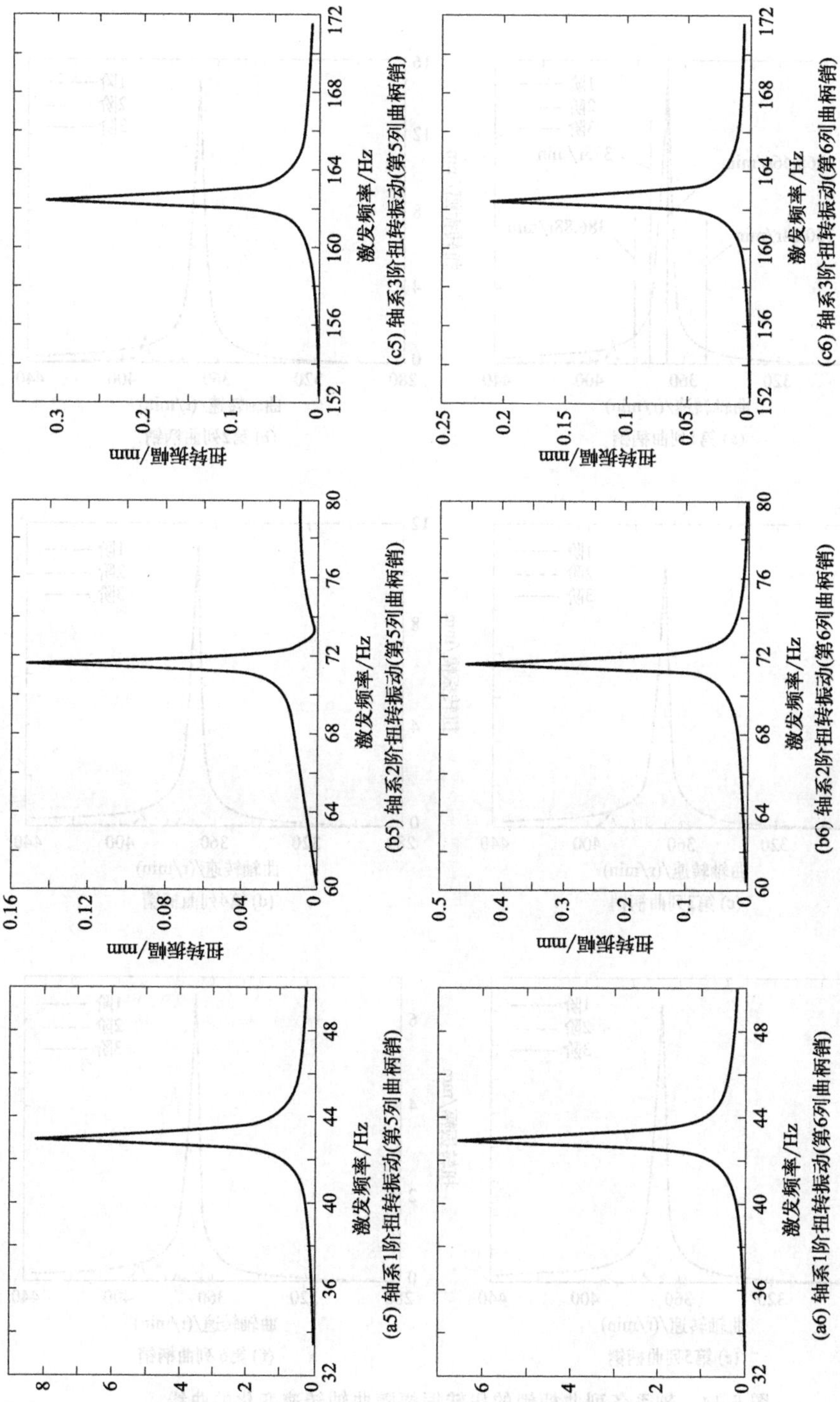

图 5-13　轴系各列曲柄销的扭转振幅随频率变化的响应曲线

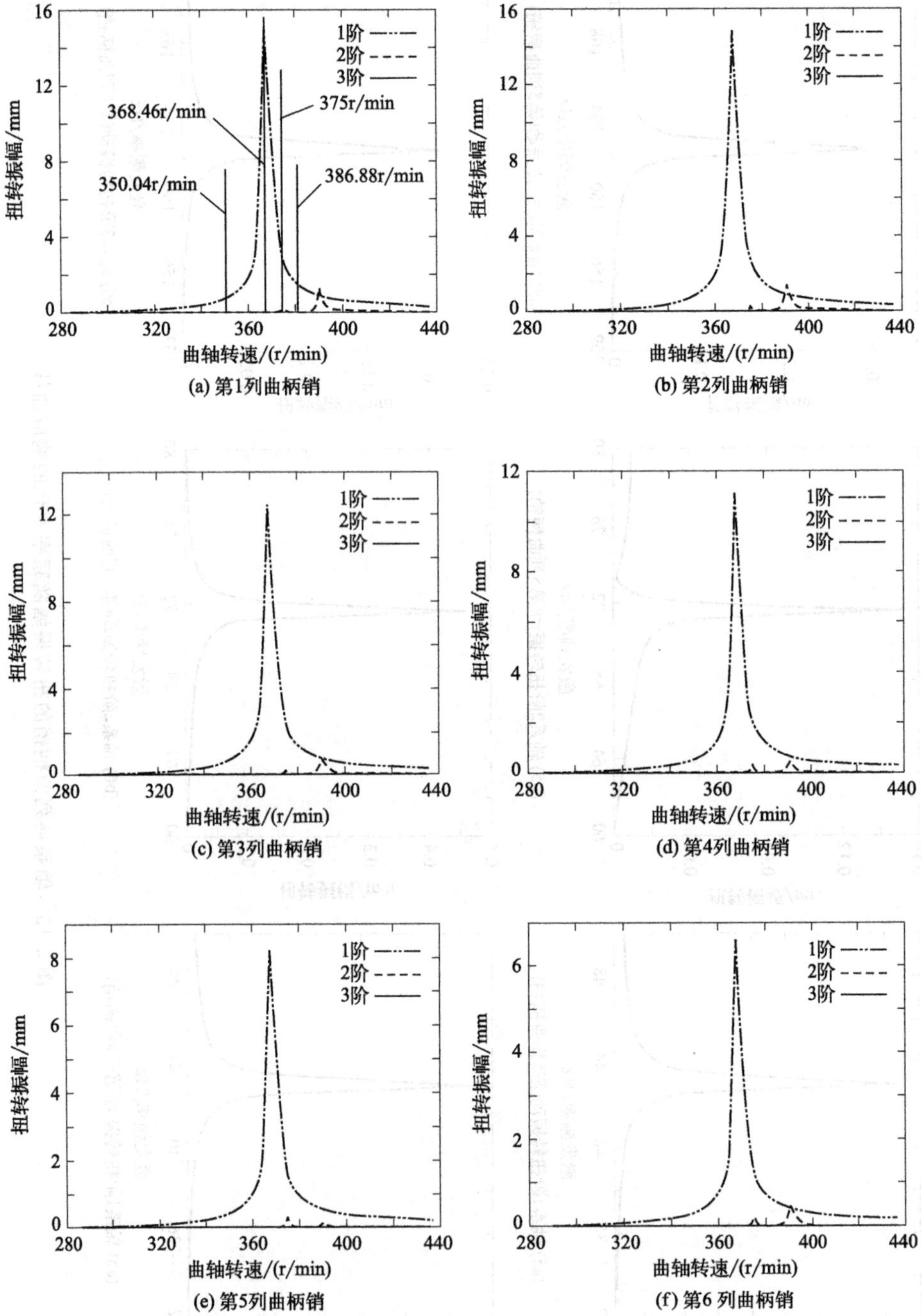

图 5-14　轴系各列曲柄销的扭转振幅随曲轴转速变化的曲线

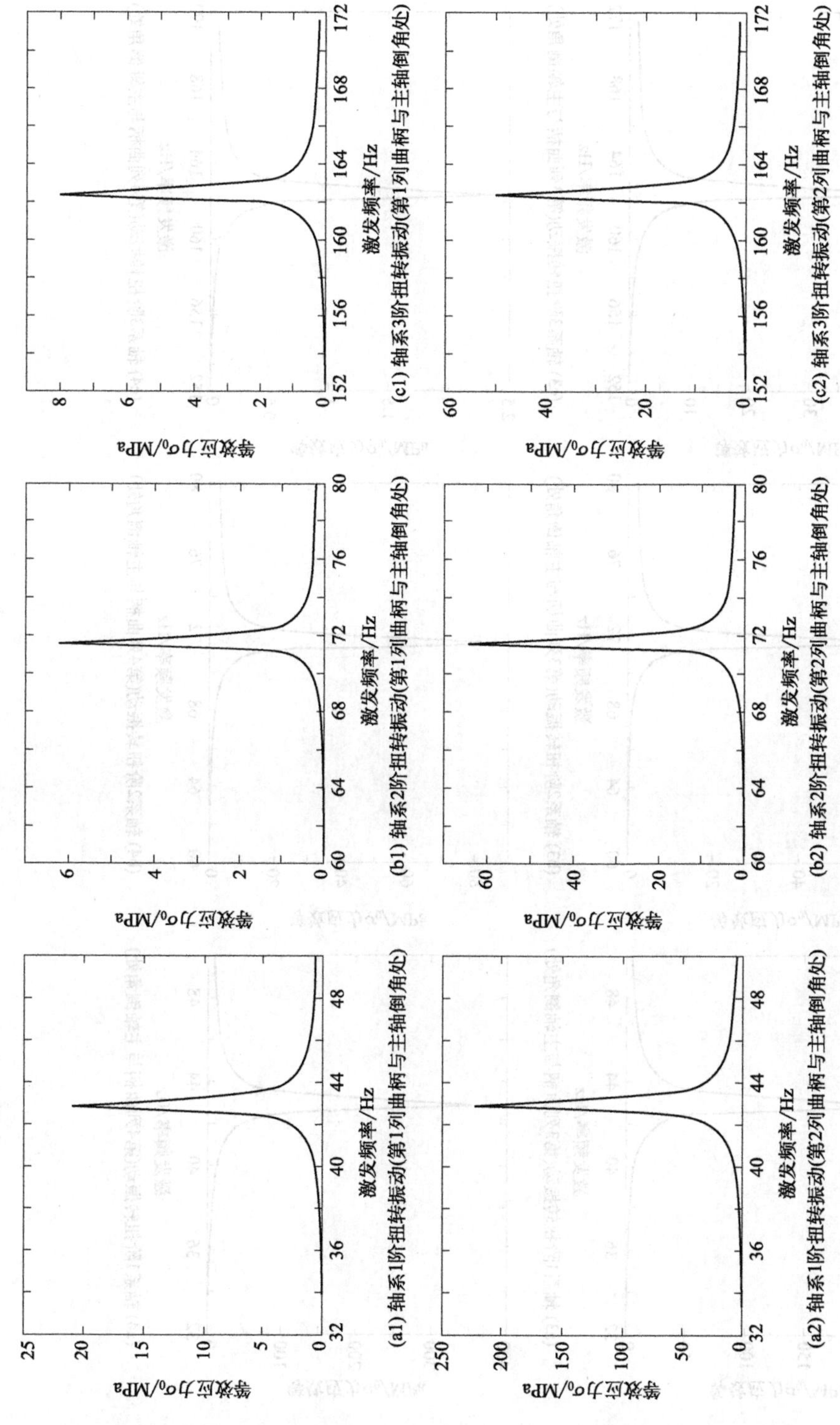

等效应力σ0/MPa
激发频率/Hz
(a1) 轴系1阶扭转振动(第1列曲柄与主轴倒角处)
(b1) 轴系2阶扭转振动(第1列曲柄与主轴倒角处)
(c1) 轴系3阶扭转振动(第1列曲柄与主轴倒角处)
(a2) 轴系1阶扭转振动(第2列曲柄与主轴倒角处)
(b2) 轴系2阶扭转振动(第2列曲柄与主轴倒角处)
(c2) 轴系3阶扭转振动(第2列曲柄与主轴倒角处)

图 5-15

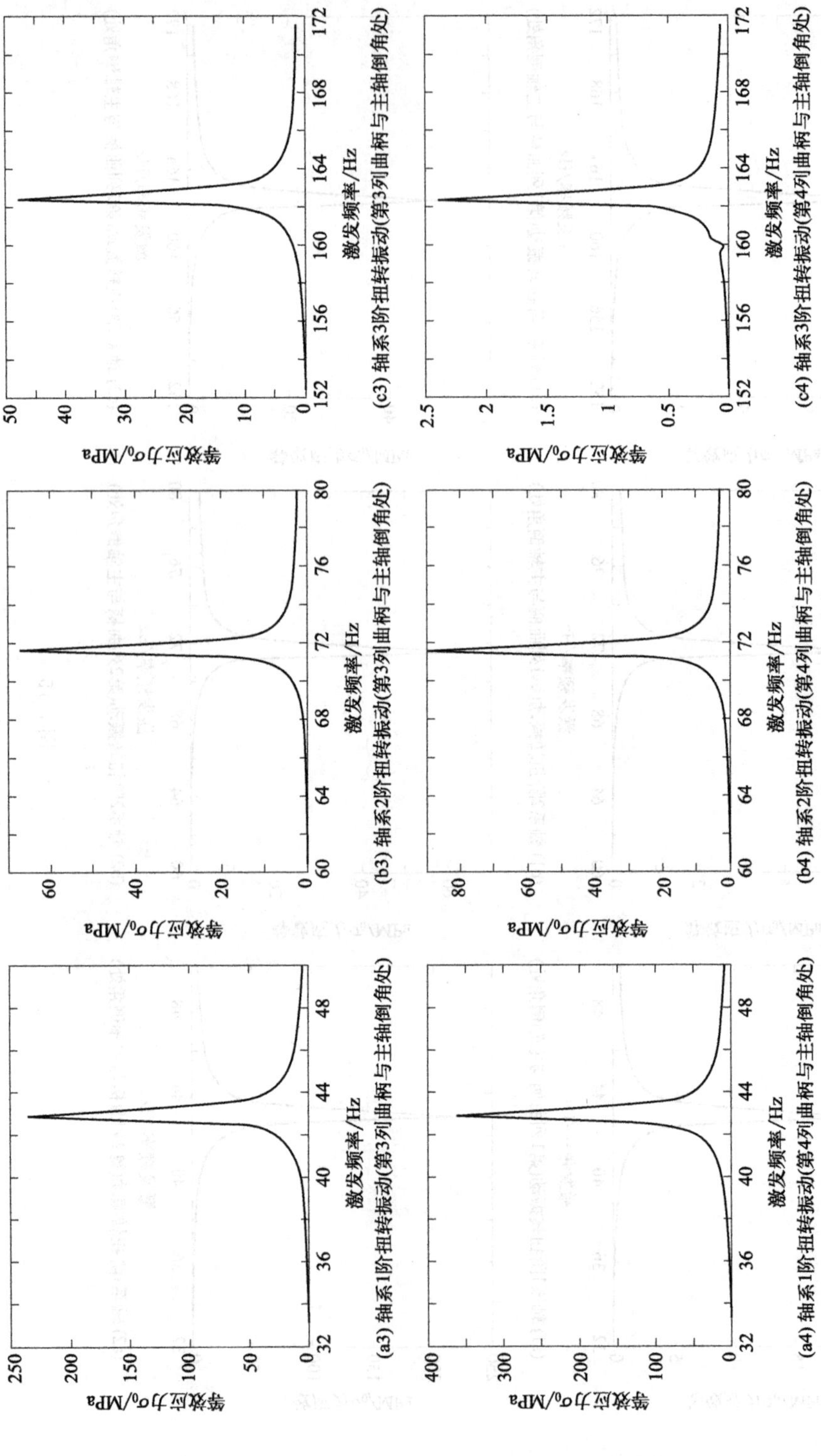

(a3) 轴系1阶扭转振动(第3列曲柄与主轴倒角处)

(b3) 轴系2阶扭转振动(第3列曲柄与主轴倒角处)

(c3) 轴系3阶扭转振动(第3列曲柄与主轴倒角处)

(a4) 轴系1阶扭转振动(第4列曲柄与主轴倒角处)

(b4) 轴系2阶扭转振动(第4列曲柄与主轴倒角处)

(c4) 轴系3阶扭转振动(第4列曲柄与主轴倒角处)

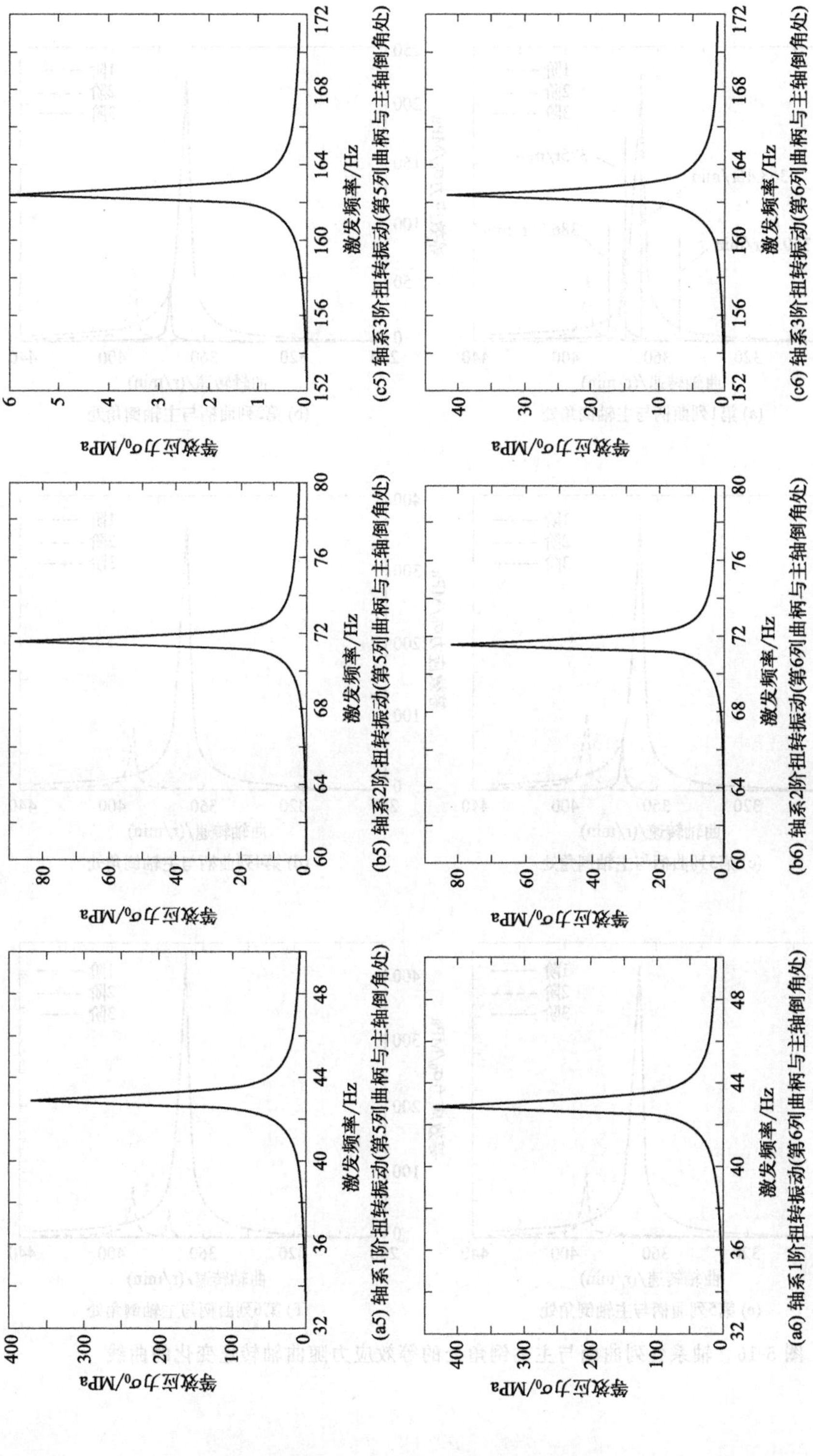

图 5-15　轴系各列曲柄与主轴倒角处的等效应力随频率变化的响应曲线

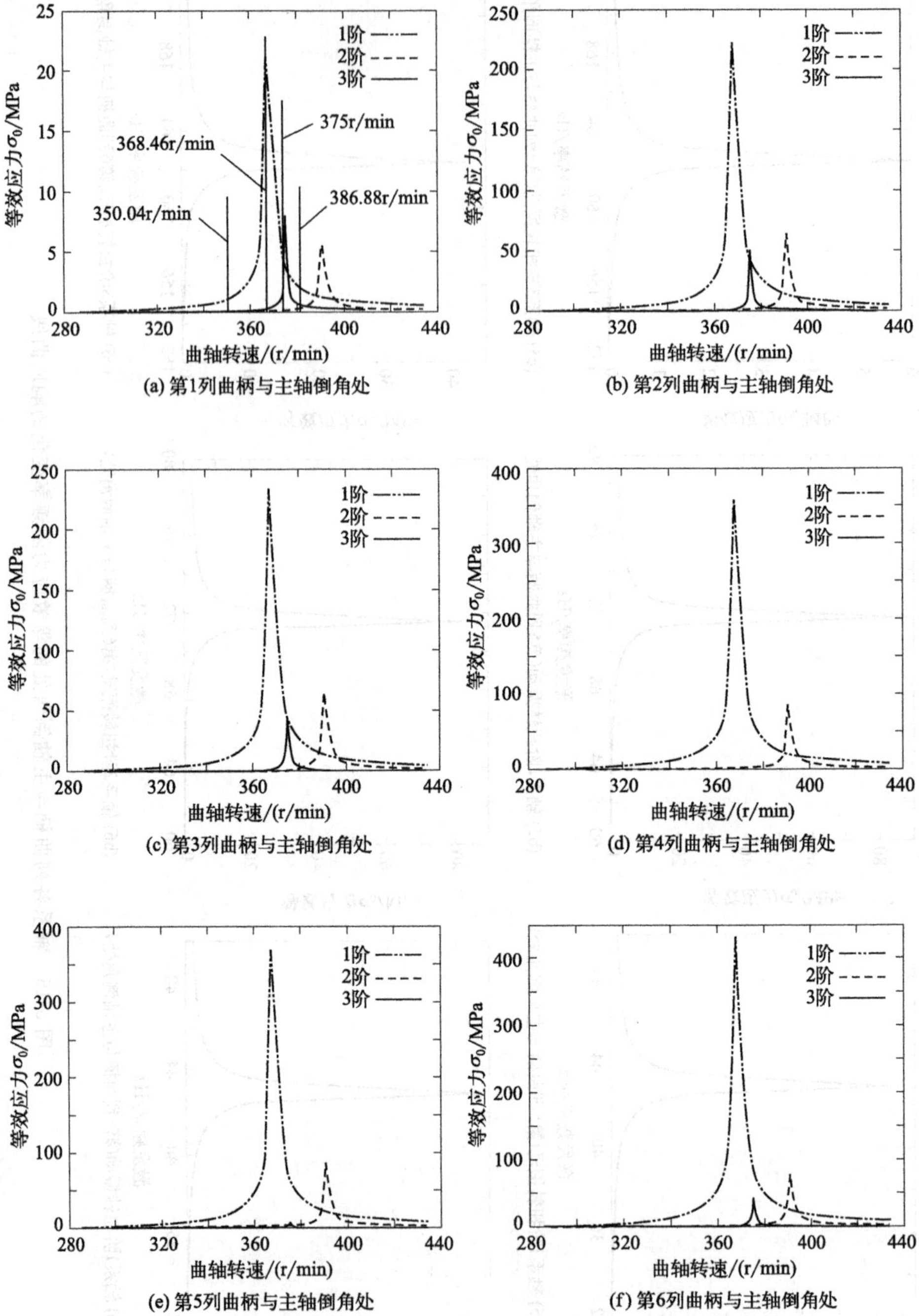

图 5-16　轴系各列曲柄与主轴倒角处的等效应力随曲轴转速变化的曲线

5.2 轴系瞬态响应计算

轴系瞬态响应计算是 ANSYS 软件中瞬态结构动力学分析的一种。瞬态结构动力学分析也叫时间历时分析，是用于确定承受任意随时间变化载荷的结构动力响应的一种方法，利用瞬态结构动力分析还可以获得系统结构承受静载荷、瞬态载荷、简谐载荷以及由这些载荷随意组合下的应力、位移随时间的变化规律。因此，利用 ANSYS 软件完全可以求解曲轴承受连杆交变载荷、电机转子承受扭转力矩的瞬态响应。

对于这种承受交变载荷的往复式压缩机轴系来讲，按照 GB/T 20322 或 API STD618 等标准的规定，在无法排除轴系扭转共振的情况下，必须对轴系进行瞬态响应计算。轴系瞬态响应计算与轴系谐响应计算一样，都是在轴系模态分析的基础上利用模态叠加法进行分析，因此二者的计算步骤非常相似。轴系瞬态响应分析主要包括分析方法的设定、连杆交变载荷的施加、电机转子扭转力矩的施加、瞬态响应分析的求解、动态计算结果的获取等内容[22-23]。

5.2.1 时间历程载荷的计算

在往复式压缩机的运转过程中，轴系时刻承受着多种复杂的载荷，主要包括作用在曲柄销上的各列连杆力（可分解成切向力和径向力）、作用在电机转子上的驱动转矩等。作用在往复式压缩机各列曲柄销上的连杆力 F_l 如图 5-17 所示。其中，径向力 F_r 可直接从热-动力计算中获得，具体参数详见表 2-2，切向力 F_t 可以由式(5-5) 计算得到。

$$F_t = 2MD/s \tag{5-5}$$

式中，MD 为曲柄销处承受的转矩，具体参数详见表 2-2；s 为压缩机的行程。

电机转子上的驱动转矩也是由压缩机的动力计算获得的，具体参数详见表 2-2。

与轴系谐响应分析一样，轴系瞬态响应分析也是在各处节点上施加载荷的。因此，在施加时间历程载荷前，也需要计算曲柄销上节点的切向力、径向力以及电机转子外圈节点上的切向力。

(1) 曲柄销节点上的切向力

$$F_{xi}^{j} = 2MD_i^j \times 10^6 / (s \times \text{sumnode}) \quad j=1\sim6, i=1\sim72 \tag{5-6}$$

式中，F_{xi}^{j} 为 i 时刻作用在第 j 列曲柄销节点上的切向力，N；MD_i^j 为 i 时

刻作用在第 j 列曲柄销节点上的转矩 MD，kN·m；s 为压缩机的行程，mm；sumnode 为曲柄销关联的节点数。

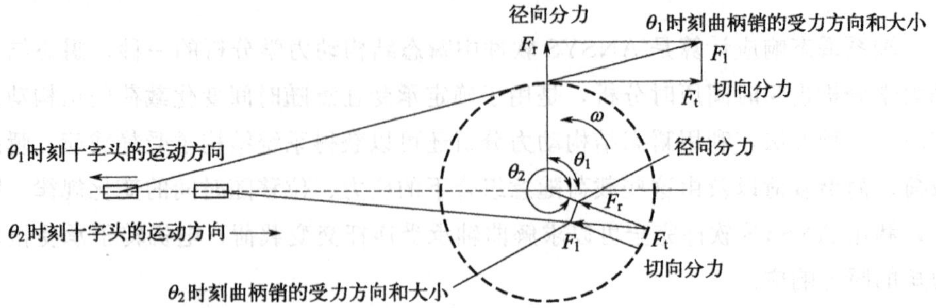

图 5-17 曲柄受力

(2) 曲柄销节点上的径向力

$$F_{yi}^{j}=(F_{ri}^{j}\times 10^{3}+F_{lx}^{j})/\text{sumnode} \quad j=1\sim 6, i=1\sim 72 \tag{5-7}$$

式中，F_{yi}^{j} 为 i 时刻作用在第 j 列曲柄销节点上的径向力，N；F_{ri}^{j} 为 i 时刻作用在第 j 列曲柄销节点上的径向力，kN；F_{lx}^{j} 为第 j 列等效质量的离心力，N；sumnode 为曲柄销关联的节点数。

(3) 电机转子外圈节点上的切向力（节点为柱坐标系）

$$F_{yi}=2MZ\times 10^{6}/(D_{26}\times \text{sumnode2}) \quad i=1\sim 72 \tag{5-8}$$

式中，F_{yi} 为 i 时刻作用在电机转子外圈节点上的切向力，N；MZ 为压缩机的实际转矩，kN·m；D_{26} 为电机转子外圈直径，mm；sumnode2 为电机转子外圈关联的节点数。

5.2.2 瞬态响应分析类型的选择及参数设定

瞬态响应分析“分析类型”的选择命令如（M5-44）所示。其 GUI 操作如图 4-5 所示，单击图中的“Transient”即可。命令（M5-44）中的数字 4 也可以用 Transient 来代替。瞬态响应分析参数设定的内容包括选择计算方法、施加系统的转速及材料的阻尼等。其中选择计算方法又分为计算方法（Solution method）的选择、集中质量法近似与否（Use lumped mass approx）的确定、模态叠加阶次（Mode number for Superposition）的选择等。瞬态响应分析中选择计算方法的 GUI 操作如图 5-18 所示。计算方法（Solution method）选择模态叠加法（Mode Superpos'n），对应的命令如（M5-45）所示。集中质量法近似与否（Use lumped mass approx）选择 No，对应的命令如（M5-46）所示；模态叠加阶次

(Mode number for Superposition) 选择 3～15，对应的命令如 (M5-47) 所示。轴系瞬态响应分析施加系统转速及阻尼的方法与谐响应分析完全一致，具体操作详见图 5-2。

```
/SOL
ANTYPE,4                                    (M5-44)
TRNOPT,MSUP,,,,0                            (M5-45)
LUMPM,0                                     (M5-46)
TRNOPT,MSUP,15,,3,YES                       (M5-47)
OMEGA,0,0,pi*n/30,0
ALPHAD,0,
BETAD,0,
DMPRAT,P_DMPRAT,
MDAMP,1,,,,,,,
```

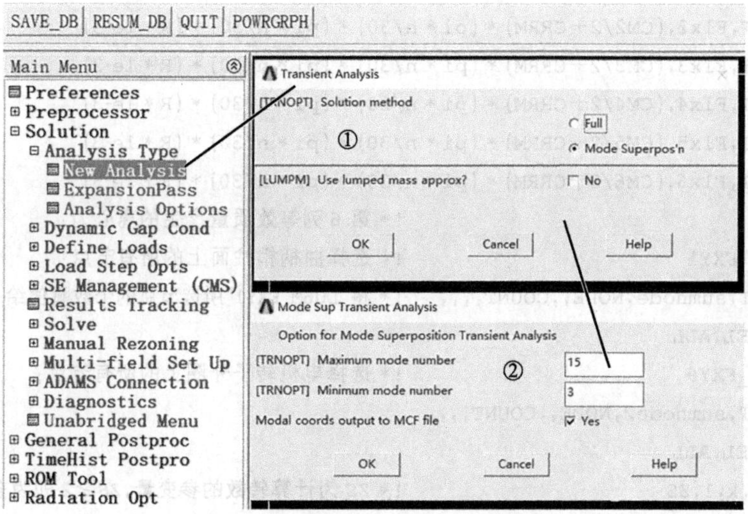

图 5-18　瞬态响应分析计算方法的选择

5.2.3　时间历程载荷的施加

本节以施加轴系综合载荷为例，对时间历程载荷的施加进行详细介绍。在轴系瞬态响应分析中，无论是在轴系上施加一般性交变载荷、静态载荷还是简谐载荷，这些载荷的形式都必须是时间历程的载荷谱。作用在轴系上的综合载荷包括各列曲柄销节点上的切向力 F_{xi}^{j} 和径向力 F_{yi}^{j}、电机转子节点上的切向力 F_{yi}。

在 ANSYS 软件平台上，施加这些时间历程载荷必须采用多载荷步来实现。压缩机曲轴从 0°的转角算起，每旋转 5°称为一个载荷步，曲轴运转一周共计 72 个载荷步，即在曲轴转角处于 θ（即 i 时刻）的所有载荷共同构成 1 个载荷步。当轴系瞬态响应计算的时长设定为 1 转时（本书以压缩机运转转数 ZS 设定计算时长），将采用等时间间隔生成 72 个载荷步。当计算时长 ZS 设定≥2 的整数时，将重复 ZS 次上述 72 组载荷的施加，最终生成 $ZS\times72$ 个载荷步进行最终求解。为了加载方便，需要在 ANSYS 软件中定义一个多维数组来存储一个周期内各列曲柄销承受的转矩 MD_i^j 和径向力 F_{ri}^j，然后利用 APDL 参数化设计语言中的循环语句完成多周期的不同载荷步施加。施加该时间历程载荷的命令流如下：

```
*DIM,loadvalue,ARRAY,72,2,6,,,                                    (M5-48)
Par6Mload                                                         (M5-49)
*SET,PI,3.1415926
*SET,Flx1,(CM1/2+CRRM)*(pi*n/30)*(pi*n/30)*(R*1e-3)
                                   !*第 1 列等效质量产生的离心力;
*SET,Flx2,(CM2/2+CRRM)*(pi*n/30)*(pi*n/30)*(R*1e-3)
*SET,Flx3,(CM3/2+CRRM)*(pi*n/30)*(pi*n/30)*(R*1e-3)
*SET,Flx4,(CM4/2+CRRM)*(pi*n/30)*(pi*n/30)*(R*1e-3)
*SET,Flx5,(CM5/2+CRRM)*(pi*n/30)*(pi*n/30)*(R*1e-3)
*SET,Flx6,(CM6/2+CRRM)*(pi*n/30)*(pi*n/30)*(R*1e-3)
                                   !*第 6 列等效质量产生的离心力;
DU6M_FXY1                          !*选择曲柄销柱面上的所有节点;
*GET,sumnode,NODE,,COUNT,,,,       !*将"DU6M_FXY1"所选节点的个数赋值给 sumnode;
ALLSEL,ALL
DU6M_FXY9                          !*选择电机转子外圈上的所有节点;
*GET,sumnode2,NODE,,COUNT,,,,
ALLSEL,ALL
*do,k,1,ZS                         !*ZS 为计算转数的参变量,ZS≥2 即为多转载荷;
*do,i,1,72
*do,j,1,7
*if,j,eq,1,then                    !*施加第 1 列曲柄销上的载荷;
DU6M_FXY1
f,p51x,fx,-(loadvalue(i,1,j)*1e6)/(sumnode*r)
                                   !*施加式(5-6)的载荷;            (M5-50)
DU6M_FXY1
f,p51x,fy,-(loadvalue(i,2,j)*1e3+Flx1)/sumnode
                                   !*施加式(5-7)的载荷;
```

```
ALLSEL,ALL
*endif
*if,j,eq,2,then                    !*施加第 2 列曲柄销上的载荷;
DU6M_FXY2
f,p51x,fx,(loadvalue(i,1,j)*1e6)/(sumnode*r)
ALLSEL,ALL
DU6M_FXY2
f,p51x,fy,(loadvalue(i,2,j)*1e3+Flx2)/sumnode
ALLSEL,ALL
*endif
*if,j,eq,3,then                    !*施加第 3 列曲柄销上的载荷;
DU6M_FXY3
f,p51x,fx,-(loadvalue(i,1,j)*1e6)/(sumnode*r)
ALLSEL,ALL
DU6M_FXY3
f,p51x,fy,-(loadvalue(i,2,j)*1e3+Flx3)/sumnode
ALLSEL,ALL
*endif
*if,j,eq,4,then                    !*施加第 4 列曲柄销上的载荷;
DU6M_FXY4
f,p51x,fx,(loadvalue(i,1,j)*1e6)/(sumnode*r)
ALLSEL,ALL
DU6M_FXY4
f,p51x,fy,(loadvalue(i,2,j)*1e3+Flx4)/sumnode
ALLSEL,ALL
*endif
*if,j,eq,5,then                    !*施加第 5 列曲柄销上的载荷;
DU6M_FXY5
f,p51x,fx,-(loadvalue(i,1,j)*1e6)/(sumnode*r)
ALLSEL,ALL
DU6M_FXY5
f,p51x,fy,-(loadvalue(i,2,j)*1e3+Flx5)/sumnode
ALLSEL,ALL
*endif
*if,j,eq,6,then                    !*施加第 6 列曲柄销上的载荷;
DU6M_FXY6
f,p51x,fx,(loadvalue(i,1,j)*1e6)/(sumnode*r)
```

```
ALLSEL,ALL
DU6M_FXY6
f,p51x,fy,(loadvalue(i,2,j)*1e3+Flx6)/sumnode
ALLSEL,ALL
 *endif
 *if,j,eq,7,then                       !*施加电机转子上的载荷;
DU6M_FXY9                                                          (M5-51)
f,p51x,fy,MZ*1e6/(sumnode2*D26/2)   !*施加式(5-8)的载荷;          (M5-52)
ALLSEL,ALL
 *endif
 *enddo
t=(60/(72*n))*((i-1+(k-1)*72))
                                       !*计算当前载荷步的时间点;    (M5-53)
time,t                                                             (M5-54)
outpr,basic,last                       !*设定计算结果打印的输出选项为"基本输出";
outres,basic,last                      !*设定计算结果写入数据库的输出选项为"基本
                                         输出";
lvscale,n/ne                           !*n/ne表示惯性载荷的缩放倍数;  (M5-55)
lswrite,(i+(k-1)*72)                   !*将当前定义的所有参数写入载荷文件。
 *enddo
 *enddo
LSSOLVE,1,72*ZS,1,                                                 (M5-56)
SAVE
FINISH
```

上述命令（M5-48）是定义一个 72×2×6 的多维数组，该数组名为 loadvalue(72,2,6)，在数组的 loadvalue(i,1,j) 位置存储第 j 列曲柄销第 i 个压缩机转角处的列扭矩 MD，在数组的 loadvalue(i,2,j) 位置存储第 j 列曲柄销第 i 个压缩机转角处的径向力 F_r。命令（M5-49）是读取“时间历程载荷”的相关数据，Par6Mload. mac 文件详见附录 4。命令（M5-50）是在第 1 列曲柄销上的节点施加 i 时刻的切向力 F_{xi}^1(i=1～72)。其 GUI 操作如图 5-19 所示，在 VALUE Force/moment value 中输入 “-(loadvalue(i,1,j) * 1e6)/(sumnode * r)” 即可。此外，必须为每个载荷步定义时间点。命令（M5-54）是对该载荷步时间点的定义，其 GUI 操作如图 5-20 所示。其中时间点 t 是根据曲轴的转速 n、当前载荷步数 i 以及当前曲轴所在圈数 k 计算获得的，其命令如（M5-53）所

示。在进行轴系瞬态响应分析的过程中，实际计算转速可能与模态计算时定义的转速不一致，因此 ANSYS 软件提供了一个对载荷矢量进行缩放的命令，如（M5-55）所示。其中 n 为瞬态响应分析时定义的转速，n_e 为模态分析时定义的转速。

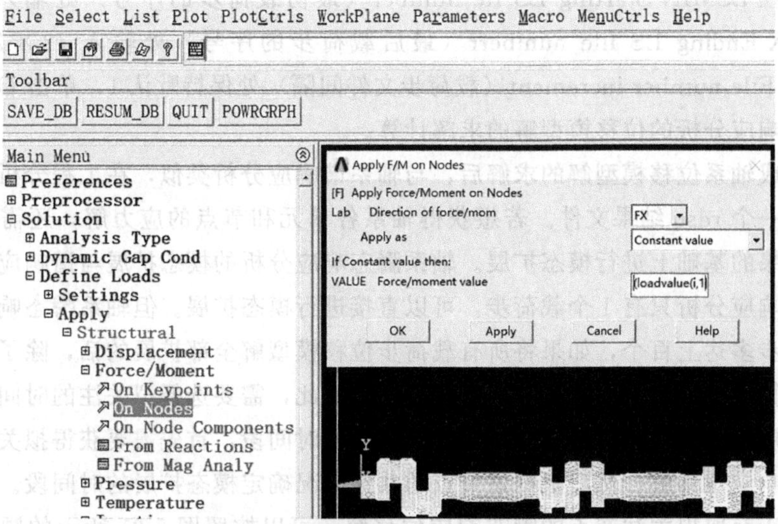

图 5-19　瞬态响应分析载荷的施加

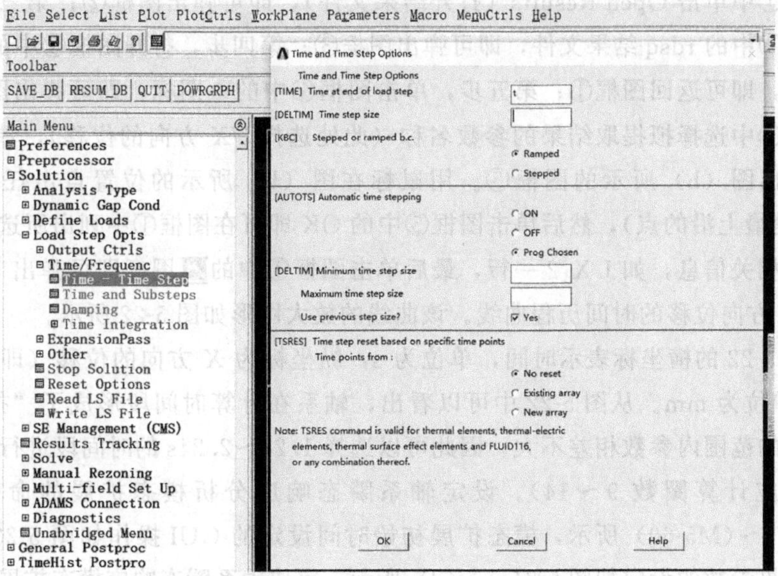

图 5-20　瞬态响应分析时间点的定义

5.2.4 瞬态响应节点位移分析及模态扩展

施加完轴系时间历程载荷后，就可以进行载荷步的计算了（此时生成了72×ZS个载荷步）。载荷步计算的命令如（M5-56）所示，其GUI操作如图5-6所示。在LSMIN Starting LS fle number（最初载荷步的序号）处输入1，在LSMAX Ending LS file numberr（最后载荷步的序号）处输入72×ZS，在LSINC File number increment（载荷步文件间隔）处保持默认1，单击OK即开始瞬态响应分析的位移模型解的求解计算。

完成轴系位移模型解的求解后，与轴系谐响应分析类似，在工程分析目录下将产生一个rdsq结果文件。若想获得轴系各单元和节点的应力解，还需要在该计算结果的基础上进行模态扩展。轴系瞬态响应分析的模态扩展与谐响应分析不同。谐响应分析只有1个载荷步，可以直接进行模态扩展。但轴系瞬态响应分析的载荷步多达上百个，如果将所有载荷步位移模型解全部扩展的话，除了浪费大量的计算时间，还要占用很大的磁盘空间，因此，需要选择拟关注的时间段进行模态扩展。为了准确地选取拟关注模态扩展的时间段，首先需要获得拟关注节点的瞬态响应位移解，然后根据该节点的共振情况确定模态扩展的时间段。

关于获取拟关注节点的瞬态响应位移解，可以按照图5-21所示的顺序逐步实施。第一步，单击图（a）中的TimeHist Postpro即可弹出图框①；第二步，在图框①中单击Open Results（打开结果文件），即可弹出图框②；第三步，打开图框②中的rdsq结果文件，即可弹出图框③；第四步，打开图框③中的db模型文件，即可返回图框①；第五步，单击图框①中的图标，即可弹出图框④，在图框④中选择拟提取结果的参数名称（此处选择UX方向的位移），单击OK即可弹出图（b）所示的图框⑤。用鼠标在图（b）所示的位置点击任意节点（曲柄销最上沿的点），然后单击图框⑤中的OK即可在图框①中列出所选节点位移解的相关信息，如UX_2一行，最后单击图框①中的图标即可弹出5277节点在X方向位移的时间历程曲线。该曲线的放大图形如图5-22所示。

图5-22的横坐标表示时间，单位为s，纵坐标为X方向的位移（即扭转振幅），单位为mm。从图5-22中可以看出，轴系在计算时间段形成了“拍”，在一个拍的范围内参数相差不大，因此可以选择1.28～2.24s的时间段进行模态扩展（对应计算圈数9～14）。设定轴系瞬态响应分析模态扩展的命令流如(M5-57)～(M5-60)所示，模态扩展初始时间设定的GUI操作如图5-23所示，输出结果参数的设定如图5-7(c)、(d)所示。完成轴系瞬态响应模态扩展的设定后，就可以进行模态扩展了，其命令如（M5-61）所示。在轴系模态扩展的过程

中，信息窗口会实时更新模态扩展的进程。完成轴系模态扩展的计算求解后，在工程分析目录下将产生一个 rst 结果文件存储所有数据（包括位移计算结果和应力计算结果）。

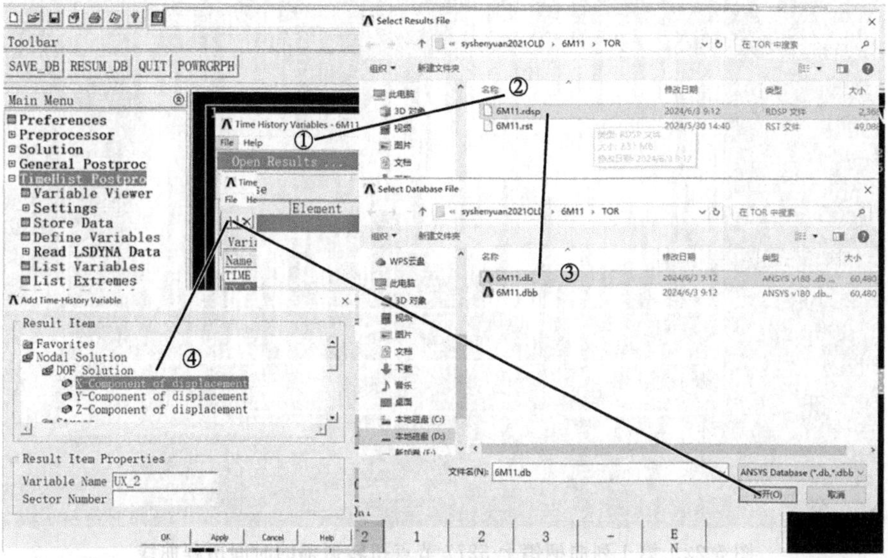

(a) 选择拟提取结果的参数名称

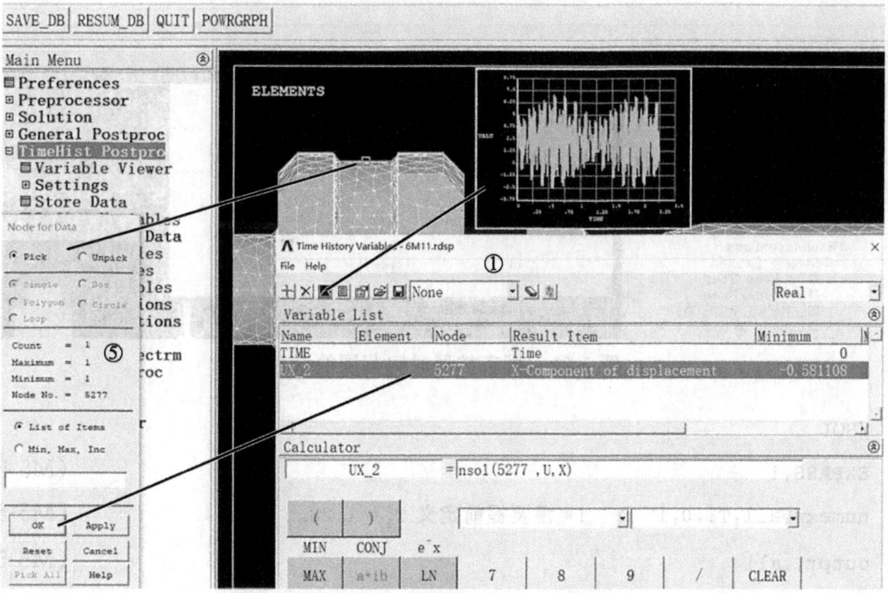

(b) 绘制选取节点的位移瞬态响应分析结果

图 5-21　查看拟选位置节点的位移计算结果

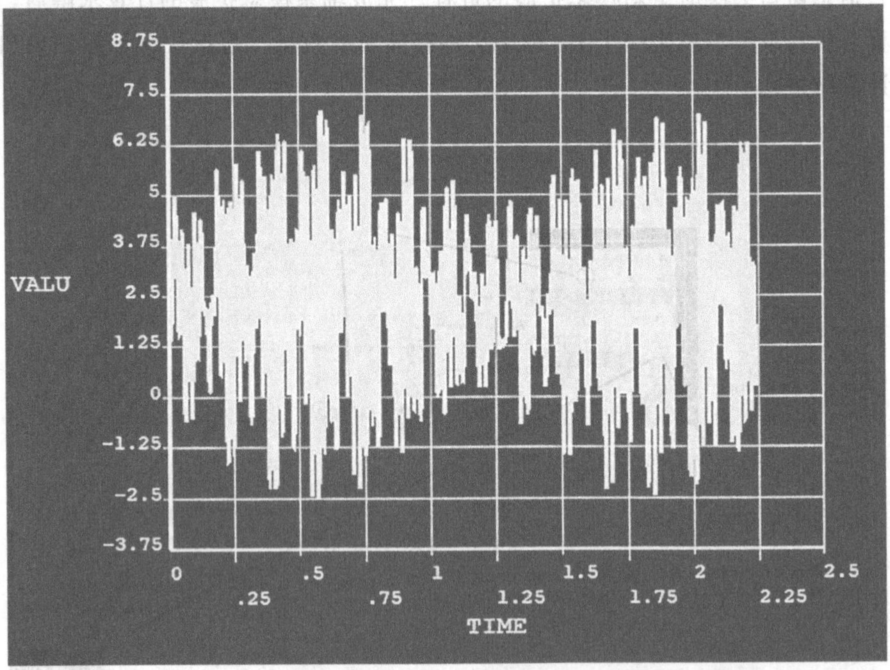

图 5-22　第 1 列曲柄销上 5277 节点扭转振幅的时间历程曲线

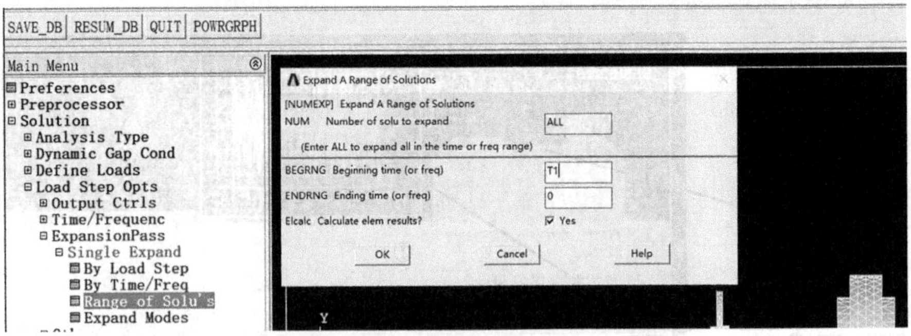

图 5-23　模态扩展时间范围的设定

```
/SOL
EXPASS,1                                    (M5-57)
numexp,all,T1,0,1      !*需要提前定义 T1=1.28。 (M5-58)
outpr,,all                                  (M5-59)
outres,,all                                 (M5-60)
SOLVE                                       (M5-61)
FINISH
```

5.2.5　瞬态响应分析计算结果的获取

获取轴系瞬态响应计算结果的方法与获取轴系谐响应计算结果的方法基本一致，具体请参见 5.1.3.2 节相关内容，此处不再赘述。前面已经讲过，模态扩展后的结果既包含各节点位移计算结果又包含节点应力结果。由于模态扩展仅求解了 1.28～2.24s 时间段的数据，因此应力计算结果只能提取该时间段的数据。提取 1.28～2.24s 时间段所关注节点位移或节点应力的方法可参照图 5-9～图 5-12。若想提取全时间段的位移计算结果，需要按照图 5-21 的方法获取各处节点的位移解。

轴系第 1～6 列曲柄销扭转振幅的时间历程曲线如图 5-24 所示，所选节点均是各列曲柄销上位移最大的点；轴系第 1～6 列曲柄与主轴倒角处等效应力的时间历程曲线如图 5-25 所示，电机主轴法兰根部倒角处等效应力的时间历程曲线如图 5-26 所示，所选节点均是各处倒角等效应力最大的点。

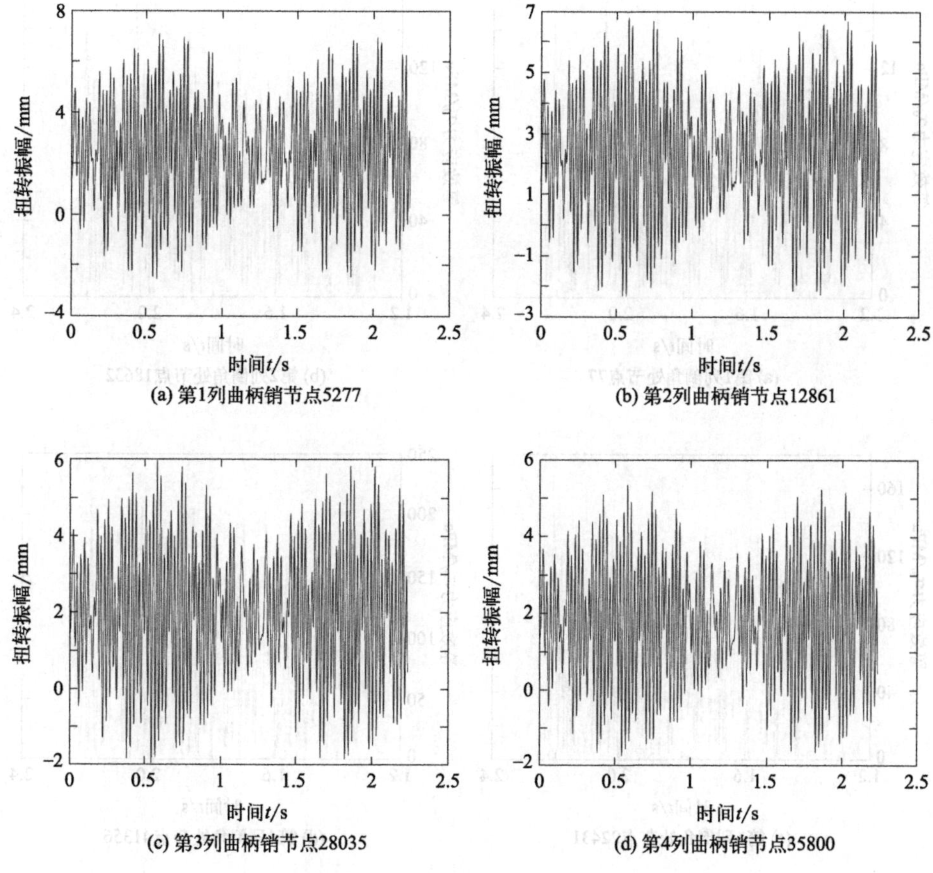

(a) 第1列曲柄销节点5277　(b) 第2列曲柄销节点12861

(c) 第3列曲柄销节点28035　(d) 第4列曲柄销节点35800

图 5-24

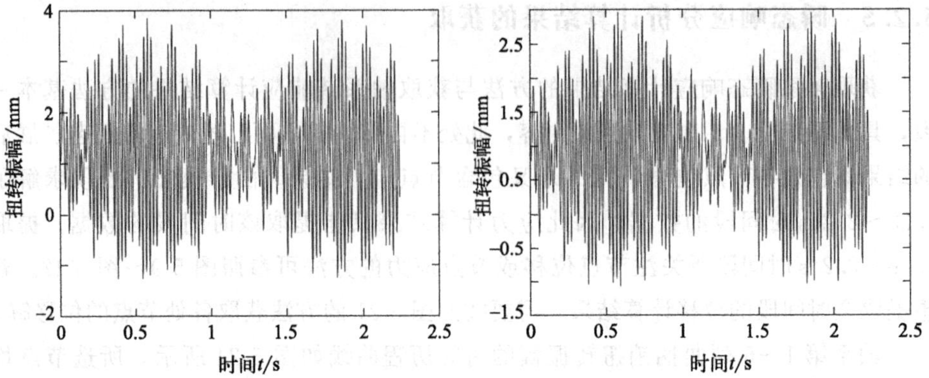

(e) 第5列曲柄销节点50533　　(f) 第6列曲柄销节点58025

图 5-24　轴系各列曲柄销扭转振幅的时间历程曲线

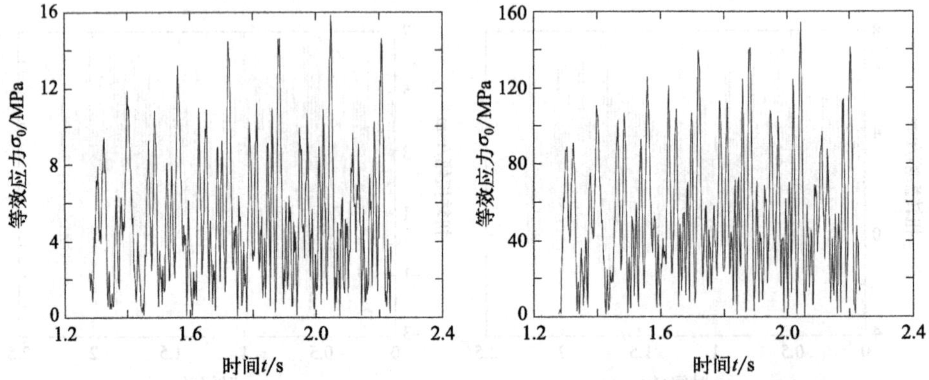

(a) 第1列倒角处节点77　　(b) 第2列倒角处节点18632

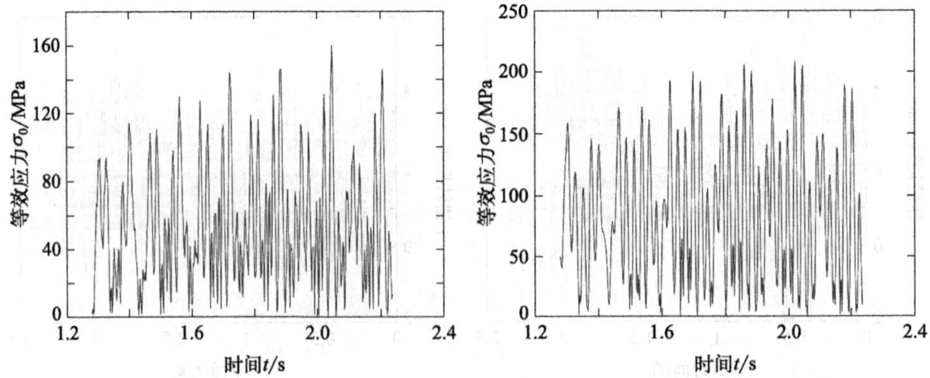

(c) 第3列倒角处节点22431　　(d) 第4列倒角处节点41356

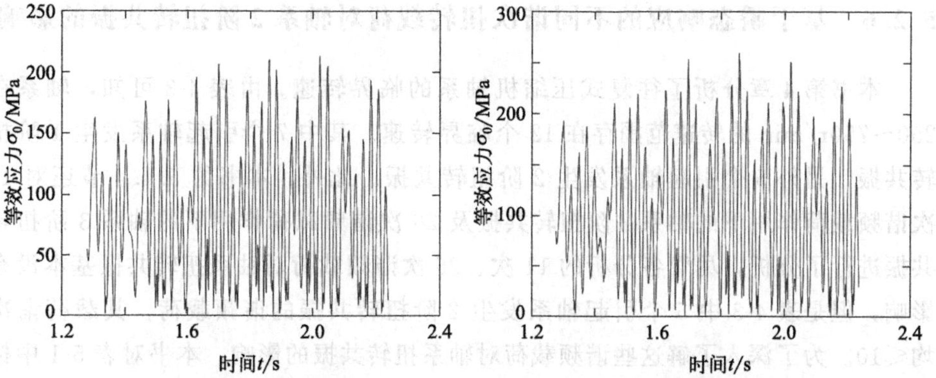

(e) 第5列倒角处节点45090　　(f) 第6列倒角处节点63750

图 5-25　轴系各列曲柄与主轴倒角处等效应力的时间历程曲线

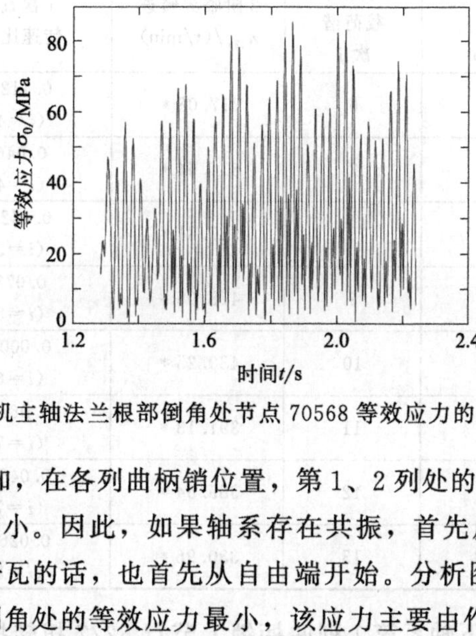

图 5-26　电机主轴法兰根部倒角处节点 70568 等效应力的时间历程曲线

分析图 5-24 可知，在各列曲柄销位置，第 1、2 列处的扭转振幅较大，第 5、6 列处的扭转振幅较小。因此，如果轴系存在共振，首先反映在自由端振动过大，如果存在烧连杆瓦的话，也首先从自由端开始。分析图 5-25 可知，第 1 列主轴承与曲柄过渡圆角处的等效应力最小，该应力主要由作用在第 1、2 列上的径向力引起；第 6 列主轴承与曲柄过渡圆角处的等效应力最大，该应力主要由作用在第 5、6 列上的径向力及作用在各列曲柄销上的扭转力矩引起，该处是引起轴系断裂的主要部位。通过分析对比图 5-24 和图 5-25 发现，在相同的时间段，轴系各倒角处等效应力与轴系各曲柄销处扭转振幅的变化趋势基本一致，因此，在进行后续轴系强度计算时，可以根据曲柄销节点处位移的变化情况选择用于轴系强度计算的时间段。

5.2.6 基于瞬态响应的不同谐次扭转载荷对轴系2阶扭转共振的影响

本书第4章分析了往复式压缩机轴系的临界转速。由表4-3可知，轴系在250～750r/min的转速范围存在12个临界转速。其中7个引起轴系发生1阶扭转共振，另外5个引起轴系发生2阶扭转共振。此外，本书的5.1.4节还对11次谐频载荷作用下的轴系2阶扭转共振及26次谐频载荷作用下的轴系3阶扭转共振进行了分析，尽管各分析的11次、26次谐频载荷对轴系扭转共振基本没有影响，但是表4-3中5个引起轴系发生2阶扭转共振的谐频载荷，其载荷谐次均≤10。为了深入了解这些谐频载荷对轴系扭转共振的影响，本书对表5-1中标注*的临界转速进行了瞬态响应分析。

表5-1 特定临界转速下的谐响应分析

1阶扭转载荷谐次 i	引起1阶扭转的临界转速 n_{r1i} /(r/min)	2阶扭转载荷谐次 j	2阶临界转速 n_{r2j} /(r/min)	i 次临界转速比 r_{r2i}	2阶临界转速下轴系的共振状态
4	644.81	6	717.08*	0.11207 ($i=4$)	严重共振
5	515.84	7	614.64*	0.0468 ($i=4$)	呈现拍振
6	429.87	8	537.81*	0.04259 ($i=5$)	呈现拍振
7	368.46	9	478.05*	0.0733 ($i=5$)	呈现拍振
8	322.40	10	430.25*	0.00088 ($i=6$)	严重共振
9	286.58	11	391.13*	0.06153 ($i=7$)	共振不明显，可不考虑共振
10	257.99	12	385.54*	0.04636 ($i=7$)	不共振
11	234.47*	13	330.96*	0.02655 ($i=8$)	呈现共振

在不同临界转速下轴系第1列曲柄销上节点5277扭转振幅的时间历程曲线如图5-27所示，第6列曲柄与主轴倒角处等效应力的时间历程曲线如图5-28所示。为了分析轴系2阶临界转速下谐频载荷对共振的影响，本书提出了临界转速比 r_r 的概念。当 $r_r=0$ 时，表示轴系在临界转速下运行，当 $r_r \geqslant 5\%$ 时，等同于相关标准中描述的轴系频率比 r 值处于 1 ± 0.05 的范围之外。临界转速比 r_r 的表达式如式(5-9) 所示。

$$r_r = \left|1-\frac{n_r}{n}\right| \tag{5-9}$$

式中，r_r 为临界转速比，用来计算轴系运行速度与临界转速的接近程度；n_r 为轴系的临界转速；n 为轴系的转速。

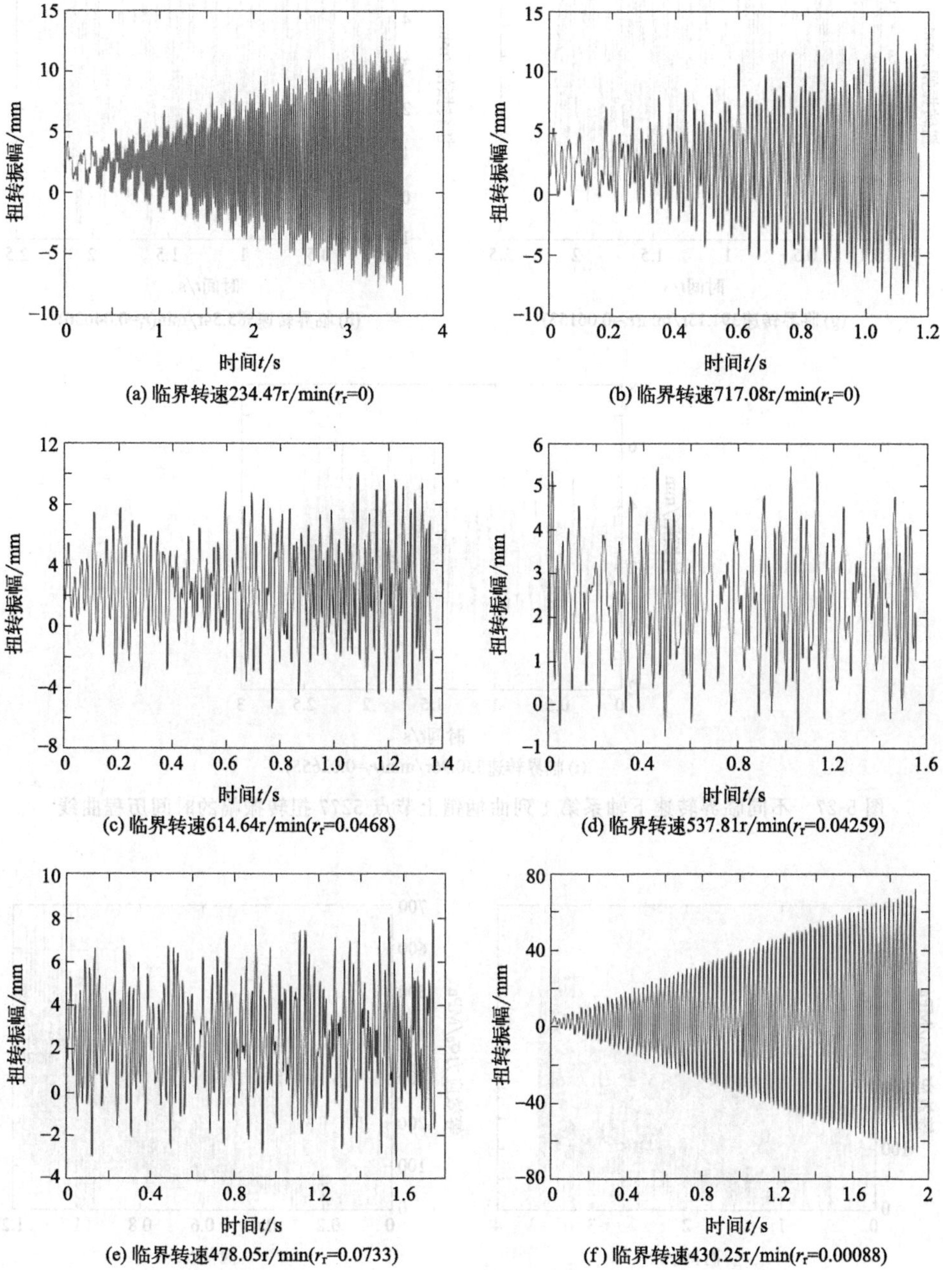

(a) 临界转速234.47r/min(r_r=0)

(b) 临界转速717.08r/min(r_r=0)

(c) 临界转速614.64r/min(r_r=0.0468)

(d) 临界转速537.81r/min(r_r=0.04259)

(e) 临界转速478.05r/min(r_r=0.0733)

(f) 临界转速430.25r/min(r_r=0.00088)

图 5-27

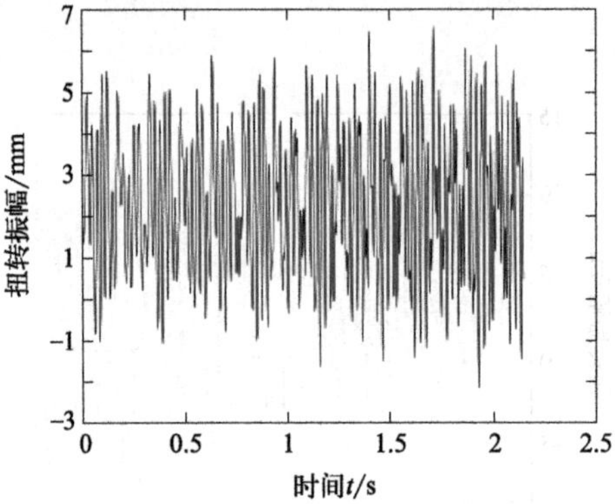

(g) 临界转速391.13r/min(r_r=0.06153)

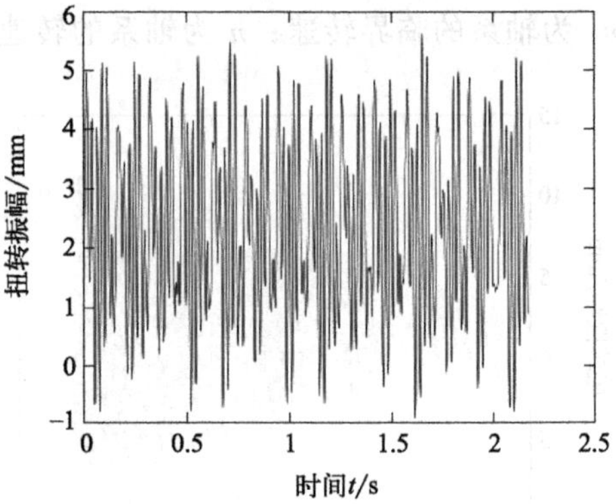

(h) 临界转速385.54r/min(r_r=0.04636)

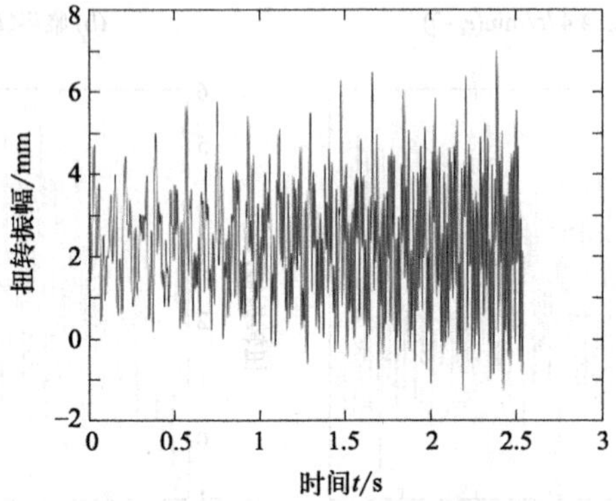

(i) 临界转速330.96r/min(r_r=0.02655)

图 5-27　不同临界转速下轴系第 1 列曲柄销上节点 5277 扭转振幅的时间历程曲线

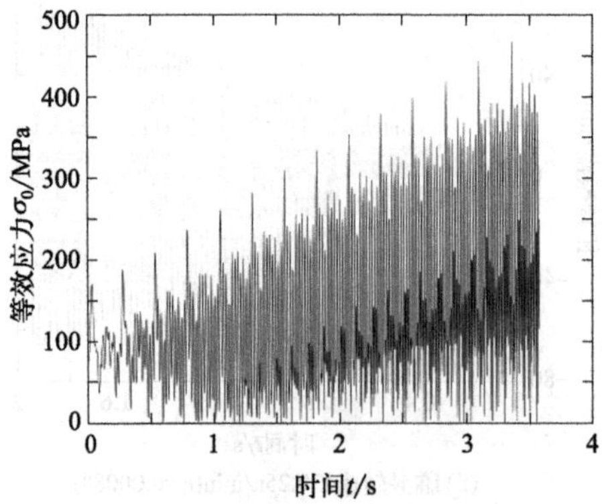

(a) 临界转速234.47r/min(r_r=0)

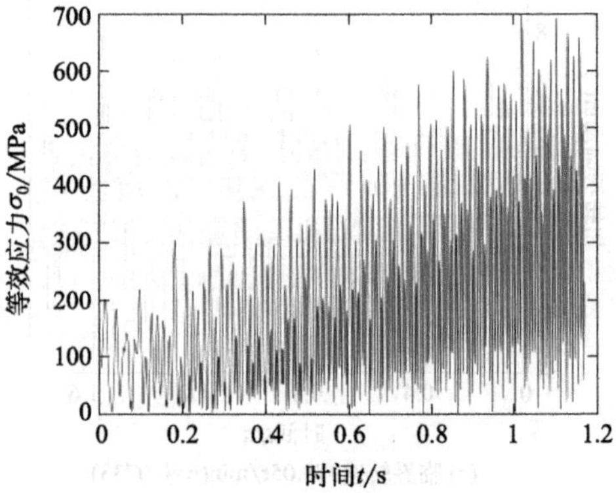

(b) 临界转速717.08r/min(r_r=0)

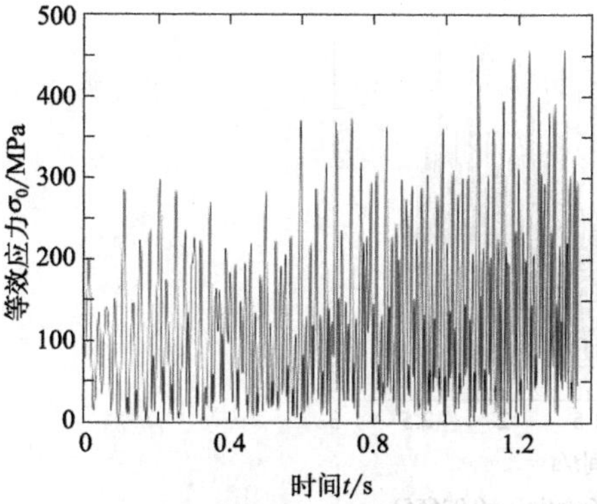

(c) 临界转速614.64r/min(r_r=0.0468)

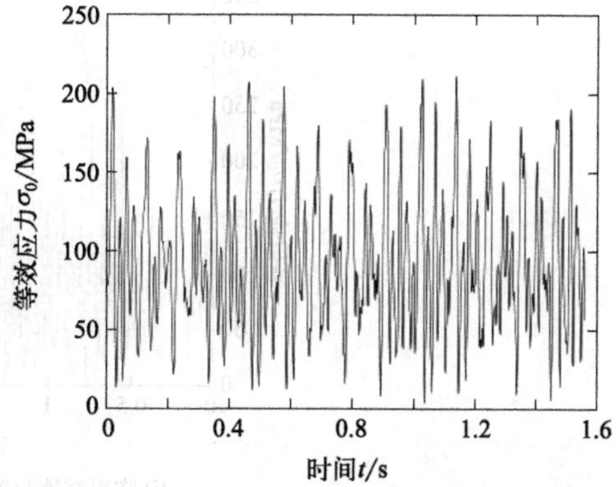

(d) 临界转速537.81r/min(r_r=0.04259)

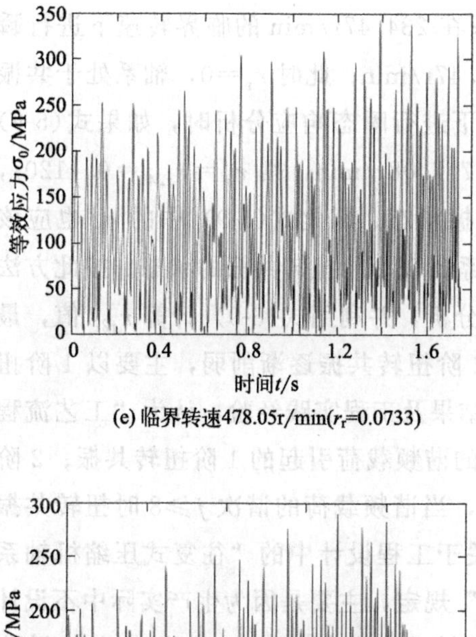

(e) 临界转速478.05r/min(r_r=0.0733)

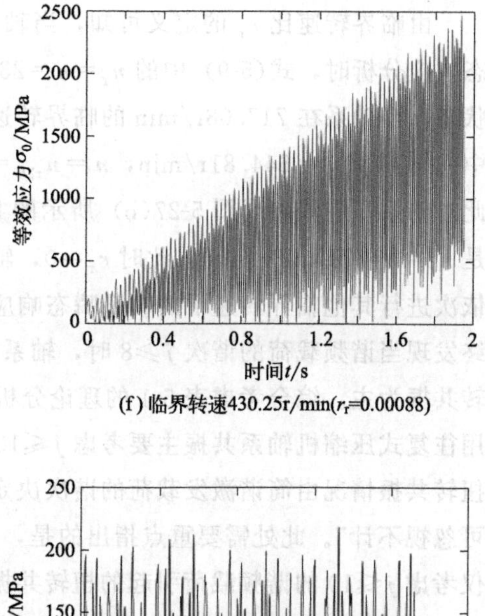

(f) 临界转速430.25r/min(r_r=0.00088)

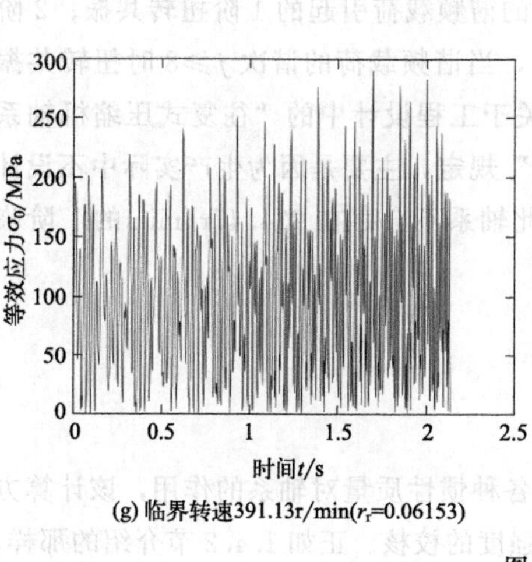

(g) 临界转速391.13r/min(r_r=0.06153)

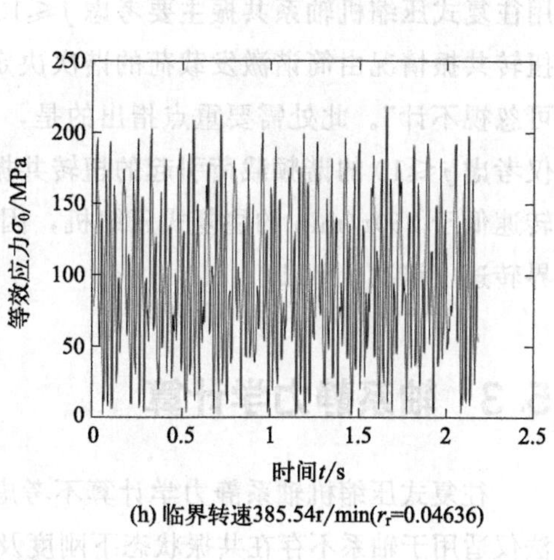

(h) 临界转速385.54r/min(r_r=0.04636)

图 5-28

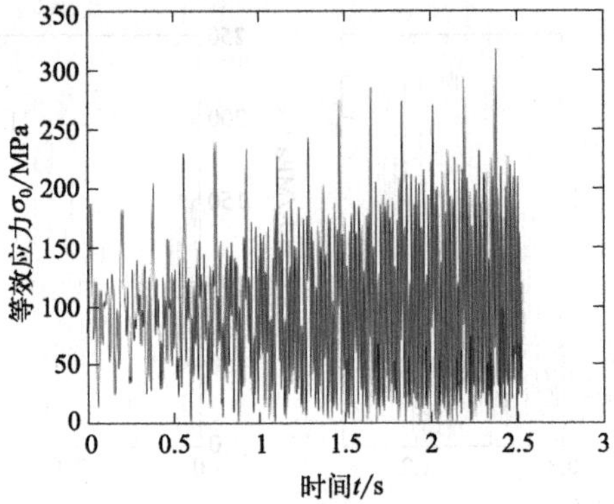

(i) 临界转速330.96r/min(r_r=0.02655)

图 5-28　不同临界转速下轴系第 6 列曲柄与主轴倒角处节点 63750 等效应力的时间历程曲线

由临界转速比 r_r 的定义可知，当轴系在 234.47r/min 的临界转速下进行瞬态响应分析时，式(5-9) 中的 $n_r=n=234.47$r/min，此时 $r_r=0$，轴系处于共振状态。当轴系在 717.08r/min 的临界转速下进行瞬态响应分析时，如果式(5-9) 中的 $n_r=n_{r14}=644.81$r/min，$n=n_{r26}=717.08$r/min，则 $r_r=r_{r24}=0.11207$，此时轴系不应该出现图 5-27(b) 所示的共振状态。因此式(5-9) 中的 n_r 也应该是 $n_r=n=717.08$r/min，此时 $r_r=0$，轴系出现 2 阶扭转共振的状态。按此方法依次进行其他临界转速下的轴系瞬态响应分析，并利用式(5-9) 计算 r_{r2i} 值，最终发现当谐频载荷的谐次 $j\geqslant 8$ 时，轴系 2 阶扭转共振逐渐削弱，主要以 1 阶扭转共振为主。综合考虑表 5-1 的理论分析结果及工程实践经验，认为“工艺流程用往复式压缩机轴系共振主要考虑 $j\leqslant 10$ 的谐频载荷引起的 1 阶扭转共振；2 阶扭转共振情况由简谐激发载荷的谐次决定，当谐频载荷的谐次 $j\geqslant 8$ 时扭转共振可忽视不计”。此处需要重点指出的是，关于工程设计中的“往复式压缩机轴系仅考虑 $j\leqslant 10$ 的谐频载荷引起的扭转共振”规定，主要是因为生产实际中不设计转速低于 250r/min 的往复式压缩机，因此轴系不会存在 234.47r/min 的 1 阶临界转速（谐次 $j=11$）。

5.3　轴系静力学计算

往复式压缩机轴系静力学计算不考虑各种惯性质量对轴系的作用，该计算方法仅适用于轴系不存在共振状态下刚度及强度的校核。正如 1.4.2 节介绍的那样，往复式压缩机轴系静力学计算是利用 ANSYS 软件的结构静力学（Structural Static

Analysis）分析模块进行分析的。在结构静力学分析中，软件将按照式(1-38)创建轴系扭转振动的静力学运动方程。由于该方程中不含有$[\boldsymbol{M}]\{\ddot{\boldsymbol{u}}\}$、$[\boldsymbol{C}]\{\dot{\boldsymbol{u}}\}$项，即使轴系计算模型中定义了与惯性质量、阻尼有关的参数，这些参数在计算过程中也将被忽略。因此，本节直接利用第 3 章创建的轴系计算模型进行轴系静力学计算。需要说明的是，在往复式压缩机新型产品的开发过程中，轴系静力学计算常用于方案初级阶段对曲轴结构进行强度分析。

5.3.1　轴系静力学轴承约束及工作载荷的施加

由于轴系静力学计算施加载荷的部位及轴承约束与轴系瞬态响应计算完全一致，因此，轴系节点坐标系的转化和轴承约束等相关事宜可参照轴系模态分析进行定义，此处不再赘述。对于 ANSYS 软件的结构静力学分析模块来讲，不仅可以计算轴系在某一载荷作用下的应力和变形，也可以计算轴系在多载荷步作用下的应力和变形。本书介绍的轴系静力学计算是一种在多载荷步作用下的应力和变形计算，其工作载荷的施加方法与轴系瞬态响应分析比较类似，其中各列曲柄销切向力和径向力的施加方法与轴系瞬态响应分析完全一致。在计算时间的设定上，轴系静力学计算的各载荷之间是相互独立的，没有时间概念；轴系瞬态响应计算的各载荷是相互影响的，是有时间概念的，即前一个载荷的计算结果对后一个载荷的计算结果是有影响的，且影响结果还与两载荷步的时间间隔有关。因此，在定义轴系静力学多载荷步的时候不需要进行与时间有关的设置，即不需要轴系瞬态响应计算中的命令流（M5-53）和（M5-54）。在电机转子载荷的施加上，轴系瞬态响应分析可以施加与作用在曲柄销上的综合转矩不平衡的作用力，如命令流（M5-51）和（M5-52）所示。但是轴系静力学分析必须施加与曲柄销上的综合转矩完全平衡的作用力，否则计算将无法收敛。为了确保轴系静力学分析中电机转子施加的载荷与曲柄销上的综合转矩完全平衡，需要在电机转子上施加固定约束，用于等效驱动电机作用在电机转子上的扭转力矩。电机转子上节点固定约束的定义方法可参照命令（M4-4），把 UX 修改成 ALL 即可。

5.3.2　轴系静力学分析的设定

轴系静力学分析的设定主要包括分析类型的定义、参数的设定、载荷步的定义以及分析求解等步骤。其中分析类型定义的命令如（M5-62）所示。其 GUI 操作如图 4-5 所示，选择图中的“Static”即可，命令中的数字 0 也可以用 Static 来代替。参数的设定比较简单，计算方法按默认设置，只需要按图 5-2(a) 的操作方法施加轴系的转速即可。载荷步的定义方法与瞬态响应分析中“时间历程载荷的施加”完全一致，由于进行的是轴系静力学分析，因此只需计算 1 转即可。轴系静力学分析设定的命令流如下：

(M5-62)

```
/SOL
ANTYPE,0
!*定义角速度
OMEGA,0,0,pi*ne/30
*DIM,loadvalue,ARRAY,72,2,6,,,
Par6Mload
DU6M_FXY1
*GET,sumnode,NODE,,COUNT,,,,
ALLSEL,ALL
DU6M_FXY9
*GET,sumnode2,NODE,,COUNT,,,,
ALLSEL,ALL
*do,k,1,1
*do,i,1,72
*do,j,1,6
*if,j,eq,1,then
DU6M_FXY1
f,p51x,fx,-(loadvalue(i,1,j)*1e6)/(sumnode*r)
DU6M_FXY1
f,p51x,fy,-loadvalue(i,2,j)*1e3/sumnode
ALLSEL,ALL
*endif
*if,j,eq,2,then
DU6M_FXY2
f,p51x,fx,(loadvalue(i,1,j)*1e6)/(sumnode*r)
ALLSEL,ALL
DU6M_FXY2
f,p51x,fy,loadvalue(i,2,j)*1e3/sumnode
ALLSEL,ALL
*endif
*if,j,eq,3,then
DU6M_FXY3
f,p51x,fx,-(loadvalue(i,1,j)*1e6)/(sumnode*r)
ALLSEL,ALL
```

```
DU6M_FXY3
f,p51x,fy,-loadvalue(i,2,j)*1e3/sumnode
ALLSEL,ALL
 *endif
 *if,j,eq,4,then
DU6M_FXY4
f,p51x,fx,(loadvalue(i,1,j)*1e6)/(sumnode*r)
ALLSEL,ALL
DU6M_FXY4
f,p51x,fy,loadvalue(i,2,j)*1e3/sumnode
ALLSEL,ALL
 *endif
 *if,j,eq,5,then
DU6M_FXY5
f,p51x,fx,-(loadvalue(i,1,j)*1e6)/(sumnode*r)
ALLSEL,ALL
DU6M_FXY5
f,p51x,fy,-loadvalue(i,2,j)*1e3/sumnode
ALLSEL,ALL
 *endif
 *if,j,eq,6,then
DU6M_FXY6
f,p51x,fx,(loadvalue(i,1,j)*1e6)/(sumnode*r)
ALLSEL,ALL
DU6M_FXY6
f,p51x,fy,loadvalue(i,2,j)*1e3/sumnode
ALLSEL,ALL
 *endif
 *enddo
outpr,,all,
outres,,all,
lswrite,(i+(k-1)*72)
 *enddo
 *enddo
LSSOLVE,1,72,1,
SAVE
FINISH
```

5.3.3 静力学分析计算结果的获取

静力学分析进行的也是多载荷步计算，可以看成是时间历程的计算，其计算结果的获取方法与瞬态响应分析完全一致。轴系第 1～6 列曲柄销的扭转振幅随压缩机转角变化的曲线如图 5-29 所示。其中横坐标为压缩机转角，它是由静力学分析的载荷步数转化而来的，静力学计算时每个载荷步相当于压缩机转角 5°。在工程实践中，静力学分析主要关注轴系第 2～6 列曲柄与主轴倒角处及电机轴连接法兰根部倒角处的应力。因此，本书给出了轴系各倒角处的等效应力 σ_0 和三向主应力 σ_1、σ_2、σ_3 随压缩机转角变化的曲线，如图 5-30 所示。图 5-29 所示的曲柄销扭转振幅的分析结果主要用来评定曲轴的刚性；图 5-30 所示的曲柄与主轴倒角处各种应力的分析结果主要用来评定轴系不同部位的强度，其中等效应力 σ_0 主要用于轴系静强度的校核，三向主应力 σ_1、σ_2、σ_3 主要用于计算各节点的正应力 σ 和剪应力 τ，利用正应力 σ 和剪应力 τ 进行轴系疲劳强度的校核，其具体应用情况详见 5.4 节相关内容。

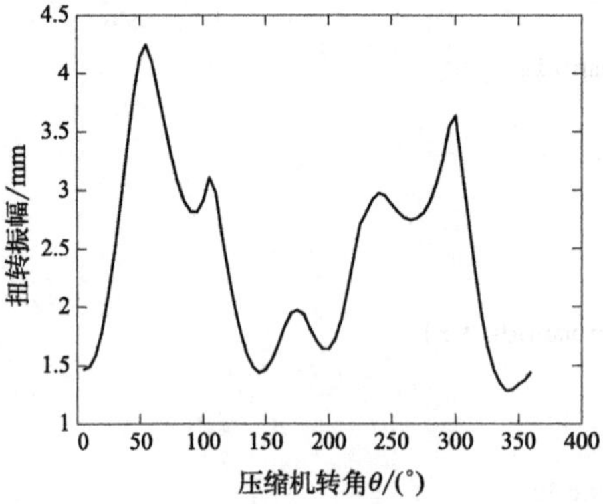

(a) 第1列曲柄销

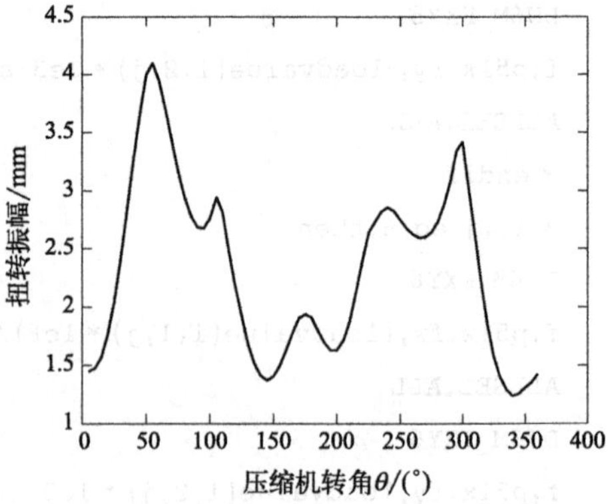

(b) 第2列曲柄销

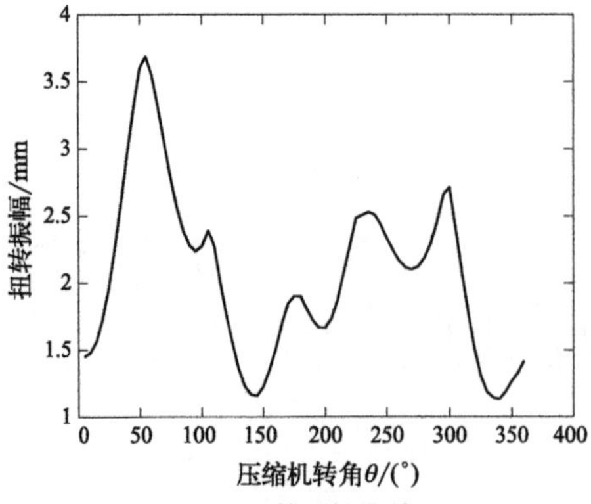

(c) 第3列曲柄销

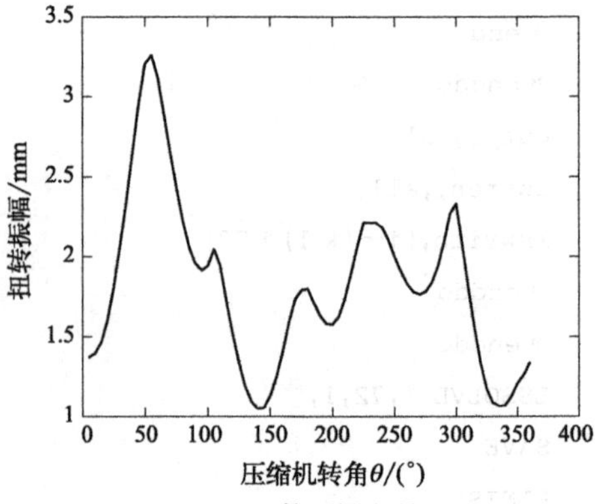

(d) 第4列曲柄销

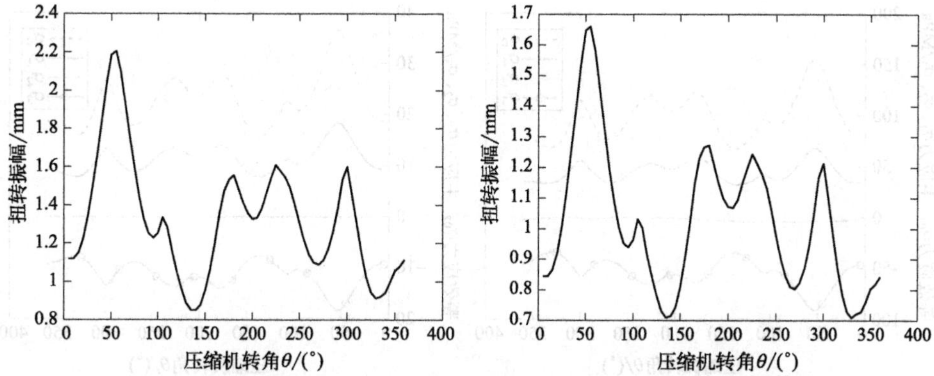

(e) 第5列曲柄销　　(f) 第6列曲柄销

图 5-29　轴系各列曲柄销的扭转振幅随压缩机转角变化的曲线

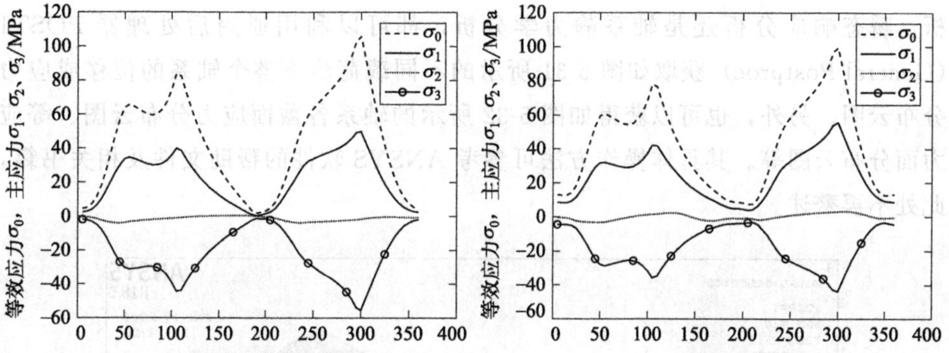

(a) 第2列曲柄与主轴倒角处　　(b) 第3列曲柄与主轴倒角处

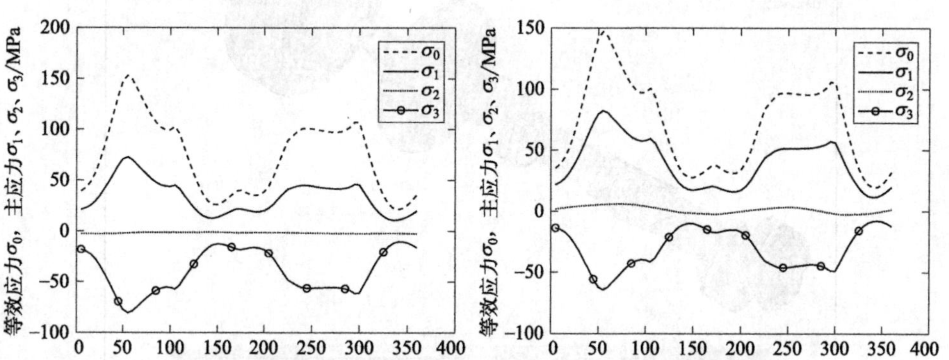

(c) 第4列曲柄与主轴倒角处　　(d) 第5列曲柄与主轴倒角处

图 5-30

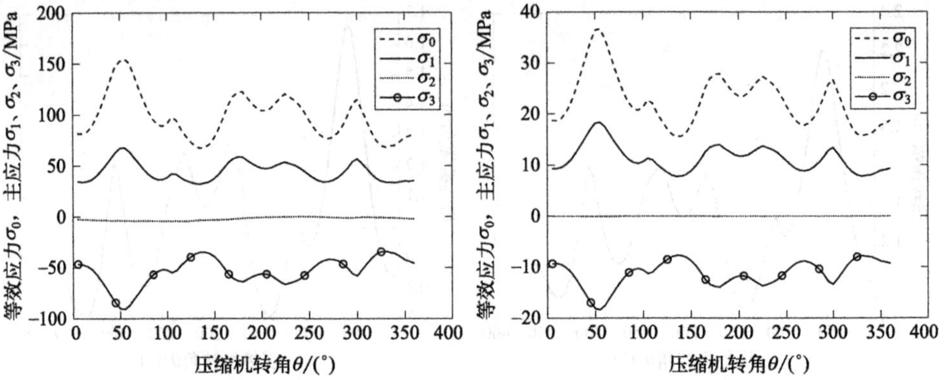

(e) 第6列曲柄与主轴倒角处　　(f) 电机主轴法兰根部倒角处

图 5-30　轴系各倒角处的不同应力随压缩机转角变化的曲线

前面介绍了轴系时间历程各类分析结果的获取方法，无论是轴系谐响应分析、瞬态响应分析还是轴系静力学分析，都可以利用通用后处理器 POST1（General Postproc）获取如图 5-31 所示的不同载荷步下整个轴系的位移或应力分布云图。另外，也可以获得如图 5-32 所示的轴系各截面应力分布云图、等应力面分布云图等。其具体操作方法可参考 ANSYS 软件的帮助文件及相关书籍，此处不再赘述。

图 5-31　激发载荷频率为 39Hz 时的轴系等效应力分布云图

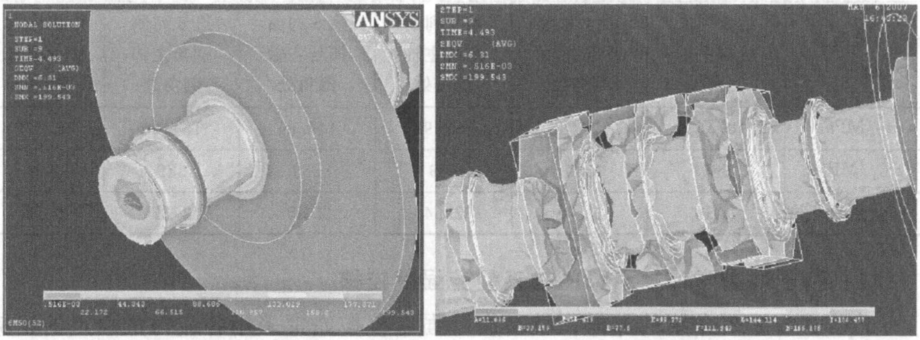

(a) 等效应力截面分布云图　　　　(b) 等应力面分布云图

图 5-32　轴系各截面等效应力及等应力面分布云图

5.4 轴系强度的校核

在往复式压缩机轴系扭转振动的计算中，通常关注的是轴系强度问题。它直接影响往复式压缩机机组的安全运行，轻者导致曲轴发生断裂，影响正常的生产，重者可能会造成机毁人亡等重大安全事故。往复式压缩机轴系强度的校核主要依据各危险点处的各种应力进行分析计算。考虑到获得轴系各种应力的计算方法不同，可分别按照基于轴系静力学计算结果和基于轴系瞬态响应计算结果对轴系进行强度校核。此外，无论利用哪种计算结果对轴系进行强度校核，通常都采用静强度和疲劳强度两种方法。在工程设计过程中，轴系强度校核的主要任务是对曲轴强度进行校核。为了轴系的安全，本书还增加了电机轴的强度校核。

5.4.1 基于静力学计算结果的轴系强度校核

(1) 基于静力学计算结果的轴系静强度校核

轴系静强度的计算方法比较简单，可以直接利用式(1-50) 进行计算。式中，σ_0 为按照第三强度理论计算的等效应力，对本书研究的压缩机轴系来讲，轴系各危险点的等效应力如图 5-30 中的 σ_0；σ_{-1} 为材料对称弯曲疲劳强度，对于采用 35CrMo 材料的曲轴，σ_{-1} 取 389MPa，对于采用 35 钢材料的电机轴，σ_{-1} 取 210MPa。利用图 5-30 中的等效应力 σ_0 计算结果，采用公式(1-50) 可得轴系静强度安全系数，结果如表 5-2 所示。

表 5-2 轴系静强度安全系数（1）

应力危险点位置	第 2 列曲柄与主轴倒角处	第 3 列曲柄与主轴倒角处	第 4 列曲柄与主轴倒角处	第 5 列曲柄与主轴倒角处	第 6 列曲柄与主轴倒角处	电机主轴法兰根部倒角处
σ_0/MPa	105.61	99.488	152.92	146.84	154.59	36.679
σ_{-1}/MPa	389	389	389	389	389	210
安全系数 n	3.68	3.91	2.54	2.65	2.52	5.72

(2) 基于静力学计算结果的轴系疲劳强度校核

正如 1.3.2 节介绍的那样，轴系疲劳强度校核通常采用各应力危险点的正应力 σ 和剪应力 τ 计算获得弯曲疲劳安全系数 S_σ 和扭转疲劳安全系数 S_τ，然后利用 S_σ 和 S_τ 求得轴系弯扭组合作用时的疲劳安全系数 S。ANSYS 软件不能直接获得节点的正应力 σ 和剪应力 τ。通过分析图 5-30 所示的三向应力变化，发现轴系各应力危险节点的 σ_2 与 σ_1 和 σ_3 相比可近似为 0，轴系各应力危险节点满足二向应力状态，因此可以利用式(1-49) 计算各应力危险点的正应力 σ 和剪应力 τ。在实际操作中，可以按图 5-33 所示的方法利用 σ_1 和 σ_3 计算轴系各倒角处的正应力 σ 和剪应力 τ。其中 $\sigma=\sigma_1+\sigma_3$，$\tau=\sqrt{-\sigma_1\sigma_2}$。

下面以计算第 6 列曲柄与主轴倒角处节点 63750 的正应力 σ 和剪应力 τ 为例进行说明。如图 5-33 所示，完成节点 63750 的第一主应力 S1_63750 和第三主应力 S3 _ 63750 参数的获取后，在计算器等号的左边输入 sagma_63750，在右边通过参数输入窗口依次输入 S1_63750＋S3_63750，然后单击 Enter 键即可获得 sagma_63750 的计算结果。该计算结果就是第 6 列曲柄与主轴倒角处节点 63750 的正应力 σ 随压缩机转角变化的曲线。利用同样的方法，在计算器等号的左边输

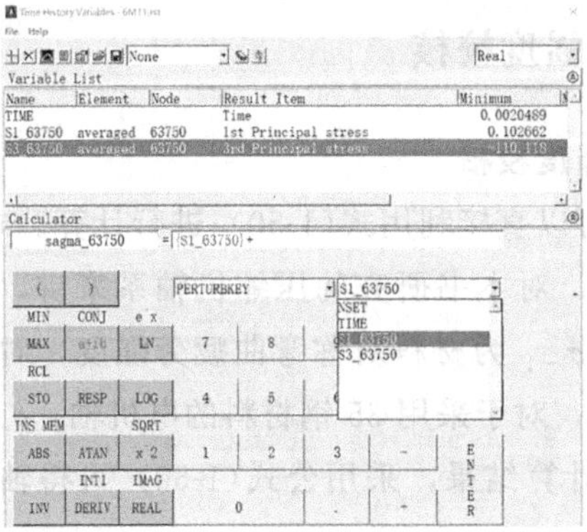

(a)

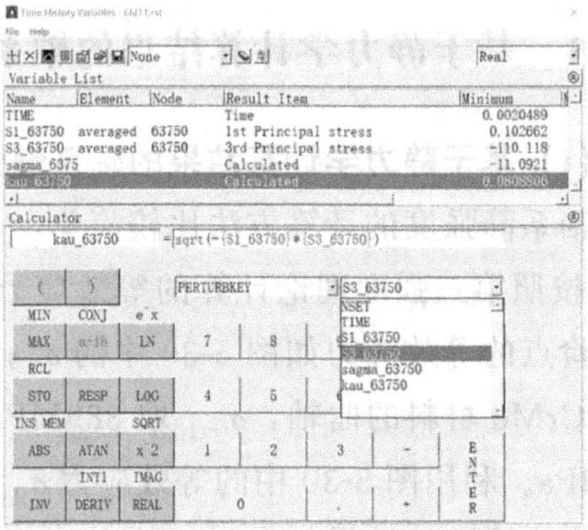

(b)

图 5-33 正应力 σ 和剪应力 τ 的计算方法

入 kau_63750，在右边通过参数输入窗口依次输入 sqrt(-S1_63750 * S3_63750)，然后单击 Enter 键即可获得 kau_63750 的结果。该计算结果就是第 6 列曲柄与主轴倒角处节点 63750 的剪应力 τ 随压缩机转角变化的曲线。利用上述方法获得的轴系各倒角处正应力 σ 和剪应力 τ 随压缩机转角变化的曲线如图 5-34 所示。

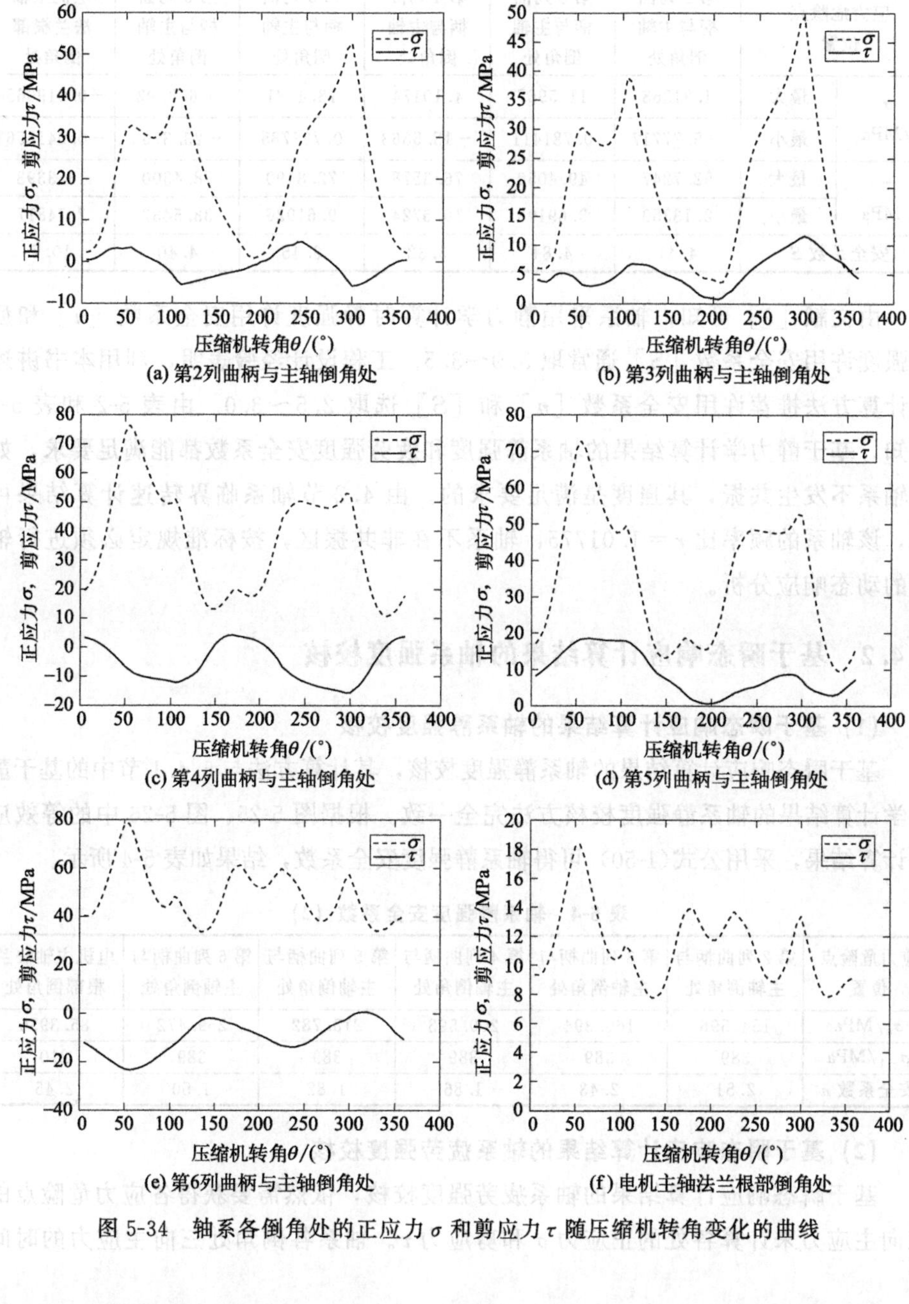

(a) 第2列曲柄与主轴倒角处　(b) 第3列曲柄与主轴倒角处

(c) 第4列曲柄与主轴倒角处　(d) 第5列曲柄与主轴倒角处

(e) 第6列曲柄与主轴倒角处　(f) 电机主轴法兰根部倒角处

图 5-34　轴系各倒角处的正应力 σ 和剪应力 τ 随压缩机转角变化的曲线

根据图 5-34 中的正应力 σ 和剪应力 τ 计算结果，采用式(1-51)～式(1-53)可得轴系疲劳强度安全系数，如表 5-3 所示。其中，对于采用 35CrMo 材料的曲轴，τ_{-1} 取 226MPa，对于采用 35 钢材料的电机轴，τ_{-1} 取 125MPa。

表 5-3　曲轴疲劳强度安全系数 (1)

应力危险点位置		第 2 列曲柄与主轴倒角处	第 3 列曲柄与主轴倒角处	第 4 列曲柄与主轴倒角处	第 5 列曲柄与主轴倒角处	第 6 列曲柄与主轴倒角处	电机主轴法兰根部倒角处
σ /MPa	最大	4.81368	11.5967	4.10174	18.4831	0.608392	−0.0196656
	最小	−5.77717	0.781411	−15.5563	0.702785	−23.3760	−0.0418561
τ /MPa	最大	52.7247	49.4050	76.3578	72.8490	78.4300	18.3393
	最小	2.13359	3.69193	10.6724	9.61926	33.5432	7.74817
安全系数 S		4.41	4.84	3.32	3.45	4.40	10.7

由文献［9］可知，轴系采用静力学计算时静强度许用安全系数［n］和疲劳强度许用安全系数［S］通常取 3.0～3.5。工程设计经验表明，利用本书讲述的计算方法推荐许用安全系数［n］和［S］选取 2.5～3.0。由表 5-2 和表 5-3 可知，基于静力学计算结果的轴系静强度和疲劳强度安全系数都能满足要求，如果轴系不发生共振，其强度是满足要求的。由 4.2 节轴系临界转速计算结果可知，该轴系的频率比 $r=1.01775$，轴系不在非共振区，按标准规定必须进行轴系的动态响应分析。

5.4.2　基于瞬态响应计算结果的轴系强度校核

(1) 基于瞬态响应计算结果的轴系静强度校核

基于瞬态响应计算结果的轴系静强度校核，其计算方法与 5.4.1 节中的基于静力学计算结果的轴系静强度校核方法完全一致。根据图 5-25、图 5-26 中的等效应力计算结果，采用公式(1-50) 可得轴系静强度安全系数，结果如表 5-4 所示。

表 5-4　轴系静强度安全系数 (2)

应力危险点位置	第 2 列曲柄与主轴倒角处	第 3 列曲柄与主轴倒角处	第 4 列曲柄与主轴倒角处	第 5 列曲柄与主轴倒角处	第 6 列曲柄与主轴倒角处	电机主轴法兰根部倒角处
σ_0/MPa	154.596	160.394	209.593	213.782	259.472	85.3956
σ_{-1}/MPa	389	389	389	389	389	210
安全系数 n	2.51	2.43	1.86	1.82	1.50	2.45

(2) 基于瞬态响应计算结果的轴系疲劳强度校核

基于瞬态响应计算结果的轴系疲劳强度校核，依然需要获得各应力危险点的三向主应力来计算各处的正应力 σ 和剪应力 τ。轴系各倒角处三向主应力的时间历程曲线如图 5-35 所示。分析计算结果可知，瞬态响应计算获得的各倒角处节点的应力也满足二向应力状态。因此可以利用式(1-49) 计算各应力危险点的正应力 σ 和剪应力 τ。利用图 5-35 中的 σ_1 和 σ_3 计算结果，可得到轴系各倒角处正应力 σ 的时间历程曲线（图 5-36）、剪应力 τ 的时间历程曲线（图 5-37）。

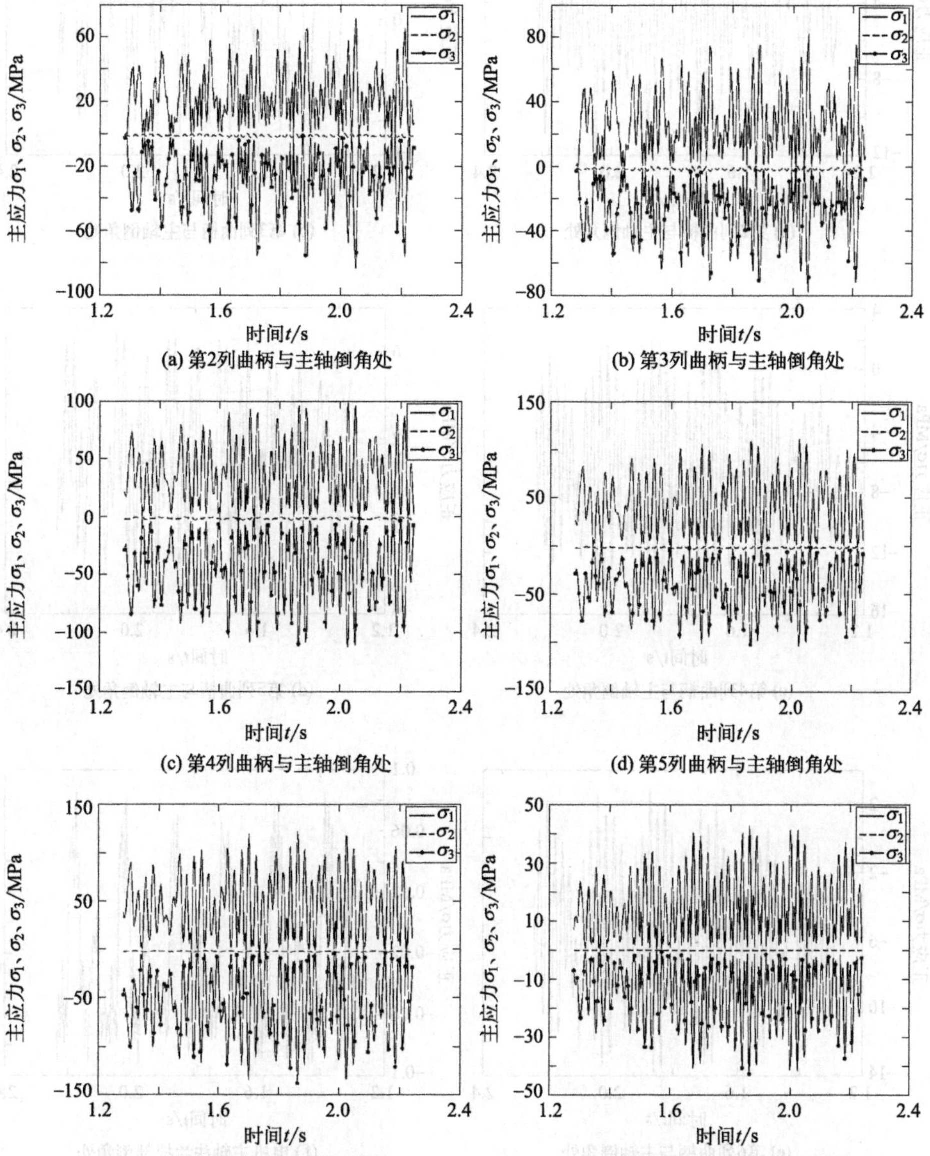

(a) 第2列曲柄与主轴倒角处　(b) 第3列曲柄与主轴倒角处

(c) 第4列曲柄与主轴倒角处　(d) 第5列曲柄与主轴倒角处

(e) 第6列曲柄与主轴倒角处　(f) 电机主轴法兰根部倒角处

图 5-35　轴系各倒角处三向主应力的时间历程曲线

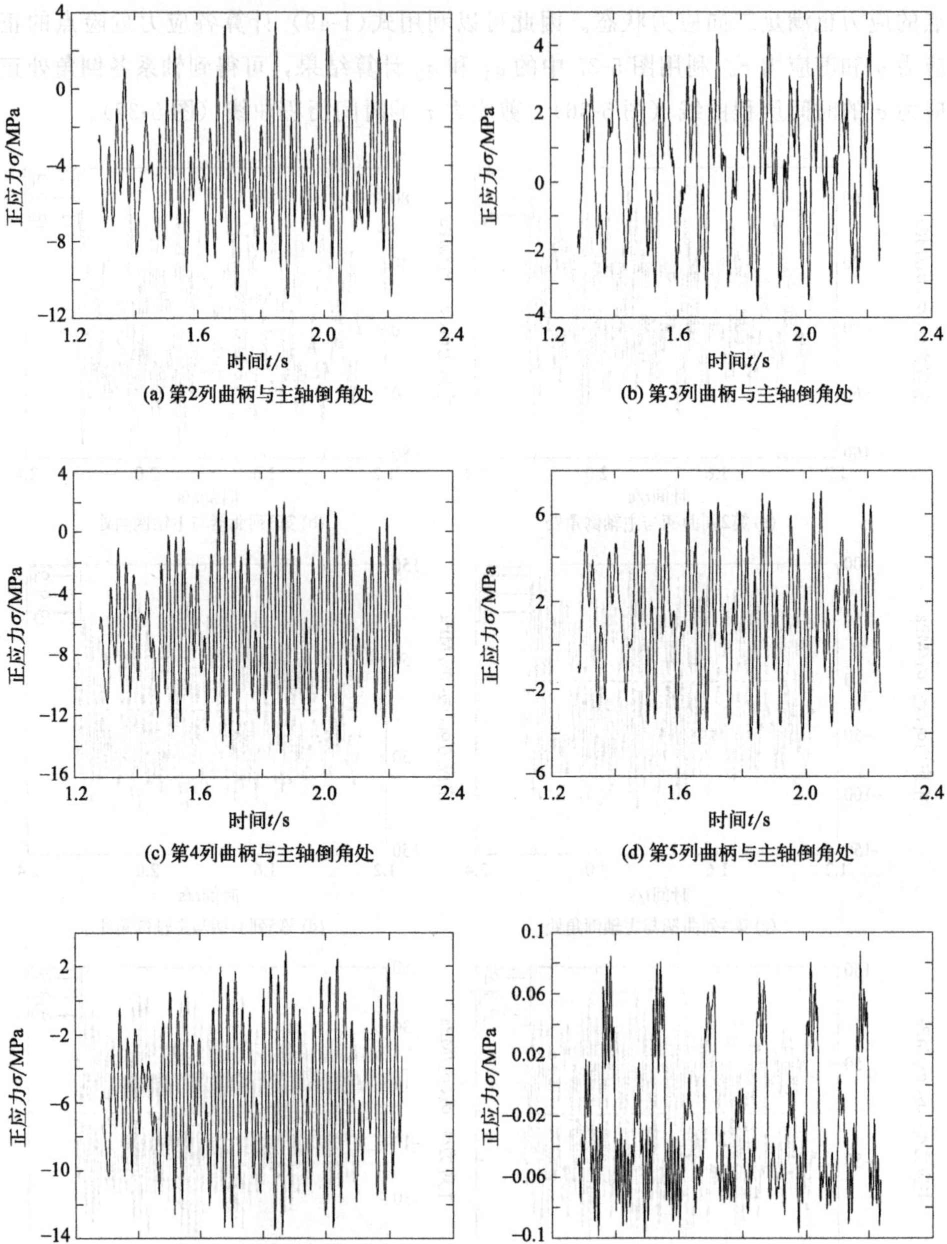

图 5-36 轴系各倒角处正应力 σ 的时间历程曲线

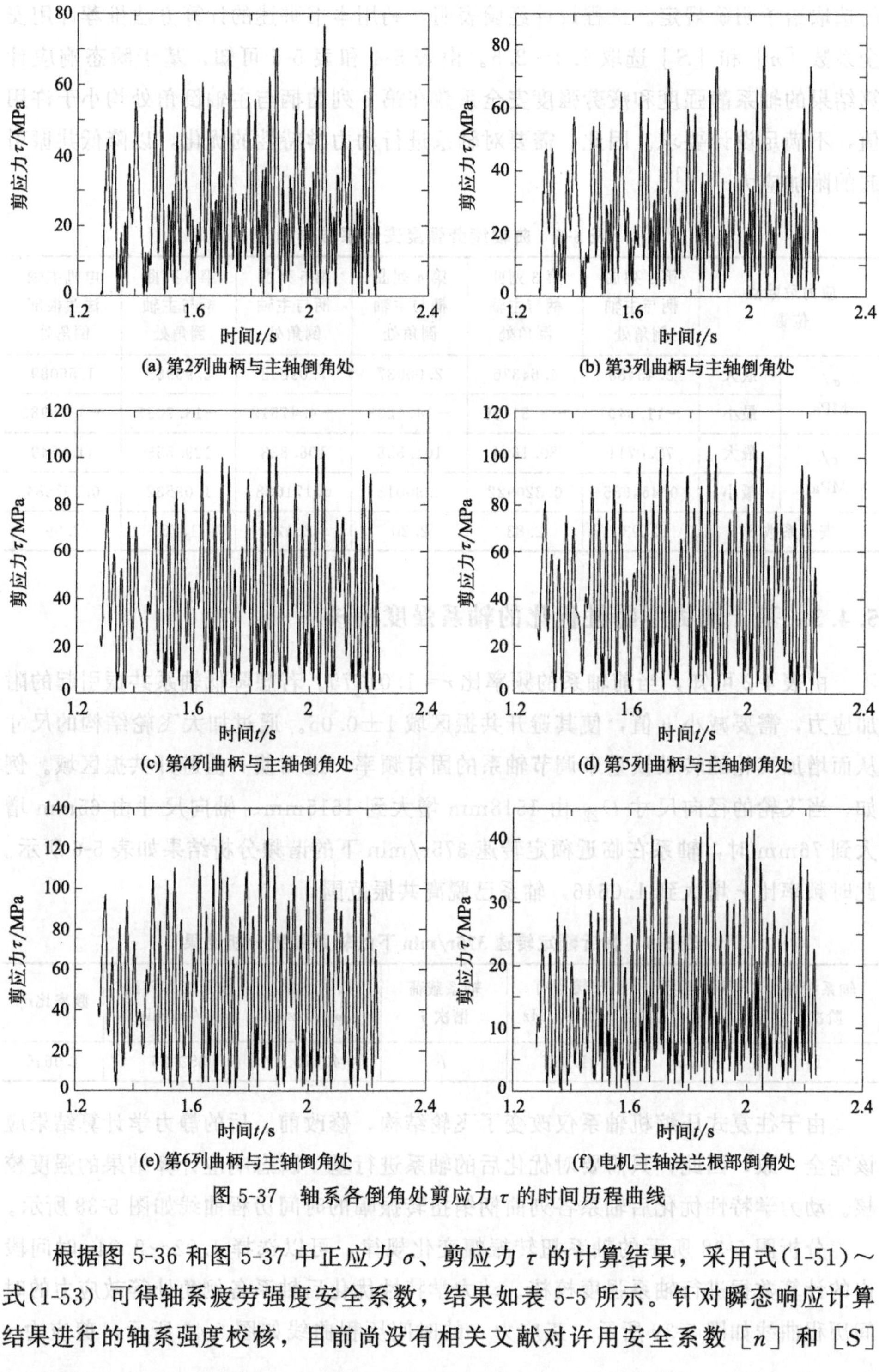

图 5-37　轴系各倒角处剪应力 τ 的时间历程曲线

根据图 5-36 和图 5-37 中正应力 σ、剪应力 τ 的计算结果，采用式(1-51)～式(1-53) 可得轴系疲劳强度安全系数，结果如表 5-5 所示。针对瞬态响应计算结果进行的轴系强度校核，目前尚没有相关文献对许用安全系数 [n] 和 [S]

的选取给予明确规定。工程设计经验表明，利用本书讲述的计算方法推荐许用安全系数［n］和［S］选取2.0～2.5。由表5-4和表5-5可知，基于瞬态响应计算结果的轴系静强度和疲劳强度安全系数在第6列曲柄与主轴倒角处均小于许用值，不满足设计要求。因此，需要对轴系进行动力学特性的优化，以降低共振引起的附加应力[19-21]。

表5-5　曲轴疲劳强度安全系数（2）

应力危险点位置		第2列曲柄与主轴倒角处	第3列曲柄与主轴倒角处	第4列曲柄与主轴倒角处	第5列曲柄与主轴倒角处	第6列曲柄与主轴倒角处	电机主轴法兰根部倒角处
σ/MPa	最大	3.45485	4.64376	2.00037	7.09893	2.90963	1.56089
	最小	−11.8401	−3.51439	−14.4233	−4.47512	−13.7035	−1.75980
τ/MPa	最大	77.0711	80.1634	104.558	106.833	129.555	41.9549
	最小	0.464685	0.320922	2.30018	0.171088	1.09532	0.307684
安全系数S		2.93	2.83	2.20	2.12	1.75	2.99

5.4.3　基于动力学特性优化的轴系强度校核

由表4-2可知，当前轴系的频率比r＝1.01775。若想降低轴系共振引起的附加应力，需要减小r值，使其避开共振区域1±0.05。通过加大飞轮结构的尺寸从而增加飞轮的转动惯量来调节轴系的固有频率，进而使r值避开共振区域。例如，当飞轮的径向尺寸D_{22}由1518mm增大到1615mm、轴向尺寸由65mm增大到76mm时，轴系在临近额定转速375r/min下的谐频分析结果如表5-6所示。此时频率比r增大到1.0646，轴系已脱离共振范围。

表5-6　临近额定转速375r/min下的轴系谐频分析结果

轴系扭振阶次i	轴系基频ω_0/Hz	扭转固有频率ω_i/Hz	轴系载荷谐次j	轴系谐频ω_{ij}/Hz	轴系临界转速n_{rij}/(r/min)	频率比r_i
1	6.25	41.097	7	43.75	352.26	1.0646

由于往复式压缩机轴系仅改变了飞轮结构，修改前、后的静力学计算结果应该完全一致，因此，只需要对优化后的轴系进行基于瞬态响应计算结果的强度校核。动力学特性优化后轴系各列曲柄销扭转振幅的时间历程曲线如图5-38所示。

分析图5-38所示的轴系扭转振幅变化规律，可以选择1.92～2.24s时间段内的计算数据进行轴系强度校核。动力学特性优化后轴系各倒角处等效应力的时间历程曲线如图5-39所示，正应力σ的时间历程曲线如图5-40所示，剪应力τ

的时间历程曲线如图 5-41 所示。

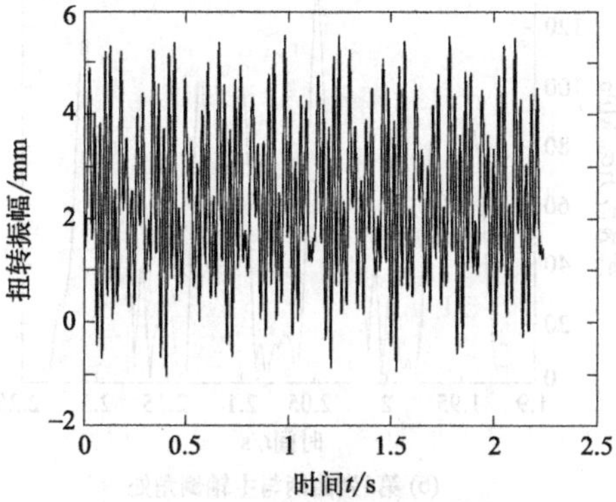

(a) 第1列曲柄销节点5277

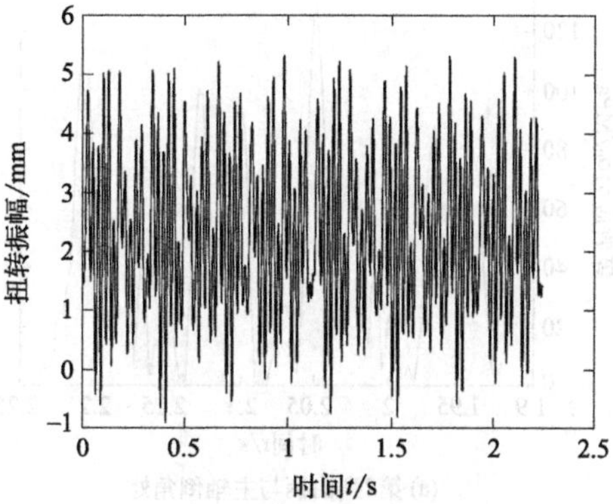

(b) 第2列曲柄销节点12861

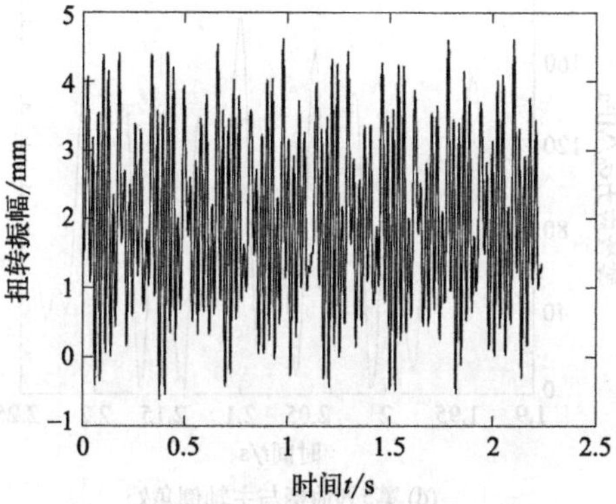

(c) 第3列曲柄销节点28035

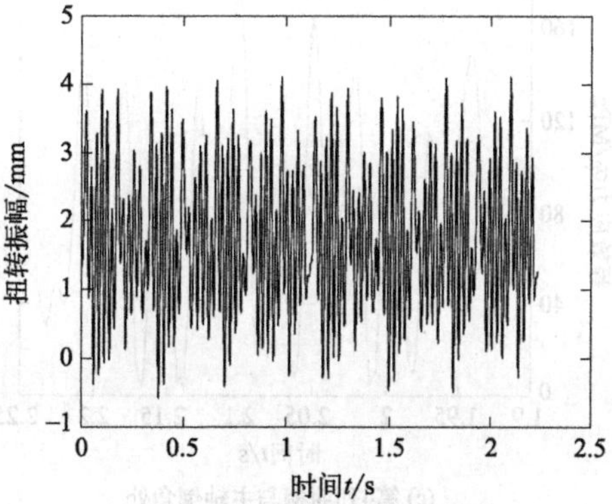

(d) 第4列曲柄销节点35800

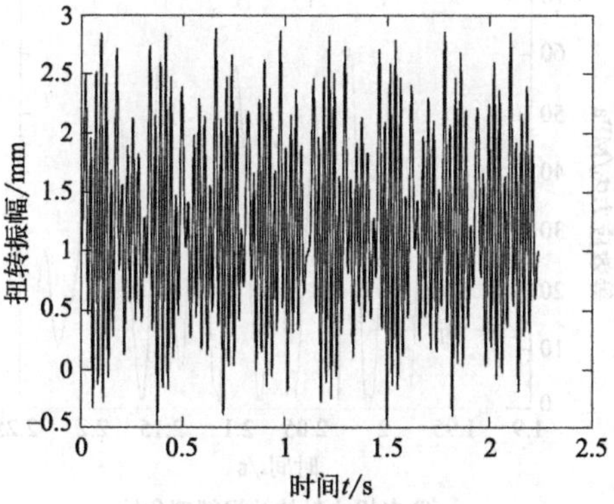

(e) 第5列曲柄销节点50533

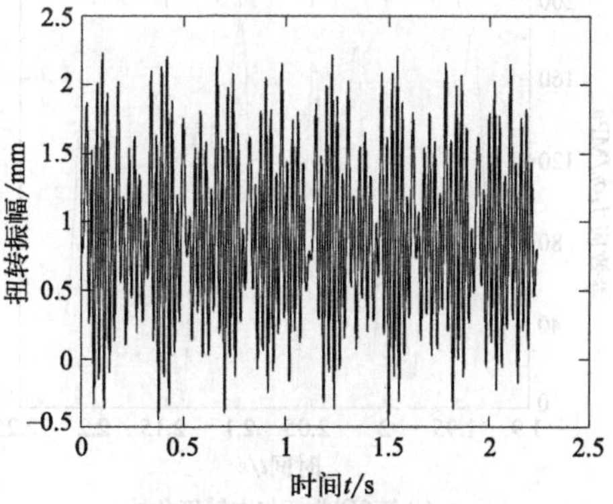

(f) 第6列曲柄销节点58025

图 5-38　动力学特性优化后轴系各列曲柄销扭转振幅的时间历程曲线

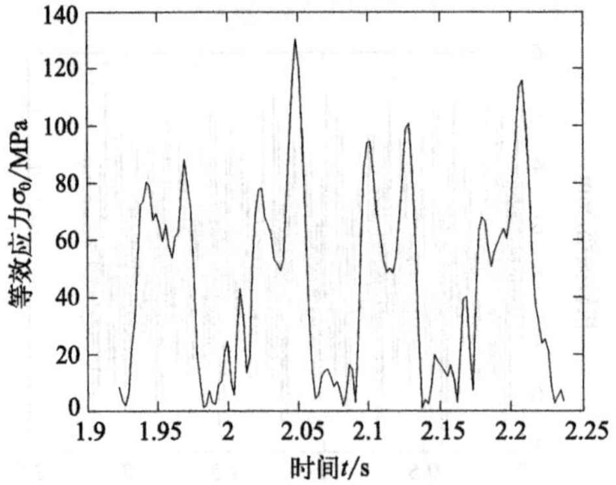

(a) 第2列曲柄与主轴倒角处

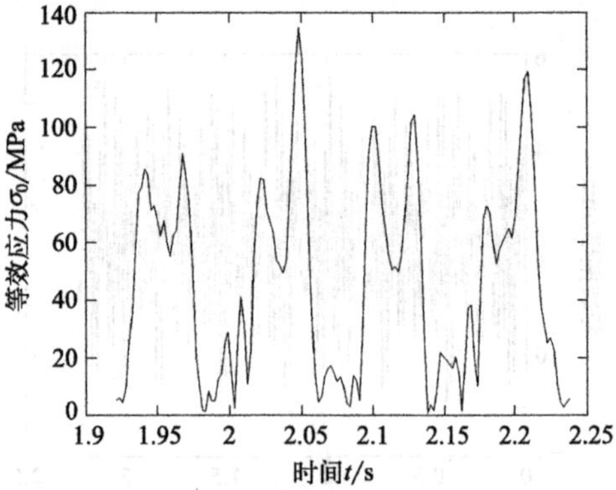

(b) 第3列曲柄与主轴倒角处

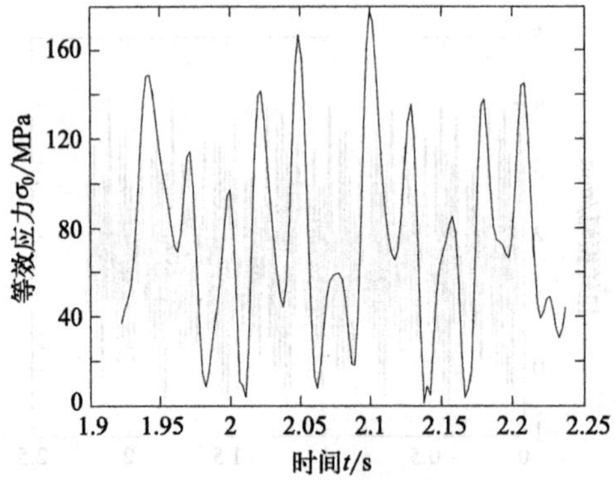

(c) 第4列曲柄与主轴倒角处

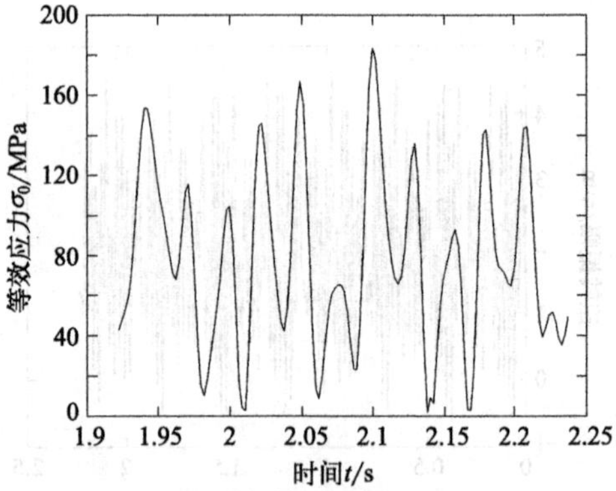

(d) 第5列曲柄与主轴倒角处

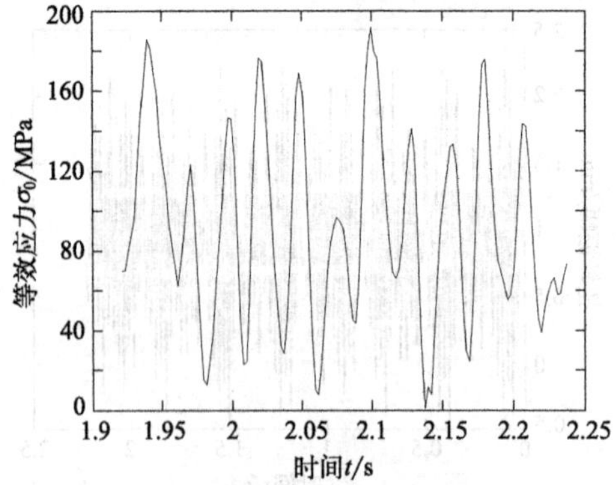

(e) 第6列曲柄与主轴倒角处

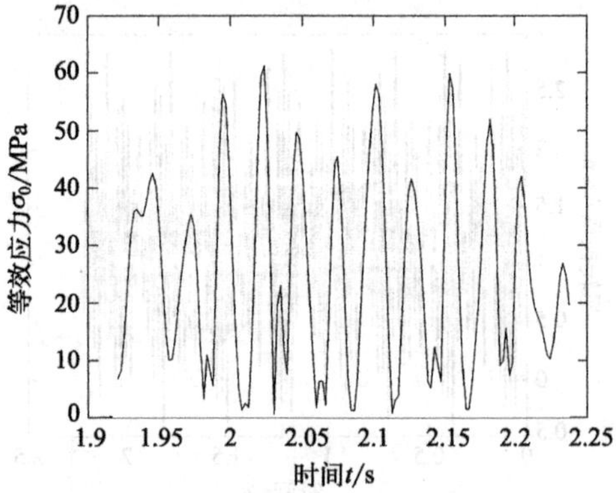

(f) 电机主轴法兰根部倒角处

图 5-39　动力学特性优化后轴系各倒角处等效应力的时间历程曲线

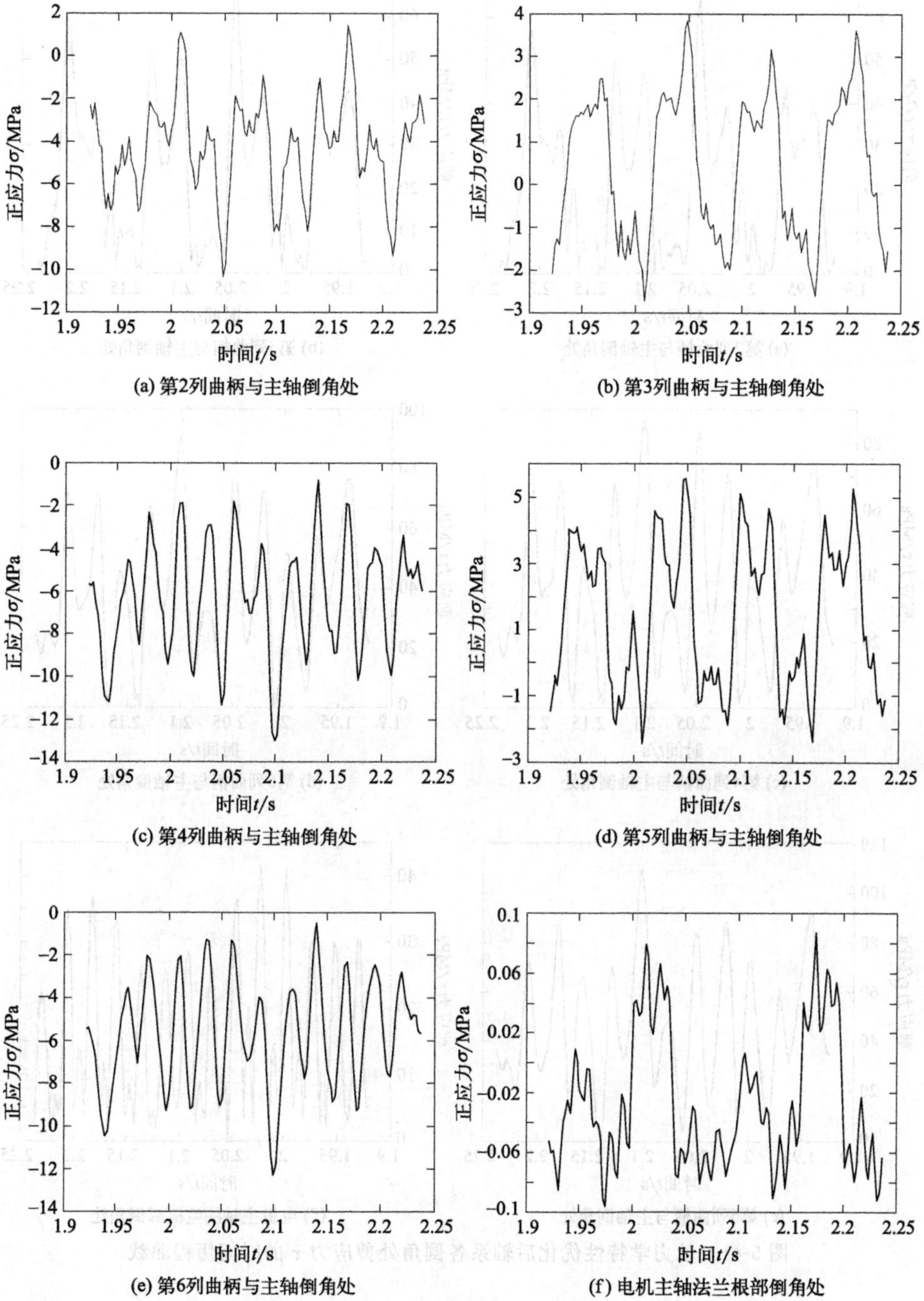

图 5-40　动力学特性优化后轴系各倒角处正应力 σ 的时间历程曲线

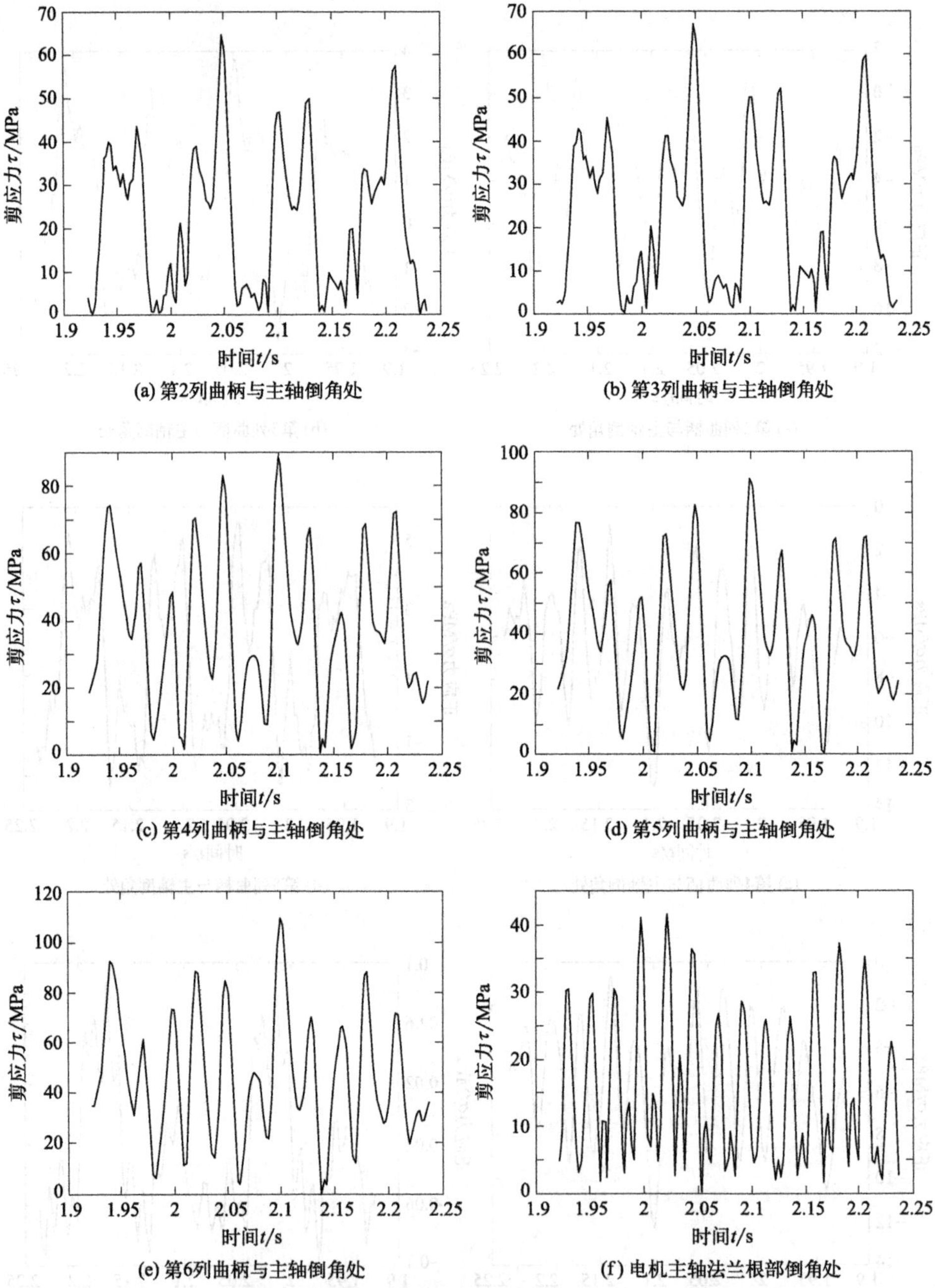

(a) 第2列曲柄与主轴倒角处
(b) 第3列曲柄与主轴倒角处
(c) 第4列曲柄与主轴倒角处
(d) 第5列曲柄与主轴倒角处
(e) 第6列曲柄与主轴倒角处
(f) 电机主轴法兰根部倒角处

图 5-41 动力学特性优化后轴系各倒角处剪应力 τ 的时间历程曲线

根据图 5-39 中的等效应力计算结果，采用公式(1-50) 可得轴系静强度安全系数，结果如表 5-7 所示。根据图 5-40 和图 5-41 中的正应力 σ、剪应力 τ 计算结果，可得轴系疲劳强度安全系数，结果如表 5-8 所示。由表 5-7 和表 5-8 可知，在消除轴系共振的情况下，优化后轴系静强度和疲劳强度的安全系数均大于许用值。因此，调整飞轮转动惯量可作为解决轴系扭转振动的最佳途径。

表 5-7　动力学特性优化后的轴系静强度安全系数

应力危险点位置	第 2 列曲柄与主轴倒角处	第 3 列曲柄与主轴倒角处	第 4 列曲柄与主轴倒角处	第 5 列曲柄与主轴倒角处	第 6 列曲柄与主轴倒角处	电机主轴法兰根部倒角处
σ_0/MPa	130.317	134.922	153.812	182.987	192.075	61.1717
σ_{-1}/MPa	389	389	389	389	389	210
安全系数 n	2.99	2.88	2.53	2.13	2.02	3.43

表 5-8　动力学特性优化后的曲轴疲劳强度安全系数

应力危险点位置		第 2 列曲柄与主轴倒角处	第 3 列曲柄与主轴倒角处	第 4 列曲柄与主轴倒角处	第 5 列曲柄与主轴倒角处	第 6 列曲柄与主轴倒角处	电机主轴法兰根部倒角处
σ /MPa	最大	1.45166	3.84845	−0.782007	5.57461	−0.480439	1.54248
	最小	−10.3045	−2.72745	−12.9664	−2.43070	−12.2886	−1.67412
τ /MPa	最大	64.9545	67.4334	88.6550	91.4580	109.796	30.5858
	最小	0.252613	0.499904	0.597428	0.889668	0.335352	0.285779
安全系数 S		3.48	3.37	2.56	2.49	2.06	4.12

5.5　工程案例

5.5.1　工程概述

近 20 年来，随着往复式压缩机技术的不断发展，大型多列往复式压缩机相继问世，轴系扭转振动问题受到了广大科技工作者的关注。某 6M50 大型氮氢气压缩机是国产首台套用于化肥生产流程的大型动力设备，该型压缩机产品的研制经历了一个非常曲折的过程。原设计压缩机曲轴主轴直径为 280mm，该机组运行初期各项指标基本正常，但运行数月后在第 6 列曲柄与主轴直径过渡圆角处发生断裂。为了解决断轴问题，将主轴直径加粗至 300mm。曲轴轴径的加粗不仅没有解决问题，机组反而出现了异常振动，并且第 1、2 列出现了烧连杆大头轴瓦的现象，运行的几个月时间内连续断了两根曲轴。最后将两根断轴在 2、3 列间用热装法兰进行了对接，机组振动突然消失，烧连杆瓦的问题也得到了解决。

该压缩机入口压力 0.006MPa(G)、排气压力 31.4MPa(G)、容积流量 $340m^3/min$、额定转速 300r/min、行程 450mm、平均扭转力矩 MZ 为 66.06kN·m，其他主要技术参数如表 5-9 所示，各列曲柄销上承受的径向和切向载荷如图 5-42 所示。该往复式压缩机机组研制过程中三种不同曲轴结构的简图及断裂位置如图 5-43 所示。三种不同结构方案采用同一个电机，电机轴的结构简图如图 5-44 所示。电机转子的 GD^2 为 $65850kg \cdot m^2$。本节利用前面讲述的轴系扭转振动计算方法依次完成了三种不同方案轴系的静力学分析、模态分析和瞬态响应分析[24]。

表 5-9　某 6M50 型往复式压缩机的主要技术参数

参数名称	原轴系曲轴	加粗轴系曲轴	对接轴系曲轴
1～3 级气缸直径/mm	1390/820/470	1390/820/470	1390/820/470
4～6 级气缸直径/mm	330/230/180	330/230/180	330/230/180
第 1 列往复惯性质量/kg	1434	1450	1450
第 2 列往复惯性质量/kg	1429	1445	1445
第 3 列往复惯性质量/kg	823	839	839
第 4 列往复惯性质量/kg	743	759	759
第 5 列往复惯性质量/kg	791	807	807
第 6 列往复惯性质量/kg	686	702	702
连杆旋转惯性质量/kg	132	209	209

5.5.2　基于静力学计算结果的轴系强度校核及模态分析

为全面分析上述往复式压缩机轴系断轴和烧瓦的原因，本书对该轴系进行了静力学分析和动力学分析。在轴系动力学分析之前，首先要进行轴系的静力学分

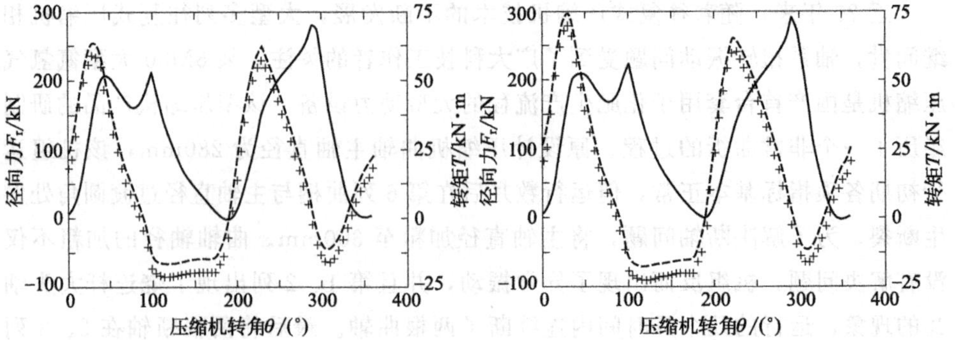

(a) 第1列　　(b) 第2列

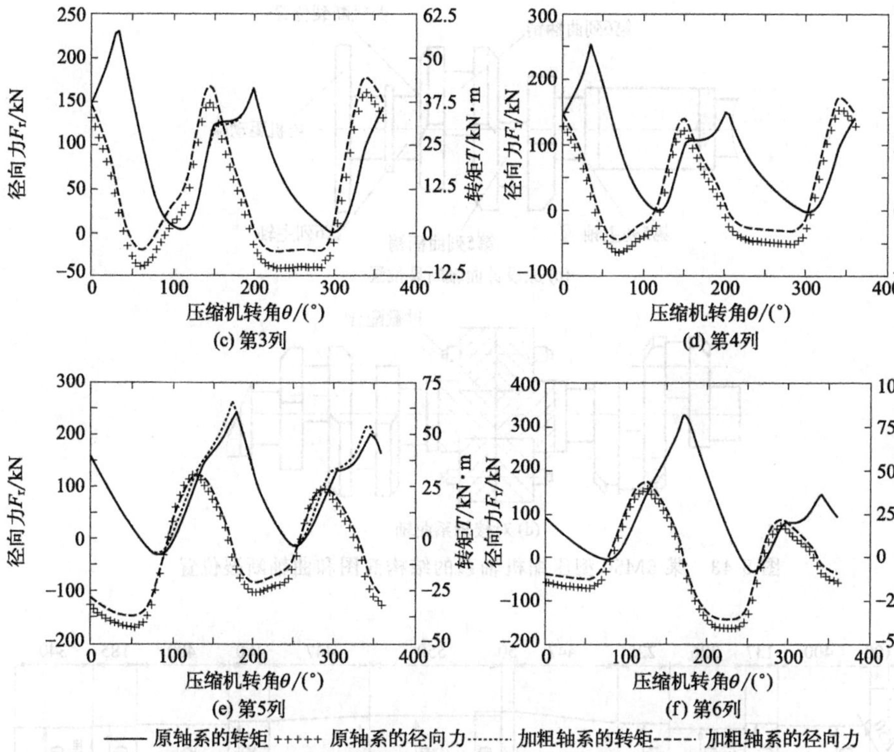

图 5-42 各列曲柄销承受的随压缩机转角变化的径向力和转矩

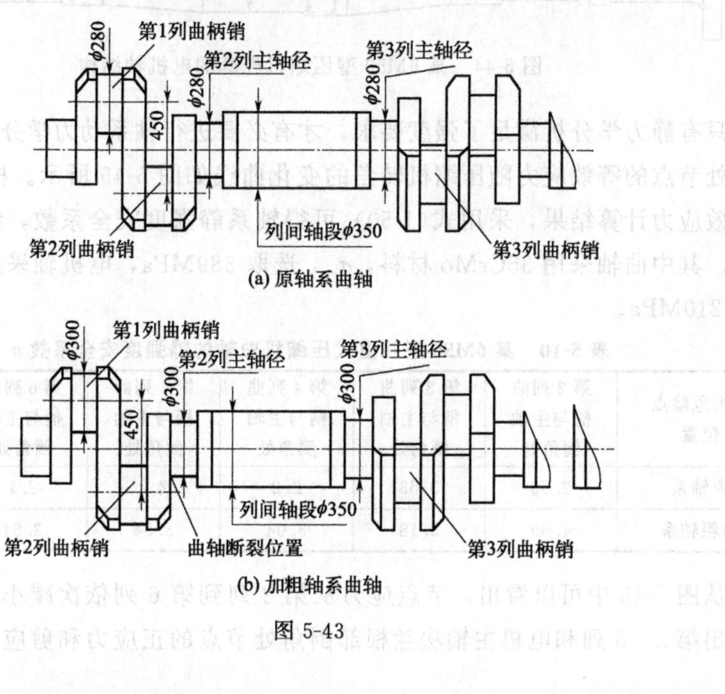

图 5-43

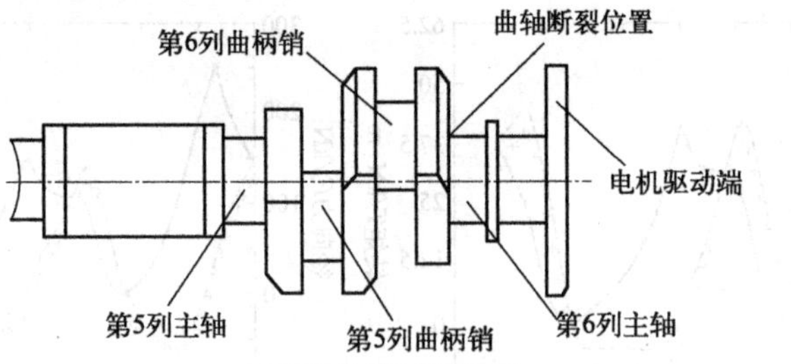

(c) 原设计曲轴断裂位置

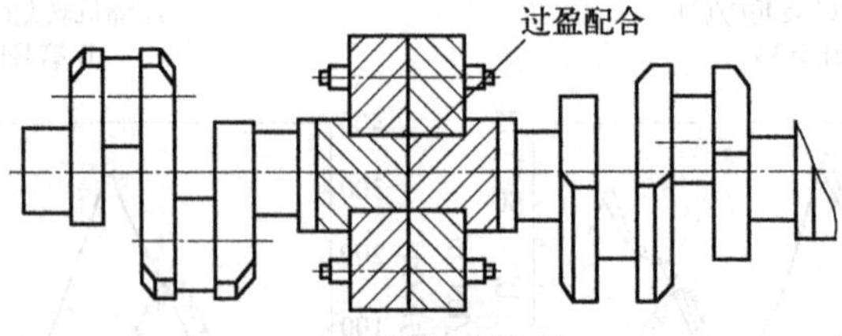

(d) 对接轴系曲轴

图 5-43　某 6M50 型压缩机轴系的结构简图和曲轴断裂位置

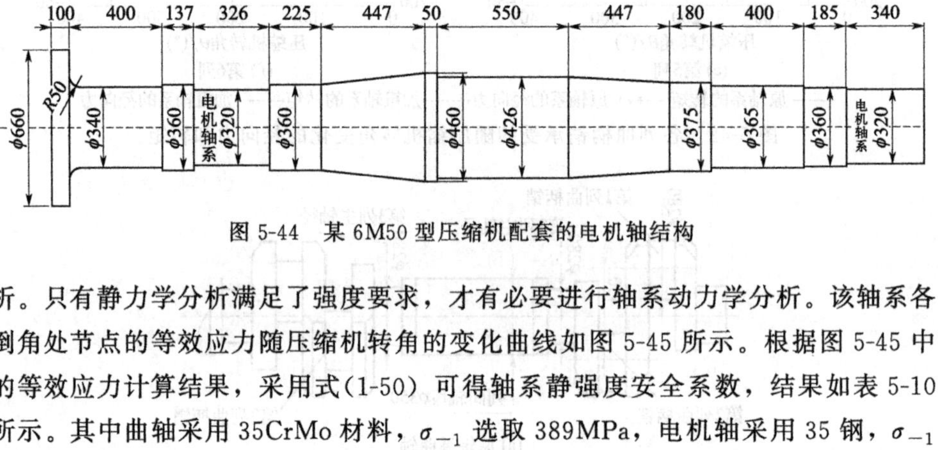

图 5-44　某 6M50 型压缩机配套的电机轴结构

析。只有静力学分析满足了强度要求，才有必要进行轴系动力学分析。该轴系各倒角处节点的等效应力随压缩机转角的变化曲线如图 5-45 所示。根据图 5-45 中的等效应力计算结果，采用式(1-50) 可得轴系静强度安全系数，结果如表 5-10 所示。其中曲轴采用 35CrMo 材料，σ_{-1} 选取 389MPa，电机轴采用 35 钢，σ_{-1} 选取 210MPa。

表 5-10　某 6M50 型往复式压缩机曲轴的静强度安全系数 *n*

应力危险点位置	第 2 列曲柄与主轴倒角处	第 3 列曲柄与主轴倒角处	第 4 列曲柄与主轴倒角处	第 5 列曲柄与主轴倒角处	第 6 列曲柄与主轴倒角处	电机主轴法兰根部倒角处
原轴系	3.53	3.53	2.2	2.2	2.1	3.6
加粗轴系	4.09	5.18	3.04	3.54	3.54	3.6

从图 5-45 中可以看出，节点应力从第 2 列到第 6 列依次减小。因此，本书只给出第 2、6 列和电机主轴法兰根部倒角处节点的正应力和剪应力随压缩机转

角变化的曲线。该曲线如图 5-46～图 5-48 所示。根据图中的正应力 σ 和剪应力 τ，采用式(1-51)～式(1-53) 可得轴系疲劳强度安全系数，结果如表 5-11 所示。

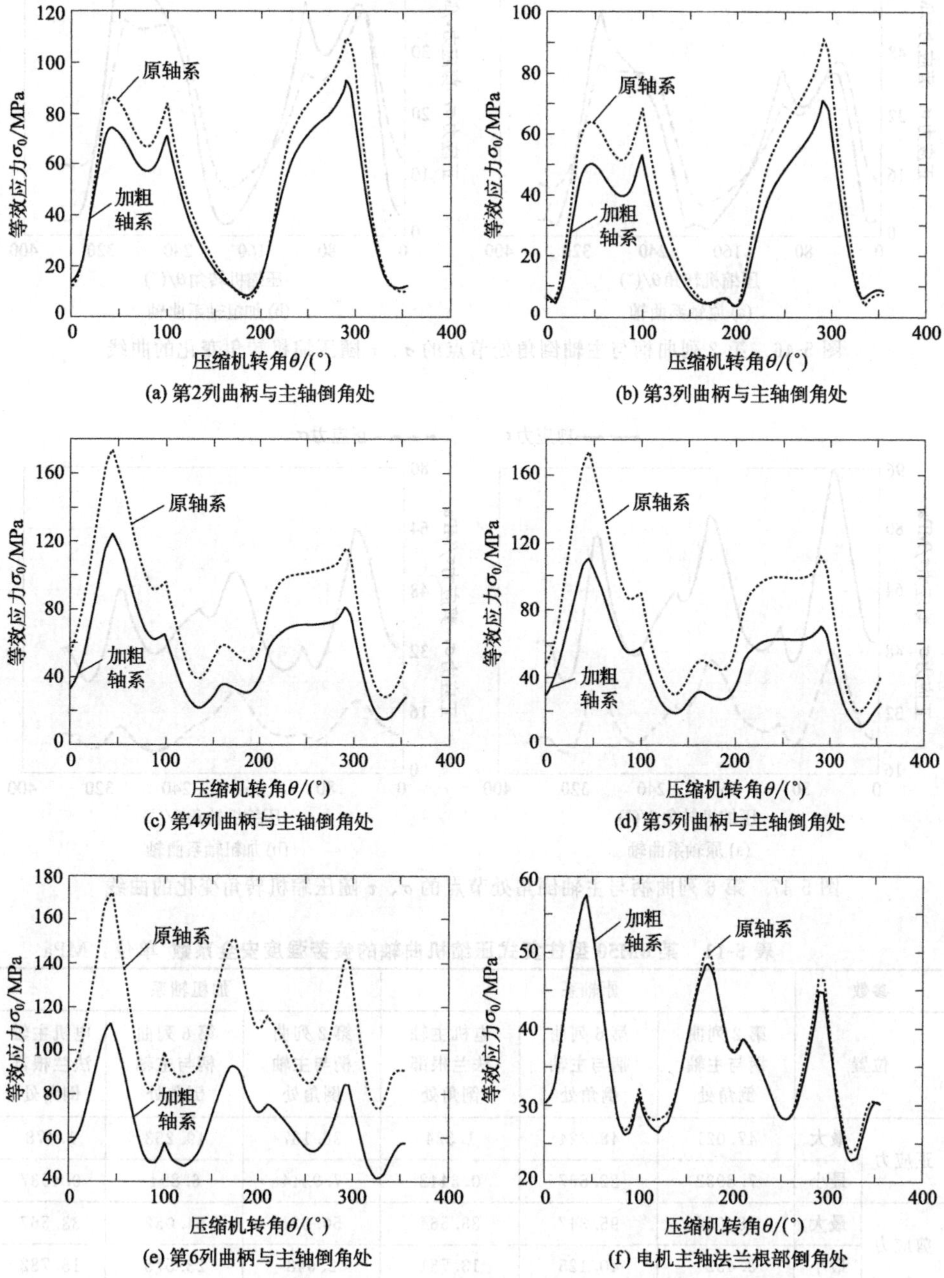

图 5-45 某 6M50 型往复式压缩机轴系各倒角处的等效应力随压缩机转角变化的曲线

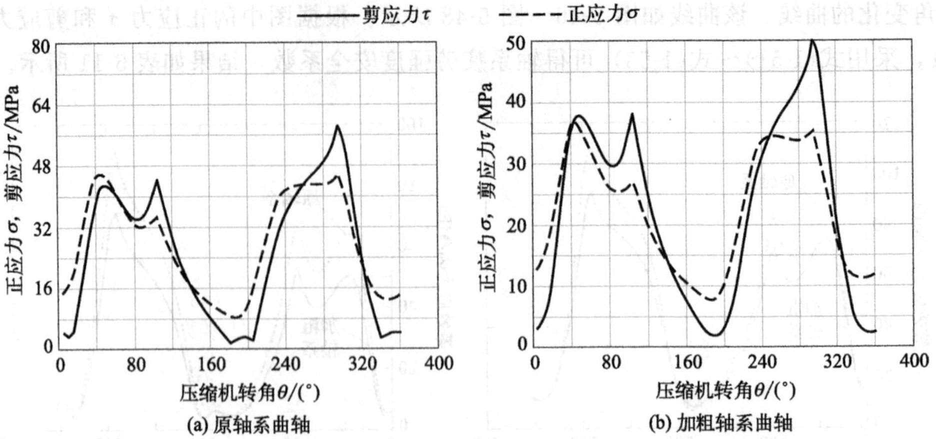

图 5-46 第 2 列曲柄与主轴倒角处节点的 σ、τ 随压缩机转角变化的曲线

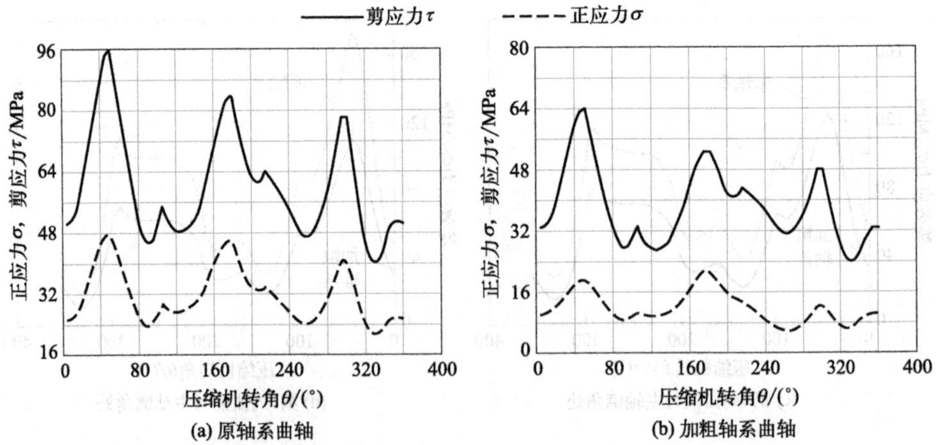

图 5-47 第 6 列曲柄与主轴倒角处节点的 σ、τ 随压缩机转角变化的曲线

表 5-11 某 6M50 型往复式压缩机曲轴的疲劳强度安全系数 单位：MPa

参数		原轴系			加粗轴系		
位置		第 2 列曲柄与主轴倒角处	第 6 列曲柄与主轴倒角处	电机主轴法兰根部倒角处	第 2 列曲柄与主轴倒角处	第 6 列曲柄与主轴倒角处	电机主轴法兰根部倒角处
正应力	最大	47.021	48.324	1.324	38.137	19.253	1.478
	最小	7.8932	22.567	0.3442	7.9214	6.894	0.4537
剪应力	最大	58.034	95.347	33.564	50.021	64.052	33.567
	最小	3.4527	40.125	13.781	2.648	23.578	13.782
安全系数 S		3.69	3.52	5.70	4.34	5.05	5.70

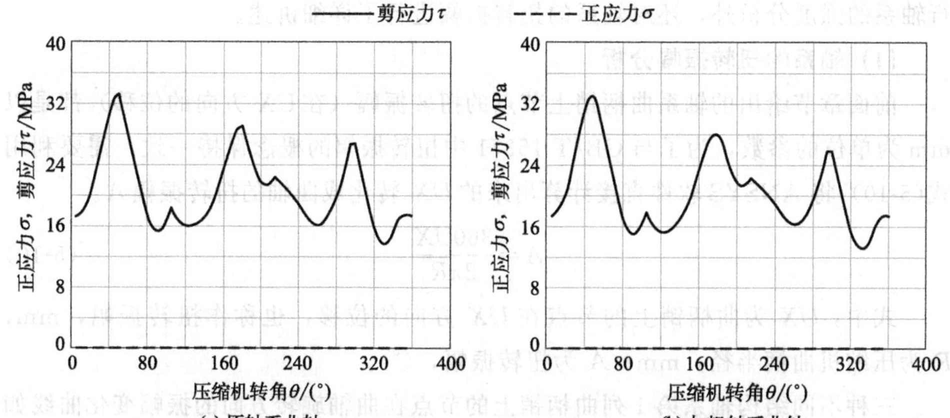

(a) 原轴系曲轴　　(b) 加粗轴系曲轴

图 5-48　电机主轴法兰根部倒角处节点的 σ、τ 随压缩机转角变化的曲线

由表 5-10 和表 5-11 中的原轴系计算结果可知，原轴系静强度最低安全系数 $n=2.1<2.5$，不满足强度要求；疲劳强度最低安全系数 $S=3.52>2.5$，满足强度要求。综合考虑原轴系压缩机运行数月后出现的断轴现象，可以初步判断原轴系断轴的原因是静强度不足。由表 5-10 和表 5-11 中的加粗轴系计算结果可知，无论是静强度还是疲劳强度，加粗轴系的安全系数都远大于原轴系，并且都大于许用值 2.5。但是，从加粗轴系的实际运行情况来看，机组出现了断轴烧瓦现象，可以判断轴系存在扭转共振问题。由于加粗轴系存在共振问题，因此静力学分析方法已不适合用于该轴系的强度计算，必须对其进行动力学分析。表 5-12 为压缩机原轴系、加粗轴系、对接轴系临界转速的计算结果。根据表中的频率比，从理论上确认了加粗轴系确实处于扭转共振区，只能利用轴系动态响应分析结果进行强度校核。

表 5-12　临近额定转速 300r/min 下的轴系谐频分析结果

结构方案	轴系基频 ω_0/Hz	扭转固有频率 ω_i/Hz	轴系载荷谐次 j	轴系谐频 ω_{ij}/Hz	轴系临界转速 $n_{\tau ij}$/(r/min)	频率比 r_i
原轴系	5	33.793	7	35	289.65	1.036
加粗轴系	5	34.433	7	35	295.14	1.016
对接轴系	5	32.895	7	35	281.95	1.064

5.5.3　基于动力学计算的轴系扭转振幅分析及强度校核

无论是在轴系静力学计算、谐响应计算还是在轴系瞬态响应计算中，都给出了曲柄销上节点扭转振幅的时间历程曲线。这些曲线不仅能用来判断轴系共振程度，而且还能用来判断轴系在曲柄销处是否产生了冲击载荷。因此，本节除了进行轴系的强度分析外，还对轴系的扭转振幅进行了详细讲述。

(1) 轴系的扭转振幅分析

前面章节给出的轴系曲柄销上节点的扭转振幅（在 UX 方向的位移）都是以 mm 为单位的参数，为了与 GB/T 15371 中扭转振幅的概念保持一致，需要利用式(5-10) 将 ANSYS 软件直接计算出来的 UX 转化成曲轴的扭转振幅 A。

$$A=\frac{360UX}{2\pi R} \tag{5-10}$$

式中，UX 为曲柄销上的节点在 UX 方向的位移，也称作扭转振幅，mm；R 为压缩机曲柄半径，mm；A 为扭转振幅，(°)。

三种不同结构轴系第 1 列曲柄销上的节点在曲轴旋转方向的振幅变化曲线如图 5-49 所示，第 6 列曲柄销上的节点在曲轴旋转方向的振幅变化曲线如图 5-50 所示。

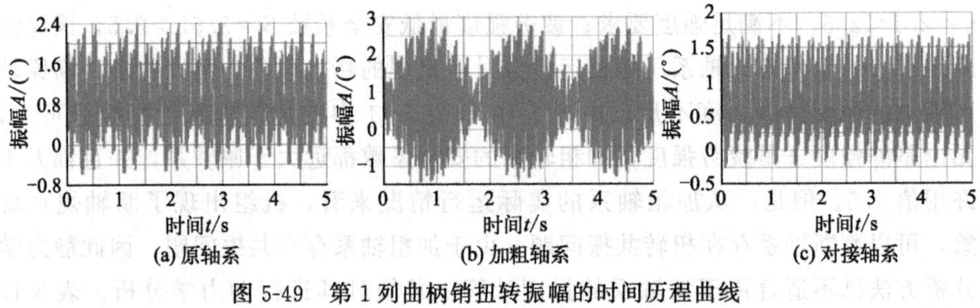

图 5-49　第 1 列曲柄销扭转振幅的时间历程曲线

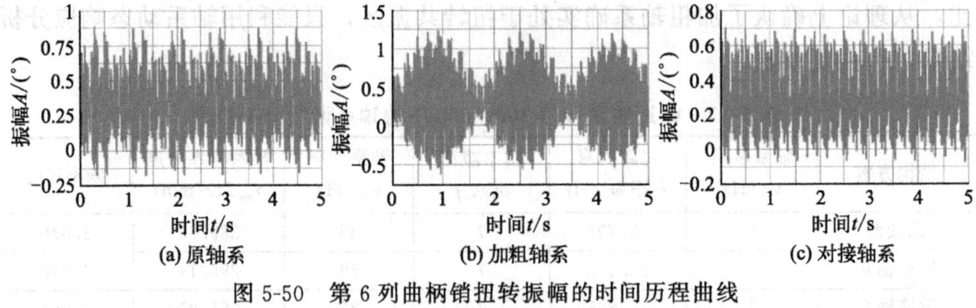

图 5-50　第 6 列曲柄销扭转振幅的时间历程曲线

从图 5-49 和图 5-50 中各节点扭转振幅的时间历程曲线来看，三种不同轴系的扭转振幅分析结果具有下列几个特点。

① 当主轴径由 280mm 变为 300mm 时，由于系统固有频率发生了改变，轴系出现共振，主要表现在第 1 列曲柄销上节点的振幅明显高于其他两种结构。这与加粗曲轴反而出现了烧瓦、断轴现象吻合。

② 对于同种轴系曲柄销上节点的振幅来讲，第 1 列的振幅都远大于第 6 列的振幅。该结论充分表明，如果系统存在共振，它必先集中反映在轴系的自由端。这与加粗轴系在 1、2 列首先出现烧连杆瓦的现象吻合。

(2) 轴系的强度分析

本书分别对原轴系、加粗轴系和对接结构轴系进行了静强度和疲劳强度校核。从图 5-49、图 5-50 中可以看出，前 2s 就可以完整地表达轴系节点应力的变化规律。因此本书只给出前 2s 的应力响应结果。该往复式压缩机轴系第 2 列曲柄与主轴过渡圆角处某节点等效应力的时间历程曲线如图 5-51 所示，第 6 列曲柄与主轴过渡圆角处某节点等效应力的时间历程曲线如图 5-52 所示，驱动电机轴某节点等效应力的时间历程曲线如图 5-53 所示。根据图 5-51～图 5-53 中轴系不同部位的等效应力分析结果，可按式(1-50) 对轴系进行静强度校核。各轴系对应位置的等效应力及静强度安全系数见表 5-13。

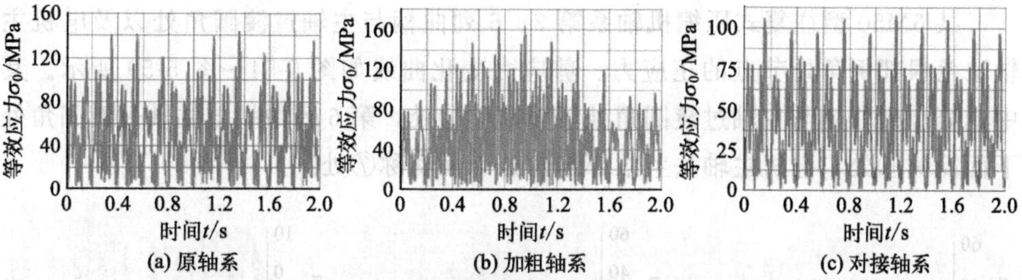

图 5-51　第 2 列主轴径处某节点等效应力的时间历程曲线

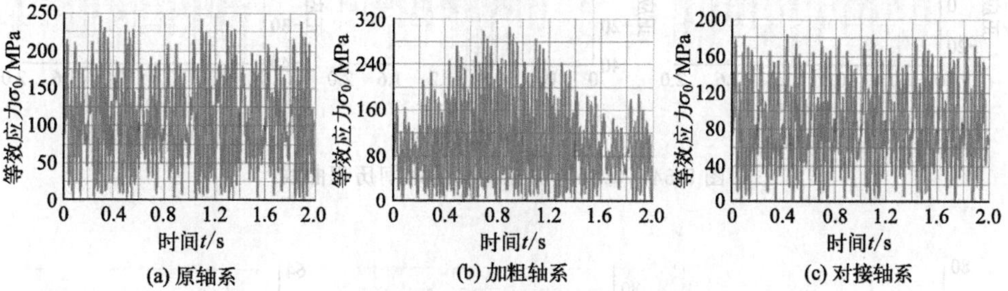

图 5-52　第 6 列主轴径处某节点等效应力的时间历程曲线

表 5-13　某 6M50 型往复式压缩机轴系的静强度校核结果

位置	参数	原轴系	加粗轴系	对接轴系
第 2 列曲柄与主轴倒角处	等效应力 σ_0/MPa	143.457	161.522	107.984
第 6 列曲柄与主轴倒角处	等效应力 σ_0/MPa	244.652	303.906	182.636
电机主轴法兰根部倒角处	等效应力 σ_0/MPa	101.032	150.453	118.035

续表

位置	参数	原轴系	加粗轴系	对接轴系
第 2 列曲柄与主轴倒角处	静安全系数 n	2.71	2.41	3.60
第 6 列曲柄与主轴倒角处	静安全系数 n	1.59	1.28	2.13
电机主轴法兰根部倒角处	静安全系数 n	3.85	2.59	3.30

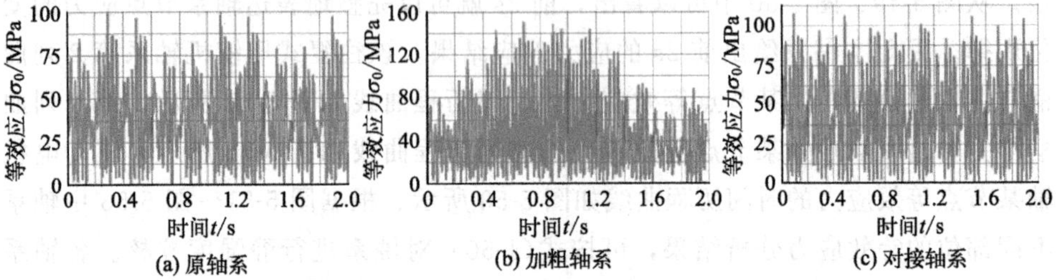

图 5-53 驱动电机主轴径处某节点等效应力的时间历程曲线

某 6M50 型往复式压缩机轴系第 2、6 列曲柄与主轴过渡圆角处以及电机主轴法兰根部倒角处节点的正应力、剪应力变化曲线如图 5-54～图 5-59 所示。其中，第 2 列曲柄与主轴过渡圆角处下面简称②处，第 6 列曲柄与主轴过渡圆角处下面简称⑥处，电机主轴法兰根部倒角处下面简称⑦处。

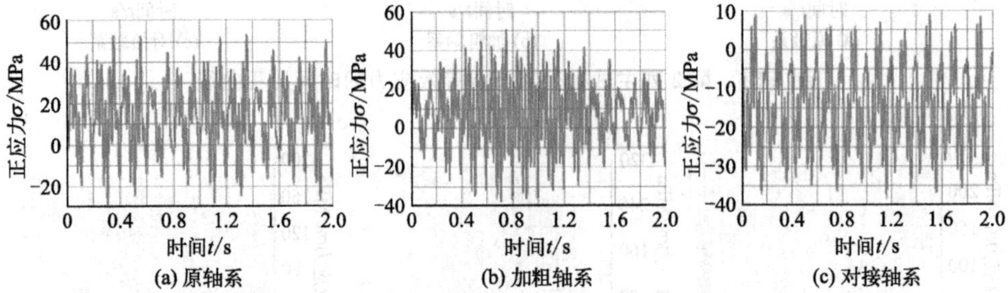

图 5-54 ②处节点正应力的时间历程曲线

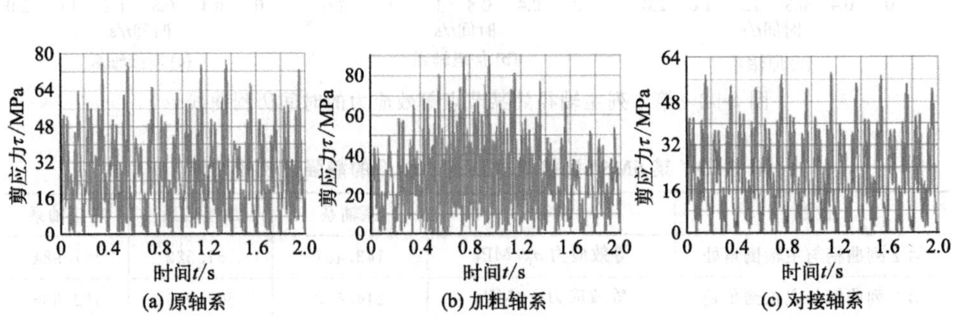

图 5-55 ②处节点剪应力的时间历程曲线

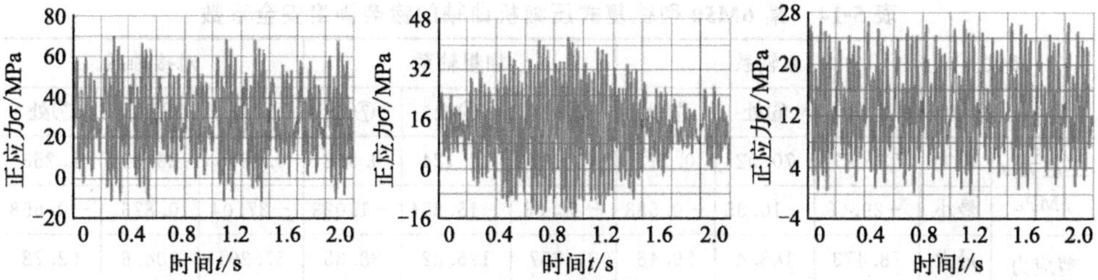

(a) 原轴系　(b) 加粗轴系　(c) 对接轴系

图 5-56　⑥处节点正应力的时间历程曲线

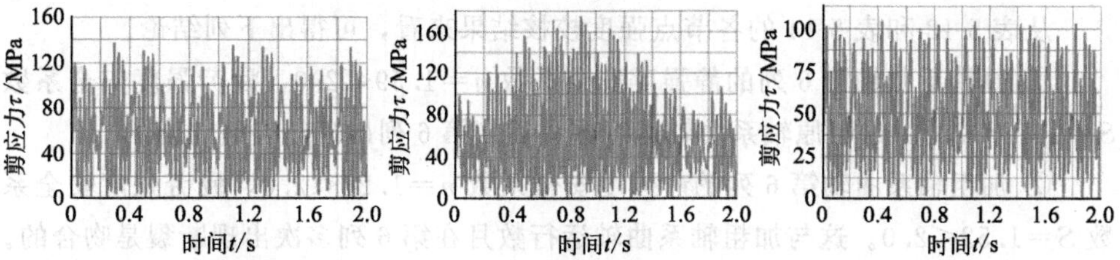

(a) 原轴系　(b) 加粗轴系　(c) 对接轴系

图 5-57　⑥处节点剪应力的时间历程曲线

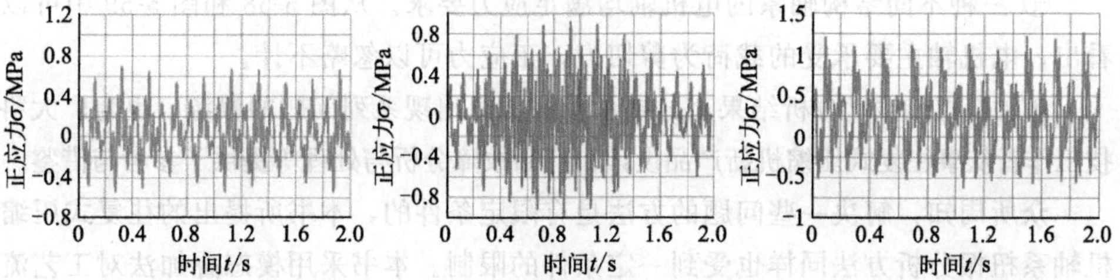

(a) 原轴系　(b) 加粗轴系　(c) 对接轴系

图 5-58　⑦处节点正应力的时间历程曲线

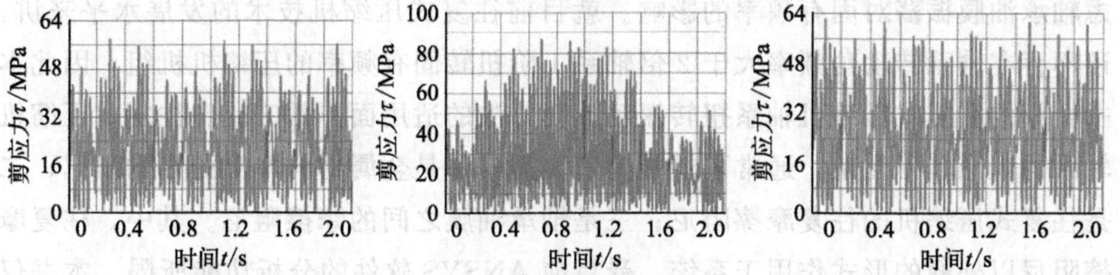

(a) 原轴系　(b) 加粗轴系　(c) 对接轴系

图 5-59　⑦处节点剪应力的时间历程曲线

根据图 5-51～图 5-59 的应力分析结果，可按式(1-51)～式(1-53) 对轴系进行疲劳强度校核。各轴系相同位置的疲劳强度安全系数见表 5-14。

表 5-14　某 6M50 型往复式压缩机曲轴的疲劳强度安全系数

参数		原轴系			加粗轴系			对接轴系		
位置		②处	⑥处	⑦处	②处	⑥处	⑦处	②处	⑥处	⑦处
正应力 σ /MPa	最大	53.027	70.02	0.712	45.627	42.124	0.932	9.0215	26.51	1.253
	最小	−29.08	−10.35	−0.583	−42.68	−15.854	−1.023	−37.04	0.876	−0.658
剪应力 τ/MPa	最大	78.473	148.4	59.46	91.757	175.32	88.35	57.391	104.6	62.78
	最小	0	0	0	0	0	0	0	0	0
安全系数 S		2.42	1.72	3.81	2.13	1.52	2.56	3.59	2.13	3.61

从表 5-13 和表 5-14 的各节点强度校核结果来看，可得出下列结论。

① 原轴系曲轴第 6 列的静强度安全系数 $n=1.59<2.0$，疲劳强度安全系数 $S=1.72<2.0$。这与原轴系曲轴运行数月后在第 6 列出现断裂是吻合的。

② 加粗轴系曲轴第 6 列的静强度安全系数 $n=1.28<2.0$，疲劳强度安全系数 $S=1.52<2.0$。这与加粗轴系曲轴运行数月在第 6 列多次出现断裂是吻合的。

③ 对接轴系曲轴第 6 列的静强度安全系数 $n=2.13>2.0$，疲劳强度安全系数 $S=2.13>2.0$。这与对接轴系曲轴已经安全运行多年相吻合。

④ 三种不同结构轴系的电机轴均满足应力要求。从图 5-58 和图 5-59 中可以看出，电机轴主要承受的载荷为剪切力，正应力可以忽略不计。

该轴系扭转振动分析结果充分揭示了该机组出现系列问题的根源，也为广大科技工作者从事往复式压缩机新产品设计、产品故障分析与处理等提供了参考与借鉴。

众所周知，解决一些问题的方法是有限定条件的，本书所提出的往复式压缩机轴系扭振分析方法同样也受到一定条件的限制。本书采用模态叠加法对工艺流程用大型往复式压缩机轴系进行了扭转振动计算，当轴系转动角频率 ω 大于 2 倍轴系 1 阶扭转固有频率 ω_1 时，本书介绍的轴承约束方法将不再适用，需要考虑轴承油膜振荡对固有频率的影响。就目前往复式压缩机技术的发展水平来讲，还不存在轴系转动角频率大于 2 倍轴系 1 阶扭转固有频率的压缩机机组，因此本书介绍的往复式压缩机轴系扭转振动计算方法的适用面非常广泛。往复式压缩机轴系的阻尼非常复杂，通常可概括为三大类：一是金属材料本身的结构阻尼；二是往复式压缩机的往复摩擦阻尼；三是轴承油膜之间的摩擦阻尼。其中，往复摩擦阻尼以外载的形式作用于系统，受目前 ANSYS 软件的分析功能所限，本书仅考虑了另两种阻尼中的材料结构阻尼。由于轴承油膜之间的摩擦阻尼是消减轴系扭转共振能量的，因此在不考虑这些阻尼的情况下其强度计算结果也是安全的。如果要从提高往复式压缩机机组的减振、降噪等方面进行轴系扭转振动分析的话，还需要对轴承油膜之间的摩擦阻尼进行深入研究。

附录1 轴系几何模型各参数文件ParGeo6M.mac

```
*SET,ALPHA,-120
!*定义曲柄错角,0,120,240
!绘制第 1、2 列
*SET,D1,235
*SET,D2,265          !*D2≠2(H1-R);
*SET,D3,235
*SET,D4,265          !*D4≠2(H1-R);
*SET,D5,245
*SET,D6,285
*SET,L1,165
*SET,L2,2
*SET,L3,122
*SET,L4,136
*SET,L5,144
*SET,L6,122
*SET,L7,180
*SET,L8,85
*SET,AR1,12.5
*SET,A2,45
*SET,LD1,80
*SET,LD2,100
!绘制第 1、2 段中间轴
*SET,L9,510
```

```
*SET,L11,510
!绘制第 5、6 列
*SET,L12,127
*SET,L13,180
*SET,L14,40
*SET,L15,380
*SET,L20,80
*SET,D7,270
*SET,D8,235
*SET,D9,660
*SET,AR2,25
!绘制飞轮
*SET,L21,65
*SET,D22,1518
!绘制曲柄
*SET,B1,310
*SET,H1,295
*SET,H2,135
*SET,R,160
!绘制电机轴
*SET,AR3,25
*SET,D10,280
*SET,D11,320
*SET,D12,280
*SET,D13,320
*SET,D14,415
*SET,D15,560
*SET,D16,400
*SET,D17,350
*SET,D18,320
*SET,D19,290
*SET,D20,1185
*SET,D21,1355
*SET,D26,1884
*SET,D27,280
*SET,L22,80
```

```
*SET,L23,470
*SET,L24,227
*SET,L25,246
*SET,L26,327
*SET,L27,200
*SET,L28,50
*SET,L29,410
*SET,L30,100
*SET,L31,610
*SET,L32,75
*SET,L33,397
*SET,L34,216
*SET,L35,1603
*SET,L36,50
*SET,L42,720
*SET,L45,400
!惯性质量
*SET,CM1,769          !*第1列往复惯性质量;
*SET,CM2,777          !*第2列往复惯性质量;
*SET,CM3,356          !*第3列往复惯性质量;
*SET,CM4,352          !*第4列往复惯性质量;
*SET,CM5,160          !*第5列往复惯性质量;
*SET,CM6,160          !*第6列往复惯性质量;
*SET,CRRM,62.6        !*连杆旋转惯性质量;
*SET,CGDD,14825       !*CGDD为转子的GD², 不包括电机轴的GD²。
```

附录2 轴系几何模型各单元体体号文件Par6Mv.mac

```
!*下列文件的修改必须在建完几何模型后进行,不能在操作网格划分后进行
v1=8          !*第 1 列主轴承网格划分;
v2=10
!*第 1、2 列左曲拐(包括 L2 凸台)
v3=32
v4=11
v5=1          !*第 1 列曲柄销网格划分;
v6=12
!*第 1、2 曲轴中拐(包括 L2 凸台)
v7=33
v8=13
v9=2          !*第 2 列曲柄销网格划分;
v10=14
!*第 1、2 列右曲拐(包括 L2 凸台)
v11=28
v12=15
v13=38        !*曲轴 2 列主轴承网格划分;
v14=42        !*曲轴中间连接轴网格划分;
v15=40        !*曲轴 3 列主轴承网格划分;
v16=16
!*第 3、4 列左曲拐(包括 L2 凸台)
v17=29
v18=17
```

```
v19=3          !*第 3 列曲柄销网格划分;
v20=18
!*第 3、4 列曲轴中拐(包括 L2 凸台)
v21=34
v22=19
v23=4          !*第 4 列曲柄销网格划分;
v24=20
!*第 3、4 列右曲拐(包括 L2 凸台)
v25=30
v26=21
v27=39         !*曲轴 4 列主轴承网格划分;
v28=43         !*曲轴 2 段中间连接轴网格划分;
v29=41         !*曲轴 5 列主轴承网格划分;
v30=22
!*第 5、6 列左曲拐(包括 L2 凸台)
v31=31
v32=23
v33=5          !*第 5 列曲柄销网格划分;
v34=24
!*第 5、6 列曲轴中拐(包括 L2 凸台)
v35=35
v36=25
v37=6          !*第 6 列曲柄销网格划分;
v38=26
!*第 5、6 列右曲拐(包括 L2 凸台)
v39=36
v40=27
v41=7          !*曲轴 6 列主轴承网格划分;
v42=37         !*曲轴驱动端网格划分;
v43=9          !*飞轮结构网格划分;
v44=45         !*电机轴网格划分;
v45=44         !*电机转子网格划分。
```

附录3 轴系谐响应分析载荷文件 Par6Mload_h.mac

```
P_DMPRAT=0.00015                        !*定义材料的固定阻尼比;
n=375                                   !*定义额定转速,单位为 r/min;
max_omega=50                            !*定义模态叠加计算频率范围的最大值;
min_omega=30                            !*定义模态叠加计算频率范围的最小值;
sum_n=50                                !*定义计算子步数的总数;
Khar=7                                  !*谐频载荷谐次为 7;
loadvalue(1,1,1)=1.10697e+000           !*定义压缩机第 1 列曲柄销上列转矩 MD 的
                                          K 次谐频载荷幅值,单位为 kN·m;
loadvalue(1,2,1)=3.25282e+002           !*定义压缩机第 1 列曲柄销上列转矩 MD 的
                                          K 次谐频载荷相位角,单位为(°);
loadvalue(1,1,2)=1.07271e+000
loadvalue(1,2,2)=3.35757e+002
loadvalue(1,1,3)=9.70201e-001
loadvalue(1,2,3)=3.36624e+002
loadvalue(1,1,4)=6.16802e-001
loadvalue(1,2,4)=8.38537e+000
loadvalue(1,1,5)=6.13247e-001
loadvalue(1,2,5)=2.98672e+002
loadvalue(1,1,6)=4.36226e-001
loadvalue(1,2,6)=1.95296e+001
loadvalue(1,1,7)=7.01787e-001           !*定义压缩机综合转矩 SMD 的 K 次谐频载
                                          荷幅值,单位为 kN·m;
loadvalue(1,2,7)=3.56857e+002           !*定义压缩机综合转矩 SMD 的 K 次谐频载
                                          荷相位角,单位为(°)。
```

附录4 轴系瞬态响应分析载荷文件Par6Mload.mac

P_DMPRAT＝0.00015　　　　!＊材料的固定阻尼比；

ne＝375　　　　!＊额定转速(模态分析时定义的转速)；

n＝375　　　　!＊计算转速(瞬态响应分析时定义的转速)；

MZ＝67.98788　　　　!＊平均转矩，单位为 kN·m；

ZS＝14　　　　!＊计算转数，静力学设置 1，瞬态响应根据频率比 r 进行选择；

!＊利用三维数组 loadvalue(72,2,6)存储曲柄销上承受的切向力和径向力

!＊第 1 列曲柄销上承受的切向力，曲柄错角 0°(曲柄转角 0°对应 t＝0s 时刻)

loadvalue(1,1,1)＝-7.10488e-001,-4.29734e-001,-7.79956e-001,-2.10869e＋000,-4.38283e＋000

Loadvalue(6,1,1)＝-7.47610e＋000,-1.09863e＋001,-1.44952e＋001,-1.77279e＋001,-2.05212e＋001

loadvalue(11,1,1)＝-2.18739e＋001,-2.15111e＋001,-2.09633e＋001,-2.03786e＋001,-1.99124e＋001

loadvalue(16,1,1)＝-1.97186e＋001,-1.99420e＋001,-2.07103e＋001,-2.21285e＋001,-2.42737e＋001

loadvalue(21,1,1)＝-2.71912e＋001,-2.74193e＋001,-2.43117e＋001,-2.14605e＋001,-1.88708e＋001

loadvalue(26,1,1)＝-1.65345e＋001,-1.44333e＋001,-1.25428e＋001,-1.08352e＋001,-9.28189e＋000

loadvalue(31,1,1)＝-7.8551e＋000,-6.52928e＋000,-5.28156e＋000,-4.09199e＋000,-2.94334e＋000 loadvalue(36,1,1)=-1.82064e+000,-7.10488e-001,2.57875e-001,9.00559e-001,9.73163e-001

loadvalue(41,1,1)=3.58792e-001,-9.32223e-001,-2.92914e+000,-5.47097e+000,-8.37541e+000

loadvalue(46,1,1)=-1.1498e+001,-1.47151e+001,-1.79225e+001,-2.01479e+001,-2.13835e+001

loadvalue(51,1,1)=-2.2513e+001,-2.35542e+001,-2.45391e+001,-2.55244e+001,-2.65910e+001

loadvalue(56,1,1)=-2.7845e+001,-2.94206e+001,-3.14677e+001,-3.41524e+001,-3.58496e+001

loadvalue(61,1,1)=-3.1309e+001,-2.67519e+001,-2.23242e+001,-1.81604e+001,-1.43735e+001

loadvalue(66,1,1)=-1.1048e+001,-8.23743e+000,-5.95693e+000,-4.18720e+000,-2.87403e+000

loadvalue(71,1,1)=-1.93268e+000,-1.25375e+000,,,

!*第1列曲柄销上承受的径向力,曲柄错角0°(曲柄转角0°对应t=0s时刻)

loadvalue(1,2,1)=8.10187e+000,1.14399e+000,-1.74767e+001,-4.22093e+001,-6.68153e+001

loadvalue(6,2,1)=-8.8573e+001,-1.03961e+002,-1.11652e+002,-1.12307e+002,-1.07236e+002

loadvalue(11,2,1)=-9.4423e+001,-7.66204e+001,-6.06011e+001,-4.64254e+001,-3.38961e+001

loadvalue(16,2,1)=-2.25486e+001,-1.16515e+001,-2.16039e-001,1.29903e+001,2.94292e+001

loadvalue(21,2,1)=5.07785e+001,6.80684e+001,7.40990e+001,7.82768e+001,8.10394e+001

loadvalue(26,2,1)=8.27668e+001,8.37739e+001,8.43093e+001,8.45587e+001,8.46530e+001

loadvalue(31,2,1)=8.46770e+001,8.46796e+001,8.46838e+001,8.46956e+001,8.47117e+001

loadvalue(36,2,1)=8.47253e+001,7.72783e+001,7.19317e+001,5.68197e+001,3.44146e+001

loadvalue(41,2,1)=7.97673e+000,-1.92614e+001,-4.65375e+001,-7.10400e+001,-9.11543e+001

loadvalue(46,2,1)=-1.06397e+002,-1.16703e+002,-1.22274e+002,-1.18717e+002,-1.08821e+002

loadvalue(51,2,1)=-9. 81691e+001,-8. 68747e+001,-7. 50377e+001,-6. 27030e+001,-4. 98070e+001

loadvalue(56,2,1)=-3. 61095e+001,-2. 11106e+001,-3. 95311e+000,1. 66869e+001,3. 99023e+001

loadvalue(61,2,1)=5. 27766e+001,6. 11416e+001,6. 52118e+001,6. 54058e+001,6. 23227e+001

loadvalue(66,2,1)=5. 67047e+001,4. 93904e+001,4. 12615e+001,3. 31869e+001,2. 59670e+001

loadvalue(71,2,1)=2. 02833e+001,1. 66556e+001,,,

!*第 2 列曲柄销上承受的切向力,曲柄错角 0°(曲柄转角 0°对应 t=0s 时刻)

loadvalue(1,1,2)=-7. 26420e-001,-7. 48763e-001,-1. 52298e+000,-3. 40839e+000,-6. 27979e+000

loadvalue(6,1,2)=-9. 82888e+000,-1. 37034e+001,-1. 74126e+001,-2. 06989e+001,-2. 25075e+001

loadvalue(11,1,2)=-2. 24768e+001,-2. 21224e+001,-2. 15809e+001,-2. 10053e+001,-2. 05572e+001

loadvalue(16,1,2)=-2. 03985e+001,-2. 06830e+001,-2. 15501e+001,-2. 31186e+001,-2. 54826e+001

loadvalue(21,1,2)=-2. 87078e+001,-2. 71906e+001,-2. 39998e+001,-2. 10823e+001,-1. 84438e+001

loadvalue(26,1,2)=-1. 60761e+001,-1. 39604e+001,-1. 20713e+001,-1. 03799e+001,-8. 85599e+000

loadvalue(31,1,2)=-7. 47043e+000,-6. 19595e+000,-5. 00800e+000,-3. 88494e+000,-2. 80783e+000

loadvalue(36,1,2)=-1. 76001e+000,-7. 26420e-001,1. 27155e-001,5. 92109e-001,3. 96805e-001

loadvalue(41,1,2)=-5. 57406e-001,-2. 21349e+000,-4. 49317e+000,-7. 30045e+000,-1. 03900e+001

loadvalue(46,1,2)=-1. 36155e+001,-1. 68593e+001,-1. 89214e+001,-2. 02520e+001,-2. 14718e+001

loadvalue(51,1,2)=-2. 25840e+001,-2. 36065e+001,-2. 45771e+001,-2. 55575e+001,-2. 66367e+001

loadvalue(56,1,2)=-2. 79328e+001,-2. 95936e+001,-3. 17932e+001,-3. 47266e+001,-3. 46490e+001

loadvalue(61,1,2)=-3. 00237e+001,-2. 54060e+001,-2. 09471e+001,-1. 67843e+001,-1. 30327e+001

loadvalue(66,1,2)=-9.77813e+000,-7.07254e+000,-4.93061e+000,-3.32951e+000,-2.21069e+000

loadvalue(71,1,2)=-1.48400e+000,-1.03379e+000,,,

!*第2列曲柄销上承受的径向力,曲柄错角0°(曲柄转角0°对应t=0s时刻)

loadvalue(1,2,2)=-8.38751e+000,-1.67662e+001,-3.87323e+001,-6.67823e+001,-9.31274e+001

loadvalue(6,2,2)=-1.13832e+002,-1.27228e+002,-1.31902e+002,-1.29127e+002,-1.16365e+002

loadvalue(11,2,2)=-9.66135e+001,-7.83714e+001,-6.19425e+001,-4.73874e+001,-3.45005e+001

loadvalue(16,2,2)=-2.27966e+001,-1.15084e+001,4.11360e-001,1.42838e+001,3.17012e+001

loadvalue(21,2,2)=5.45313e+001,6.73034e+001,7.28551e+001,7.64967e+001,7.86862e+001

loadvalue(26,2,2)=7.98230e+001,8.02394e+001,8.01997e+001,7.99035e+001,7.94931e+001

loadvalue(31,2,2)= 7.90629e+001,7.86696e+001,7.83425e+001,7.80921e+001,7.79186e+001

loadvalue(36,2,2)=7.78175e+001,6.79789e+001,6.15742e+001,4.36985e+001,1.78179e+001

loadvalue(41,2,2)=-1.17437e+001,-4.10343e+001,-6.82321e+001,-9.22190e+001,-1.10895e+002

loadvalue(46,2,2)=-1.24110e+002,-1.32091e+002,-1.28374e+002,-1.19185e+002,-1.09148e+002

loadvalue(51,2,2)=-9.83752e+001,-8.69884e+001,-7.50930e+001,-6.27358e+001,-4.98464e+001

loadvalue(56,2,2)=-3.61636e+001,-2.11416e+001,-3.83744e+000,1.72233e+001,3.79860e+001

loadvalue(61,2,2)=4.98746e+001,5.71367e+001,6.00135e+001,5.89560e+001,5.46000e+001

loadvalue(66,2,2)=4.77277e+001,3.92189e+001,2.99961e+001,2.09665e+001,1.29648e+001

loadvalue(71,2,2)=6.70106e+000,2.71654e+000,,,

!*第3列曲柄销上承受的切向力,曲柄错角240°(曲柄转角240°对应t=0s时刻)

loadvalue(25,1,3)=-6.11303e-001,1.23436e+000,2.46536e+000,2.71107e+000,1.88665e+000 loadvalue(30,1,3)=7. 18873e-002,-2. 36270e+000,-5. 11811e+000,-7. 95971e+000,-1. 07338e+001

loadvalue(35,1,3)=-1. 19701e+001,-1. 24763e+001,-1. 30338e+001,-1. 37189e+001,-1. 46105e+001

loadvalue(40,1,3)=-1. 57858e+001,-1. 73162e+001,-1. 92643e+001,-2. 16802e+001,-2. 45985e+001

loadvalue(45,1,3)=-2. 80357e+001,-2. 62095e+001,-2. 41454e+001,-2. 21311e+001,-2. 01788e+001

loadvalue(50,1,3)=-1. 82937e+001,-1. 64757e+001,-1. 47211e+001,-1. 30235e+001,-1. 13754e+001

loadvalue(55,1,3)=-9. 76900e+000,-8. 19636e+000,-6. 65027e+000,-5. 12420e+000,-3. 61237e+000

loadvalue(60,1,3)=-2. 10963e+000,-6. 11303e-001,7. 91293e-001,1. 91672e+000,2. 55400e+000

loadvalue(65,1,3)=2. 59650e+000,1. 99070e+000,7. 50142e-001,-9. 81738e-001,-3. 09154e+000

loadvalue(70,1,3)=-5. 47333e+000,-8. 03806e+000,-1. 07164e+001,,

loadvalue(1,1,3)=-1. 22183e+001,-1. 34724e+001,,, !*曲柄转角 240°对应 t=0s 时刻;

loadvalue(3,1,3)=-1. 48114e+001,-1. 62611e+001,-1. 78575e+001,-1. 96480e+001,-2. 16931e+001

loadvalue(8,1,3)=-2. 40661e+001,-2. 68524e+001,-3. 01456e+001,-3. 40420e+001,-3. 39011e+001

loadvalue(13,1,3)=-3. 12461e+001,-2. 84252e+001,-2. 55102e+001,-2. 25690e+001,-1. 96620e+001

loadvalue(18,1,3)=-1. 68386e+001,-1. 41350e+001,-1. 15726e+001,-9. 15729e+000,-6. 88038e+000

loadvalue(23,1,3)=-4. 72002e+000,-2. 64369e+000,,,

!*第 3 列曲柄销上承受的径向力,曲柄错角 240°(曲柄转角 240°对应 t=0s 时刻)

loadvalue(25,2,3)=1. 00642e+002,9. 36159e+001,7. 44963e+001,4. 81485e+001,1. 94958e+001

loadvalue(30,2,3)=-8. 06150e+000,-3. 05323e+001,-4. 68998e+001,-5. 72724e+001,-6. 23471e+001

loadvalue(35,2,3)=-5. 78345e+001,-5. 03409e+001,-4. 31428e+001,-3. 60919e+001,-2. 88972e+001

loadvalue(40,2,3)=-2. 11161e+001,-1. 21500e+001,-1. 24161e+000,1. 25269e+

001,3.02368e+001

loadvalue(45,2,3)=5.31384e+001,6.45956e+001,7.38441e+001,8.17538e+001,8.85155e+001

loadvalue(50,2,3)=9.43009e+001,9.92581e+001,1.03510e+002,1.07152e+002,1.10260e+002

loadvalue(55,2,3)=1.12888e+002,1.15072e+002,1.16838e+002,1.18202e+002,1.19171e+002

loadvalue(60,2,3)=1.19751e+002,1.15753e+002,1.11114e+002,9.79518e+001,7.82932e+001

loadvalue(65,2,3)=5.48212e+001,2.93274e+001,3.63302e+000,-1.97720e+001,-3.99439e+001

loadvalue(70,2,3)=-5.64364e+001,-6.91434e+001,-7.81642e+001,,

loadvalue(1,2,3)=-7.71133e+001,-7.35363e+001,,, !*曲柄转角 240°对应 t=0s 时刻;

loadvalue(3,2,3)=-6.93222e+001,-6.43806e+001,-5.85761e+001,-5.17005e+001,-4.34358e+001

loadvalue(8,2,3)=-3.33068e+001,-2.06234e+001,-4.41008e+000,1.66762e+001,3.69893e+001

loadvalue(13,2,3)=5.28566e+001,6.63546e+001,7.74713e+001,8.62917e+001,9.29887e+001

loadvalue(18,2,3)=9.78076e+001,1.01046e+002,1.03032e+002,1.04097e+002,1.04552e+002

loadvalue(23,2,3)=1.04667e+002,1.04649e+002,,,

!*第 4 列曲柄销上承受的切向力,曲柄错角 240°(曲柄转角 240°对应 t=0s 时刻)

loadvalue(25,1,4)=-4.50414e-001,5.35293e-001,1.20528e+000,1.34189e+000,7.95850e-001

loadvalue(30,1,4)=-4.13282e-001,-2.11473e+000,-4.13381e+000,-6.30611e+000,-8.50306e+000

loadvalue(35,1,4)=-9.7648e+000,-1.00039e+001,-1.02632e+001,-1.06100e+001,-1.11126e+001

loadvalue(40,1,4)=-1.18353e+001,-1.28347e+001,-1.41558e+001,-1.58285e+001,-1.58246e+001

loadvalue(45,1,4)=-1.42598e+001,-1.27766e+001,-1.13939e+001,-1.01212e+001,-8.96046e+000

loadvalue(50,1,4)=-7.90778e+000,-6.95491e+000,-6.09091e+000,-5.30351e+000,-4.58016e+000

```
loadvalue(55,1,4)=-3.90885e+000,-3.27863e+000,-2.67981e+000,-2.10412e+000,-1.54453e+000
loadvalue(60,1,4)=-9.95037e-001,-4.50414e-001,3.19970e-002,3.78389e-001,4.76048e-001
loadvalue(65,1,4)=2.52101e-001,-4.09032e-001,-1.48427e+000,-2.93187e+000,-4.70101e+000
loadvalue(70,1,4)=-6.73219e+000,-8.96537e+000,-1.13455e+001,,
loadvalue(1,1,4)=-1.31002e+001,-1.43777e+001,,,    !*曲柄转角240°对应 t=0s 时刻;
loadvalue(3,1,4)=-1.57123e+001,-1.71208e+001,-1.86278e+001,-2.02662e+001,-2.20774e+001
loadvalue(8,1,4)=-2.41104e+001,-2.64194e+001,-2.82187e+001,-2.63209e+001,-2.42049e+001
loadvalue(13,1,4)=-2.19354e+001,-1.95802e+001,-1.72062e+001,-1.48761e+001,-1.26439e+001
loadvalue(18,1,4)=-1.05526e+001,-8.63126e+000,-6.89402e+000,-5.33965e+000,-3.95216e+000
loadvalue(23,1,4)=-2.70248e+000,-1.55095e+000,,,
!*第 4 列曲柄销上承受的径向力,曲柄错角 240°(曲柄转角 240°对应 t=0s 时刻)
loadvalue(25,2,4)=4.63424e+001,4.28002e+001,3.29562e+001,1.88610e+001,1.98700e+000
loadvalue(30,2,4)=-1.50446e+001,-2.97821e+001,-4.11531e+001,-4.87760e+001,-5.27567e+001
loadvalue(35,2,4)=-5.02054e+001,-4.35427e+001,-3.73242e+001,-3.14485e+001,-2.56907e+001
loadvalue(40,2,4)=-1.97000e+001,-1.30025e+001,-5.00929e+000,4.97130e+000,1.38336e+001
loadvalue(45,2,4)=1.90892e+001,2.30963e+001,2.60745e+001,2.82346e+001,2.97677e+001
loadvalue(50,2,4)=3.08387e+001,3.15834e+001,3.21076e+001,3.24893e+001,3.27822e+001
loadvalue(55,2,4)=3.30198e+001,3.32198e+001,3.33893e+001,3.35279e+001,3.36319e+001
loadvalue(60,2,4)=3.36967e+001,3.02911e+001,2.80831e+001,2.17311e+001,1.19908e+001
loadvalue(65,2,4)=-5.72920e-002,-1.47339e+001,-2.99341e+001,-4.44249e+
```

001,-5.74302e+001

loadvalue(70,2,4)=-6.84059e+001,-7.70114e+001,-8.30668e+001,,

loadvalue(1,2,4)=-8.26540e+001,-7.83524e+001,,, !*曲柄转角240°对应 t=0s 时刻;

loadvalue(3,2,4)=-7.33506e+001,-6.75717e+001,-6.09050e+001,-5.31843e+001,-4.41596e+001

loadvalue(8,2,4)=-3.34631e+001,-2.05697e+001,-5.06998e+000,9.41184e+000,2.19701e+001

loadvalue(13,2,4)=3.24565e+001,4.08146e+001,4.70831e+001,5.13933e+001,5.39585e+001

loadvalue(18,2,4)=5.50592e+001,5.50230e+001,5.42014e+001,5.29455e+001,5.15818e+001

loadvalue(23,2,4)=5.03903e+001,4.95855e+001,,,

!*第5列曲柄销上承受的切向力,曲柄错角120°(曲柄转角120°对应 t=0s 时刻)

loadvalue(49,1,5)=-4.70271e-001,2.41995e+000,5.00066e+000,7.01931e+000,8.18693e+000

loadvalue(54,1,5)=8.46896e+000,7.88774e+000,6.53031e+000,4.52066e+000,1.99367e+000

loadvalue(59,1,5)=-9.22717e-001,-4.11710e+000,-7.49792e+000,-1.00760e+001,-1.19715e+001

loadvalue(64,1,5)=-1.40583e+001,-1.63212e+001,-1.87372e+001,-2.12747e+001,-2.38917e+001

loadvalue(69,1,5)=-2.65358e+001,-2.80458e+001,-2.66359e+001,-2.51033e+001,

loadvalue(1,1,5)=-2.34679e+001,,,, !*曲柄转角120°对应 t=0s 时刻;

loadvalue(2,1,5)=-2.17480e+001,-1.99594e+001,-1.81160e+001,-1.62298e+001,-1.43108e+001

loadvalue(7,1,5)=-1.2367e+001,-1.04053e+001,-8.43065e+000,-6.44708e+000,-4.45768e+000

loadvalue(12,1,5)=-2.46479e+000,-4.70271e-001,1.47297e+000,3.28875e+000,4.86292e+000

loadvalue(17,1,5)=6.08776e+000,6.83648e+000,7.09927e+000,6.86324e+000,6.13894e+000

loadvalue(22,1,5)=4.95373e+000,3.34507e+000,1.35489e+000,-9.74709e-001,-3.60428e+000

loadvalue(27,1,5)=-6.49850e+000,-9.15779e+000,-1.09774e+001,-1.30492e+

001,-1. 53826e＋001

loadvalue(32,1,5)＝-1. 79804e＋001,-2. 08350e＋001,-2. 39248e＋001,-2. 72092e＋001,-3. 05037e＋001

loadvalue(37,1,5)＝-2. 93545e＋001,-2. 79436e＋001,-2. 62840e＋001,-2. 43921e＋001,-2. 22866e＋001

loadvalue(42,1,5)＝-1. 99883e＋001,-1. 75195e＋001,-1. 49037e＋001,-1. 21648e＋001,-9. 32744e＋000

loadvalue(47,1,5)＝-6. 41611e＋000,-3. 45551e＋000,,,

!＊第 5 列曲柄销上承受的径向力,曲柄错角 120°(曲柄转角 120°对应 t＝0s 时刻)

loadvalue(49,2,5)＝1. 59119e＋002,1. 55340e＋002,1. 44490e＋002,1. 27914e＋002,1. 05652e＋002

loadvalue(54,2,5)＝8. 11759e＋001,5. 65491e＋001,3. 34125e＋001,1. 29620e＋001,-4. 02963e＋000

loadvalue(59,2,5)＝-1. 7134e＋001,-2. 61712e＋001,-3. 11146e＋001,-3. 05761e＋001,-2. 64970e＋001

loadvalue(64,2,5)＝-2. 05233e＋001,-1. 23185e＋001,-1. 53561e＋000,1. 21757e＋001,2. 91593e＋001

loadvalue(69,2,5)＝4. 97400e＋001,7. 07784e＋001,8. 38285e＋001,9. 58155e＋001,

loadvalue(1,2,5)＝1. 06740e＋002,,,,　!＊曲柄转角 120°对应 t＝0s 时刻;

loadvalue(2,2,5)＝1. 16616e＋002,1. 25466e＋002,1. 33320e＋002,1. 40215e＋002,1. 46187e＋002

loadvalue(7,2,5)＝1. 51274e＋002,1. 55509e＋002,1. 58927e＋002,1. 61555e＋002,1. 63415e＋002

loadvalue(12,2,5)＝1. 64524e＋002,1. 62195e＋002,1. 59897e＋002,1. 53170e＋002,1. 42494e＋002

loadvalue(17,2,5)＝1. 28208e＋002,1. 10283e＋002,9. 06317e＋001,7. 01965e＋001,4. 98349e＋001

loadvalue(22,2,5)＝3. 02823e＋001,1. 21400e＋001,-4. 11793e＋000,-1. 81260e＋001,-2. 96015e＋001

loadvalue(27,2,5)＝-3. 83175e＋001,-4. 26105e＋001,-4. 17227e＋001,-3. 94019e＋001,-3. 52448e＋001

loadvalue(32,2,5)＝-2. 87799e＋001,-1. 94640e＋001,-6. 68184e＋000,1. 02463e＋001,3. 18601e＋001

loadvalue(37,2,5)＝4. 89537e＋001,6. 53529e＋001,8. 08854e＋001,9. 53922e＋001,1. 08730e＋002 loadvalue(42,2,5)＝1.20774e＋002,1.31414e＋002,1.40561e＋002,1.48140e＋002,1.54091e＋002

loadvalue(47,2,5)＝1.58373e＋002,1.60954e＋002,,,

!＊第6列曲柄销上承受的切向力,曲柄错角120°(曲柄转角120°对应t＝0s时刻)

loadvalue(49,1,6)＝-3.95004e-001,1.70061e＋000,3.49918e＋000,4.77405e＋000,5.31966e＋000

loadvalue(54,1,6)＝5.12934e＋000,4.28684e＋000,2.91559e＋000,1.15359e＋000,-8.72159e-001

loadvalue(59,1,6)＝-2.42570e＋000,-2.84186e＋000,-3.39282e＋000,-4.10949e＋000,-5.02027e＋000

loadvalue(64,1,6)＝-6.14887e＋000,-7.51227e＋000,-9.11863e＋000,-1.04855e＋001,-9.67651e＋000

loadvalue(69,1,6)＝-8.87678e＋000,-8.10140e＋000,-7.36083e＋000,-6.66125e＋000,

loadvalue(1,1,6)＝-6.00526e＋000,,,,　!＊曲柄转角120°对应t＝0s时刻;

loadvalue(2,1,6)＝-5.3925e＋000,-4.82072e＋000,-4.28591e＋000,-3.78350e＋000,-3.30854e＋000

loadvalue(7,1,6)＝-2.8561e＋000,-2.42184e＋000,-2.00148e＋000,-1.59151e＋000,-1.18885e＋000

loadvalue(12,1,6)＝-7.90806e-001,-3.95004e-001,-5.10482e-002,1.98963e-001,2.74158e-001

loadvalue(17,1,6)＝1.08496e-001,-4.21156e-001,-1.28989e＋000,-2.49370e＋000,-4.01245e＋000

loadvalue(22,1,6)＝-5.81649e＋000,-7.87245e＋000,-1.01475e＋001,-1.21632e＋001,-1.37101e＋001

loadvalue(27,1,6)＝-1.54036e＋001,-1.72620e＋001,-1.93061e＋001,-2.15585e＋001,-2.40429e＋001

loadvalue(32,1,6)＝-2.67818e＋001,-2.97935e＋001,-2.97612e＋001,-2.86728e＋001,-2.73352e＋001

loadvalue(37,1,6)＝-2.57770e＋001,-2.40303e＋001,-2.21292e＋001,-2.01077e＋001,-1.79981e＋001

loadvalue(42,1,6)＝-1.58295e＋001,-1.36265e＋001,-1.14085e＋001,-9.18930e＋000,-6.97710e＋000

loadvalue(47,1,6)＝-4.77510e＋000,-2.58236e＋000,,,

!＊第6列曲柄销上承受的径向力,曲柄错角120°(曲柄转角120°对应t＝0s时刻)

loadvalue(49,2,6)＝1. 11909e＋002,1. 08386e＋002,9. 83953e＋001,8. 34962e＋001,6. 44917e＋001

loadvalue(54,2,6)＝4. 42653e＋001,2. 48830e＋001,7. 65934e＋000,-6. 63150e＋000,-1. 76568e＋001

loadvalue(59,2,6)＝-2. 30241e＋001,-2. 26421e＋001,2. 21298e＋001,-2. 12967e＋001,-1. 98901e＋001

loadvalue(64,2,6)＝-1. 75959e＋001,-1. 40417e＋001,-8. 80288e＋000,-2. 04899e＋000,2. 23032e＋000

loadvalue(69,2,6)＝5. 76574e＋000,8. 65080e＋000,1. 09830e＋001,1. 28572e＋001,

loadvalue(1,2,6)＝1. 43612e＋001,,,, !* 曲柄转角 120°对应 t＝0s 时刻。

loadvalue(2,2,6)＝1. 55717e＋001,1. 65532e＋001,1. 73573e＋001,1. 80231e＋001,1. 85791e＋001

loadvalue(7,2,6)＝1. 90442e＋001,1. 94304e＋001,1. 97441e＋001,1. 99881e＋001,2. 01629e＋001

loadvalue(12,2,6)＝2. 02682e＋001,1. 71065e＋001,1. 55900e＋001,1. 11973e＋001,4. 37097e＋000

loadvalue(17,2,6)＝-4. 41673e＋000,-1. 58959e＋001,-2. 79867e＋001,-3. 99550e＋001,-5. 11763e＋001

loadvalue(22,2,6)＝-6. 1153e＋001,-6. 95099e＋001,-7. 59756e＋001,-7. 79702e＋001,-7. 55872e＋001

loadvalue(27,2,6)＝-7. 23896e＋001,-6. 81864e＋001,-6. 27398e＋001,-5. 57510e＋001,-4. 68428e＋001

loadvalue(32,2,6)＝-3. 55395e＋001,-2. 12464e＋001,-4. 47290e＋000,1. 17249e＋001,2. 69879e＋001

loadvalue(37,2,6)＝4. 11451e＋001,5. 40654e＋001,6. 56614e＋001,7. 58899e＋001,8. 47492e＋001

loadvalue(42,2,6)＝9. 22741e＋001,9. 85286e＋001,1. 03596e＋002,1. 07570e＋002,1. 10544e＋002

loadvalue(47,2,6)＝1. 12600e＋002,1. 13806e＋002,,,

参考文献

[1] Pasricha M S. Effects of variable inertia on the damped torsional vibrations of diesel engine systems [J]. Journal of Sound and Vibration, 1976, 46 (3): 341-344.

[2] Pasricha M S, Carnegie W. Diesel crankshaft failure in marine industry—a variable inertia effect [J]. Journal of Sound and Vibration, 1981, 78 (3): 347-354.

[3] Hafner K E. Influence of the reciprocating masses of crank mechanisms on torsional vibrations of crankshafts [C]. Proceedings of the 11th International Congress on Combustion Engineering, 1975.

[4] Nestorides E J. A handbook on torsional vibration [M]. London: Cambridge University Press, 1958.

[5] Wilson W K. Practical solution of torsional vibration problem [M]. London: Campman and Hall, 1963.

[6] 李渤仲，陈之炎，应启光．内燃机轴系扭转振动 [M]．北京：国防工业出版社，1984.

[7] 谌刚，陈之炎．具有变惯量的柴油机曲轴系统扭转振动 [J]．内燃机学报，1991，9 (2)：143-149.

[8] 张志华，唐密．具有非线性部件轴系的扭振计算方法 [J]．内燃机学报，1987，5 (4)：353-361.

[9] 郁永章．容积式压缩机设计手册 [M]．北京：机械工业出版社，2000.

[10] 季文美，方同，陈松淇．机械振动 [M]．北京：科学出版社，1985.

[11] 许增金．大型往复式压缩机轴系动力学特性研究 [D]．沈阳：沈阳工业大学，2011.

[12] 许增金，王世杰．往复压缩机轴系扭振的数值分析 [J]．西安交通大学学报，2010，44 (3)：100-104.

[13] 许增金，王世杰，李媛．往复压缩机轴系扭振有限元分析 [J]．机械强度，2011，33 (1)：137-142.

[14] 许增金，王世杰，赵东升，等．一种往复式压缩机转子系统扭转振动的设计方法：CN202011135973.8 [P]．2024-01-26.

[15] 屈维德，唐恒龄．机械振动手册 [M]．2版．北京：机械工业出版社，2000.

[16] 胡仁喜，康士廷，等．ANSYS19.0 有限元分析从入门到精通 [M]．北京：机械工业出版社，2018.

[17] 许增金，王世杰，赵东升，等，往复式压缩机轴系扭振有限元模型构建方法．CN 202411297842.8 [P]．2025-07-01.

[18] 许增金，张建云，徐飞，等．一种往复式压缩机轴系模块化几何建模的方法．CN 202411166488.5 [P]．2025-07-08.

[19] GB/T 20322—2023 石油及天然气工业 往复压缩机 .

[20] API STD618-2024 Reciprocating compressors for petroleum, chemical, and gas industry services.

[21] 汤赫男，王世杰，许增金，等 . 往复压缩机轴系扭振谐响应分析 [J]. 机械强度， 2014， 36（4）： 492-498.

[22] 许增金，王世杰 . 大型往复压缩机振动故障分析与消解策略研究 [J]. 机械科学与技术， 2011， 30（12）： 2146-2151， 2156.

[23] 许增金，王世杰，李媛 . 往复压缩机轴系断轴烧瓦及结构优化 [J]. 沈阳工业大学学报， 2011， 33（3）： 270-275.

[24] 许增金，王世杰，杨树华，等 . ANSYS 在多列往复压缩机轴系扭振分析中的应用 [J]. 压缩机技术， 2009（2）： 1-5， 9.